国家级一流本科课程建设成果教材
国家级一流本科专业建设成果教材

U0673317

装容器构设计

Packaging
Container
Structural
Design

王北海　主　编

李亚娜
路婉秋　副主编

化学工业出版社
·北京·

内容简介

《包装容器结构设计》共6章，主要包括包装容器概述、纸包装容器结构设计、塑料包装容器结构设计、金属包装容器结构设计、玻璃包装容器结构设计和陶瓷包装容器结构设计。主要阐述不同材料的容器类型、结构特点及成型工艺，厘清包装容器结构设计中材料、工艺、结构三者之间的相互关系。本书在强调包装容器结构设计中应遵循的相关标准的同时，也注重吸收包装容器发展的新成果。

本书根据线上线下混合式教学的发展而设计，突出重点内容，配套大量数字化教学资源，包括重点内容讲解视频、容器制造成型工艺视频、章节配套习题、容器相关国标的关键数据等，通过扫码即可自由获取。

本书内容紧凑，配套线上资源丰富，适合作为普通高校本科和高职、专科院校的包装工程、印刷工程、平面设计等专业的教材，也可作为包装相关从业人员的培训教材和参考书。

图书在版编目（CIP）数据

包装容器结构设计 / 王北海主编；李亚娜，路婉秋副主编 . -- 北京：化学工业出版社，2025.7. --（国家级一流本科课程建设成果教材）（国家级一流本科专业建设成果教材）. -- ISBN 978-7-122-47738-5

Ⅰ. TB482.2

中国国家版本馆 CIP 数据核字第 2025UR7705 号

责任编辑：李玉晖   文字编辑：孙月蓉
责任校对：宋　夏   装帧设计：孙　沁

出版发行：化学工业出版社
　　　　　（北京市东城区青年湖南街 13 号　邮政编码 100011）
印　　装：大厂回族自治县聚鑫印刷有限责任公司
787mm×1092mm　1/16　印张 12¼　字数 255 千字
2025 年 10 月北京第 1 版第 1 次印刷

购书咨询：010-64518888   售后服务：010-64518899
网　　址：http://www.cip.com.cn
凡购买本书，如有缺损质量问题，本社销售中心负责调换。

定　　价：38.00 元   版权所有　违者必究

前 言

包装容器结构设计是包装设计的基础。环保意识的不断提升，新材料、新技术、新工艺、新设备的发展，以及电商和物流的发展，促使新的包装容器结构在市场不断推陈出新。正确认识包装"材料 - 工艺 - 结构"三者相互辩证关系，是进行高质量包装容器结构设计的基础。

互联网 + 教育的快速普及，使教学不再受限于固定的时间和地点，学习形式更加多样化，学习不再局限于传统的图文学习和讲解，多媒体元素如视频、动画、虚拟现实（VR）和增强现实（AR）等被广泛应用。本书瞄准线上线下混合式教学需求，开展新形态教材建设探索，将纸质教材与数字化资源、教学资源库、在线课程等相融合。读者通过手机"扫一扫"功能，即可随时观看微课视频和包装容器生产制造工艺视频、开展练习和测试、查阅相关设计标准和规范。

本书吸收了目前市面上相关教材的优点，编者结合十余年的教学和包装设计实践经验，精心整合内容，合理设计其呈现形式，力求做到重点突出、形式生动、易学易懂。

本书为武汉轻工大学包装容器结构设计国家级一流本科课程（线上线下混合式一流课程）建设成果教材，包装工程国家级一流本科专业建设点建设成果教材，由武汉轻工大学王北海担任主编，李亚娜、路婉秋担任副主编，硕士研究生雷杰晴、杨梦巧、廖震威参与了文字的整理与校对工作，徐钟昊、胡鸣韬、雷鹏华承担了大量插图绘制和视频剪辑工作。本书的编写，非常感谢包装界前辈和同仁的探索和积累，感谢教学同仁张国全、李学忠、陈亮的支持和帮助。

本书出版获武汉轻工大学教材建设基金资助，谨致谢意。

由于编者水平有限，书中难免有不足与疏漏之处，敬请广大读者批评指正，期待各位提出宝贵意见和建议。欢迎关注课程微信公众号"包米花儿"，跟踪课程动态并和作者互动交流。

编者

目 录

第1章 概述

1.1 包装容器概述

1.1.1 包装容器的功能

GB/T 4122.1—2008 在包装术语"包装功能"中规定包装的三个基本功能为保护功能、方便功能和传递功能。包装的功能主要通过包装容器及其制品来完成，随着包装科技的进步和包装产品的发展，包装容器的功能也不断扩展。现将包装容器的主要功能概括为以下几个方面：

（1）保护功能

保护功能是包装容器的首要功能，包装容器必须能够可靠地容装所规定重量或数量的内装物，不得有任何泄漏。在产品的仓储、运输、装卸、陈列、销售直至消费者使用前的整个过程中，保证商品在各种外力、环境气候等因素的作用下不受损坏。同时，包装容器材料本身对包装产品应该是安全的，两者不发生相互作用。保护功能包括抗压减振、防水防潮、防腐保鲜、阻隔封闭、防紫外线防辐射、抗静电、防生物污染、防盗防伪等。

（2）方便功能

在"人－包装－产品－环境"系统中，"以人为本"的方便性得到人们的广泛重视。优秀的包装设计要充分考虑人体的结构尺寸和人的生理与心理因素。设计轻巧、易于搬运的包装，可以降低疲劳强度，避免野蛮装卸；携带方便、易于执握的包装，可以激发消费者的购买欲。所以，包装容器必须具有广泛的方便功能：方便装填（灌装）、方便运输、方便装卸、方便堆码、方便陈列、方便销售、方便携带、方便开启、方便再封、方便使用、方便回收、方便处理等。

（3）销售功能

包装对销售的促进作用一般由包装容器的艺术设计来获得，吸引人的容器造型、色彩、装潢都会激发消费者的购买欲。同时，很多包装结构的创新会对产品销售起到很大的促进作用。例如：自封口塑料袋、易开盖包装、半流体挤出包装、防滴漏瓶（壶）嘴。

（4）信息功能

信息功能对包装容器来说越来越重要了，除了法律法规、包装标准规定必须标识的信息外，包装容器开始越来越多地承载商品物流信息、防伪信息、包装物状态信息等。如 RFID（射频识别）电子标签纸箱、显示食品新鲜度的智能包装容器等。

另外，包装的环保功能、交互功能日益受到重视。环境友好性是现代包装功能的重要诉求，国内和国际社会越来越关注包装对环境的影响作用，节省资源、保护环境是可持续发展的关键保证，包装结构对于包装的减量化、资源化和无害化能够发挥重要作用。交互功能则提出了包装的情感需求，一个出色的包装要能为用户带来愉悦、高效的互动体验。

包装容器的诸多功能中，部分功能直接通过包装技术、包装材料和辅料来实现，大部分功能主要由容器的结构来实现，尤其是保护功能。良好的包装结构对于包装功能的实现十分重要。

1.1.2 包装容器类型

日常使用的包装容器种类繁多，不同行业企业或使用主体会从不同角度进行分类，下面是实际应用比较常见的分类方法。

（1）按容器材料分类

包装容器常用的制作材料有纸、塑料、金属、玻璃、陶瓷、木材等，各种复合材料、功能材料、仿生材料的研发和应用也日益广泛，并且新型材料也在不断地研发之中。容器材料不同，容器的设计要求、设计方法、制造工艺也不同，本书将按照传统常用材料划分容器类别，主要介绍纸包装容器、塑料包装容器、金属包装容器、玻璃包装容器、陶瓷包装容器结构设计。

（2）按容器构造分类

包装容器也常按容器的构造特点分类。一般会分为以下几种类型：

① 构架型容器。这类容器以木质包装箱为主，具体又可以分为框架型容器，如钉板箱、木托盘等，以及桁架型容器，如条板箱、集装架等。

② 面板型容器。这类容器常以纸质容器和塑料容器为主，如纸盒、塑料盒、瓦楞纸箱等。

③ 薄壳型容器。这类容器将以金属容器和塑料容器为主，如金属罐、塑料瓶、塑料壶、玻璃瓶等。

④ 柔性型容器。这类容器主要是以软包装、半软包装和集装袋容器为主，例如塑料袋、纸袋、饮料盒、编织袋和集装袋等。

（3）按包装功能分类

总的说来，按包装功能可分为三种：运输包装、销售包装和贮藏包装。

（4）按内容物特性分类

被包装产品的类型繁多，一些产品对包装会有着类似的要求，因此包装可以按照内装物的不同而进行分类，如：食品包装容器、药品包装容器、机械产品包装容器、电子产品包装容器、玩具包装容器、果蔬包装容器、军需物品包装容器、危化品包装容器等。

（5）按内装产品物理形态分类

可以以内装产品的物理形态不同来划分包装容器的类别。

① 固体物品包装容器。如块状、粉状、粒状等。

② 流体物品包装容器。如液体、黏稠体、半流体和气体等。

③ 固、液态混合物或液、气态混合物的包装容器等。

（6）按产品包装级别分类

包装级别通常可分为三级：内包装（又称一次包装或小包装）、中包装（又称二次包装）和外包装（又称三次包装或大包装）。据此，则可分为内包装容器、中包装容器和外包装容器。外包装容器又常称为运输包装容器。

1.2 包装容器结构设计

1.2.1 包装容器结构设计类型

结构是指组成整体的各个部分及其结合方式。包装容器结构指容器的组成及各个组成部分之间的相互联系和相互作用。但包装容器不能只考虑容器实体之间的关系，更要考虑实体所形成的空间的关系，因为包装最后利用的是容器所形成的内部空间。《道德经》中"三十辐共一毂，当其无，有车之用。埏埴以为器，当其无，有器之用。凿户牖以为室，当其无，有室之用。故有之以为利，无之以为用"辩证地表达了实体和空间的关系。因此，包装容器结构设计应从科学原理出发，根据不同包装对象、不同包装材料、不同包装容器的成型方式，对包装容器的构造和空间进行设计。

包装容器设计一般可以分为两种类型，即容器工程设计和容器艺术设计。这两种类型设计又包括各自学科下不同的设计方向及内容，如表 1-1 所示。包装容器结构设计不同于装潢设计，前者属于工程设计的范畴，后者偏向艺术设计。本书在探讨包装容器结构时，非常强调容器成型工艺的作用和影响。

表 1-1 包装容器（制品）设计的类型及内容

包装容器设计	容器工程设计	容器结构设计	整体结构设计、零组件结构设计、辅助件结构设计等
		容器工艺设计	工艺规程设计、工艺装备设计、工艺文件制订等
	容器艺术设计	容器造型设计	容器透视图设计、三维轴测图设计、造型效果图设计等
		容器装潢设计	图案（商标）设计、文字设计、色彩设计等

本书论述的包装容器结构设计与制造工艺属于产品工程设计的范畴。国际上工程专家把工程设计的级别与水平分为三大类型，即原创设计、改进设计和变量设计，这同样也适合于包装容器结构设计。

（1）原创设计

原创设计也称创新设计，是指对给定的任务提出全新的、具有独创性的解决方案，这种方案可以视为一种技术发明。原创设计几乎都走在时代的前列，领先于市场的潮流，原创性产品的出现，可以说对市场而言是一场革命，甚至会出现新产品迅速替代原产品的现象。虽然原创设计是很不容易成功的，但包装材料的不断创新、新的工艺技术的出现，都为包装容器结构原创设计提供了新的可能。

（2）改进设计

改进设计又称综合设计，是指对现有产品进行改造或增加较重要的子系统。改进设计可能会产生全新的结果，但由于是在原有产品的基础上进行的，并不需要做大量的重新构建工作。这种类型的设计在产品工程设计工作中最为普遍，同样也是包装容器设计工作中常见的。解决原有包装设计存在的不足，或为了满足某些新的需求，对原有包装进行改良设计，是包装容器结构改进设计的主要原因。

（3）变量设计

变量设计也称改型设计，是指改变产品某些特征方面的参数，例如尺寸、形状、材料和操作方法等，从而得到新的产品。改型设计通常不改变原有产品的结构组成，即原有结构系统保持原样，而只对其中结构子系统部分作相应调整。这种设计工作常常适用于系列产品及相关产品的设计，在包装容器设计工作中是很普遍的。

1.2.2 包装容器结构设计程序

包装容器结构设计是整个包装设计系统中的一个重要环节，与其他包装设计相互联系、相互制约和相互烘托。其设计一般过程见图1-1。

从设计过程中的总体结构来看，大致可分为以下4个阶段。

① 设计条件分析阶段。明确设计要求，调查研究掌握必需的资料；对被包装产品的类别、物态、理化及生物特性等进行分析；明确包装环境条件、流通条件、市场条件等；了解包装材料、容器类型和现有的生产条件。

② 方案设计阶段。此阶段应确定出设计参数，如被包装产品的计量值、允许偏差等；设计包装容器造型方案；由多种包装容器结构设计方案经对比、分析、评价，确定最佳的结构设计方案。

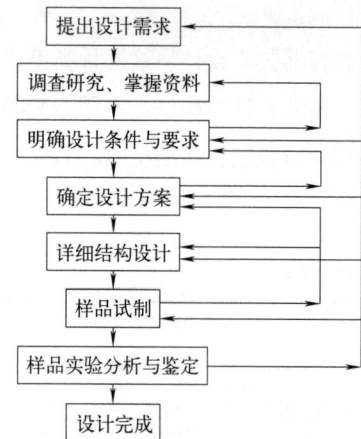

图1-1 包装容器结构设计一般过程

③ 详细结构设计阶段。将结构设计方案转化为具体详细的结构表示，即对结构进行强度、刚度和稳定性的分析计算，选定材料、确定技术要求，绘制出全套图纸，编制说明书和有关技术文件。

④改进设计阶段。根据样品试验结果、使用状况、鉴定结果及市场反馈等，对包装容器结构做适当的技术处理，提高包装质量。

1.2.3　包装容器结构设计内容

产品的结构设计，一般情况下都是指根据设计要求和产品功能，确定产品各组成部分（零部件及其附属部分）的形状、尺寸、材料、型号、加工方法和装配工艺等。对于包装容器结构设计而言，除了涉及上述结构设计的普遍问题外，从总体包装或系列包装的设计角度出发，还必须考虑到容器的内、中、外包装的配合和装配，容器与内衬垫或隔条的尺寸和结合，容器主体与附件（提手、展示架或支承件等）的结构组合等。因此，结构设计是涉及材料性能、设计计算、加工工艺、精度标准、检测技术及质量评估等多学科领域的一项复杂的综合性工作。

一般情况下，容器结构设计的主要内容包括以下几项：

①根据产品性能及材料特性选择使用包装材料；

②确定产品总体尺寸、形状，进行必要的计算，绘制出产品总体结构方案；

③设计产品零部件尺寸、形状，并确定各零部件之间空间关系及其与总体结构关系；

④设计出几种产品结构方案，然后进行评价决策，最后选定最优方案；

⑤在选定最后产品结构方案时，应充分考虑国际、国内、本地区和本部门的同类产品情况及其设计、制造水平；

⑥在进行产品结构设计及计算时，应尽可能地考虑目前可以应用的各种现代先进设计工具和方法。

包装容器的结构设计是其工程设计的一项重要内容，在整个包装容器的设计中占有突出位置，其重要地位与作用体现在：

①结构设计关系到包装容器的整体性能，将直接影响到容器使用过程中的强度、刚度和结构稳定性及可靠性等。

②结构设计将直接关系到容器产品的制造工艺性、人机环境协调性（绿色产品）和产品的经济性等。

③如果结构设计先进、合理，将为容器艺术设计即造型设计和装潢设计创造良好的基础条件，对其具有可靠的支撑作用。

1.2.4　包装容器结构标准化

包装容器结构设计与制造的标准化，是现代化批量生产条件下的必然选择，能有效保证包装容器质量，提高生产效率，降低生产成本，节约包装材料。包装容器结构设计中，相关设计成果必须符合相关标准要求，设计活动也应遵循相应的标准规范。本书在介绍不同类型容器时，会给出相应类型容器的相关标准，书中绘制各类包装容器图纸时，也将按照相关标准规范制图。

（1）中国标准体系

中国标准共包括四大类：国家标准、行业标准、地方标准和企业标准。

① 国家标准。由国家标准局制定的在全国范围内实施的标准就是国家标准。国家标准的标示方法是以GB（国标两字汉语拼音首字母大写）作为代号，后加两项数字分别表示标准顺序号和发布年号。国标分为强制性国标"GB"和推荐性国标"GB/T"两类。例如：GB/T 6543—2008《运输包装用单瓦楞纸箱和双瓦楞纸箱》，GB/T 9106.1—2019《包装容器 两片罐 第1部分：铝易开盖铝罐》。

② 行业标准。行业标准是指由行业的生产管理部门所制定的规范性标准，标准代号及标示方法由国家标准局统一规定。标准代号以行业名称汉语拼音首位大写字母构成，后加两位数字表示标准顺序号和发布年号。包装及其相关行业的标准代号有BB（包装）、QB（轻工）、NY（农业）、YY（医药）、HG（化工）、JB（机械）、SY（商业）等，例如QB/T 5820—2023《玻璃容器 小口调味品瓶》。

③ 地方标准。地方标准是指由省（自治区、直辖市）的生产、管理部门所制定的规范化标准。标准代号为DB，DB后面的数字表示行政区域代码，其后加标准顺序号和发布年号。例如：浙江省地方标准DB33/T 2261—2020《绿色包装通用规范》。

④ 企业标准。企业标准是指由企业生产、管理部门组织编制的标准。企业标准以企业汉语拼音首个大写字母"Q"作为标准代号，其后加上企业代码、标准顺序号和标准发布年号。例如：河北奥瑞金公司发布的企业标准Q/HBORG 001—2020《奶粉罐》。

企业标准可在没有相应国家、行业或地方标准的情况下编制，在有相应上级标准的情况下，企业标准不得低于相应国家、行业或地方标准。企业标准编制后应向国家技术监督部门申报批准并备案。

（2）中国包装标准体系

到目前为止，中国先后颁布实施了1500余项各类包装标准，初步形成了具有中国特色的标准体系，并且随着我国包装工业生产和包装技术发展在不断更替和新增。2004年出版的《中国包装标准目录（2003）》收集了截止到2003年12月底前批准发布的包装的国家标准与行业标准共1470项，其中国家标准684项，行标786项。

中国目前的包装标准体系表可以分为以下三个层次。

第一层次为包装基础标准，包括工作导则、包装标志、包装尺寸、包装术语、包装件环境条件、运输包装件试验方法、包装技术与方法、包装设计、包装质量保证、包装管理、包装回收利用等。运载工具如货叉尺寸等方面的标准由于与包装关系密切，故作为包装标准体系的相关标准也列入第一层。第一层标准适用于整个包装行业。

第二层次为包装专业标准，包括包装材料、包装容器、集装容器、包装装潢印刷、包装机械、包装设备等。这一层标准只适用于包装行业的某一专业领域。

第三层次为产品包装标准，此标准原则上按产品分类，结合中国现有状况，暂分为机械、电子、轻工、邮电、纺织、化工、建材、医药、食品、水产、农业、冶金、交通、铁路、商业、能源、兵器、航空航天、物资、危险品二十大类。

可见，很多标准都与包装容器设计工作密切相关，可以毫不夸张地说，包装工程师或设计师的设计活动离不开标准体系，必须给予各类标准足够的重视，只有在标准约束下的创新才是有效的创新。在包装容器工程设计中，无论是结构设计（包括材料选择、形体设计、尺寸设计、配合设计、确定技术条件和试验方法等），还是制造工艺设计（包括工艺规程设计、加工装备设计、生产线规划设计、先进加工方法选定等）以及绘制包装容器设计总图、零部件图、容器展开图、主体效果图和制造工艺规划图等，都应得到相关标准的支持。

① 容量、尺寸、规格的确定。包装容器工程设计中，凡涉及容器容量、尺寸、规格等参数的确定，应优先考虑选用相关标准中的标定值或推荐值，优先选择相关标准中的结构形体和局部结构，以使同类产品具有互换性和通用性，适应目前同类产品的规模生产，减少新增投入，方便储存流通。

② 材料的选用。包装容器工程设计中，应优先考虑选用按标准生产的常用包装材料，例如纸张、塑料、金属、玻璃、木材以及复合材料等，因为这些材料具有标准规范所确定的性能规格和质量要求，因而能够确保所设计的容器或制品的性能、质量达到设计要求，实现包装要求的预期效果。对于非标准材料或一些新型材料，应通过相应标准的试验程序，检测其材料性能，依据试验结果选择使用场合。

③ 容器技术要求的确定。在设计容器时，所提出的容器的各项技术要求，包括工艺要求、使用条件、检测手段、表面处理等，可以参照同类容器标准的规定加以规范，也可以根据所设计容器的使用场合具体确定。

④ 容器图样的绘制。包装容器的图样绘制，要根据我国国标中规定的制图标准以及包装标准中相关绘制要求进行，应符合机械制图标准、纸包装容器绘图标准等要求，按规定的线型、符号及方法绘图，并按标准规定使用图纸、加注尺寸、标注文字说明等。

（3）包装相关国际标准及各国包装标准与法规

随着我国对外贸易的高速发展，产品包装越发重要。近年来我国产品因包装问题被召回的情况屡见不鲜，包装正成为一项隐蔽的技术壁垒阻碍着我国产品的出口。包装从业人员需要积极了解并遵循国际包装技术法规与标准或出口目标国家或地区的技术法规及标准，以更好地促进对外贸易的发展。

① 国际标准。ISO 标准中，被世界多个国家广泛认可的是 ISO 9000 系列质量体系标准，该标准包括一组质量管理标准，旨在确保企业具有高质量的产品和服务，以及有效的环境管理。ISO 9000 认证适用于所有行业和组织，不论其是什么规模和性质。ISO 9000 系列标准融合了工业发达国家在质量管理与质量保证的长期实践中所取得的先进成果与经验，使质量管理工作实现了有效的科学标准化。在我国包装工业体系中，实施 ISO 9000 系列标准，可以使

包装企业在产品质量管理、新产品开发和对外贸易方面走向规范化、程序化和国际化，使包装行业的产品质量保证工作达到一个新高度，这是使我国从包装大国走向包装强国的一个重要途径。通过 ISO 9000 认证，能够有效消除贸易壁垒，更广泛地参与国际市场竞争。

此外，还有大量的与包装直接相关的国际标准，要注意中国标准和 ISO 标准的对接，尤其是要注意国内标准和 ISO 标准间存在的不同要求。出口目标国的贸易合同书中，包装条款应注明依据的标准，根据商品特性和运输方式，作出具体明确的规定，不用含义不清和容易引起歧义的用语。

② 各国包装标准与法规。除了关注 ISO 标准之外，进出口贸易中还需要特别注意不同国家或地区的包装标准和法规，产品的包装材料、包装形式、装潢与标签必须符合目标国关于该产品的法令、法规或法定国家标准的规定。如美国的 ASTM 和 ANSI 标准体系、日本的 JIS 标准体系、欧盟的 EN 标准体系，或其他专门法规，如欧盟的《包装和包装废物法规》（*Packaging and Packaging Waste Regulation*，PPWR）、加拿大的《消费品包装和标签法规》（*Consumer Packaging and Labelling Act*）。

1.3 包装容器结构与材料、工艺（设备）

包装设计是实现包装功能目的的计划，而包装材料、包装工艺及对应的机械包装机械设备，则是计划得以实现的基础。包装结构设计的创意活动具有较大的灵活性和自由度，设计结果也会产生个性特征和创新性。包装结构设计活动是经常性的、短期的，产品的包装会常态化地替代和更新。但作为基础的包装材料、包装工艺、包装机械则具有相对的稳定性，一项工艺技术一旦成熟，工艺和设备往往能使用数年或数十年，尤其是成套工艺设备更是不会在短时期内不断更新。因此，材料、工艺（设备）对于包装结构设计具有较强的约束和限制，当然，新材料、新工艺的诞生，也会给容器结构设计带来巨大的变化。

对于大批量生产的成熟包装制品，其生产制造、包装储运、使用和回收等各环节的工艺已相当成熟，并大量实现机械化和自动化，这些工艺和设备会在长时期内处于稳定状态，不会经常发生改变，从而形成对产品设计创新的约束，如果产品的设计满足这些约束，则会被认为是具有制造友好性或者装配友好性的设计，而这在规模化生产中是必要的，能有效地降低产品的成本，提高产品开发效率和成功率，否则任何理想的包装设计都会成为一种空中楼阁。因此，对于成熟的包装容器制品的创新设计，应积极提倡面向制造的设计、面向装配的设计或者面向制造与装配的设计、面向可测试的设计等。

观察同一类型的不同包装容器，容易发现，同类包装容器存在许多相同的结构特征，这意味着虽然设计变化了，但某些结构特征是不变的，分析就会发现，这些结构特征往往与某些工艺之间存在着稳定的对应关系。仔细观察图 1-2 中的油壶，可以发现壶嘴都是竖直向上的，那为什么没有把油壶壶嘴设计成像茶壶或水壶一样倾斜的形状呢？这主要是因为油壶成型工艺中吹嘴的运动、油壶灌装工艺中灌装阀的运动，以及油壶封盖工艺中旋压盖头的运动一般都设计成竖直方向的运动，竖直壶嘴设计成竖直向上，可以仅由支承面提供竖直方向的力，不需要在其他方向上对油壶进行固定。进一步观察可以发现，绝大多数油壶提手的顶面和壶盖的顶面处于同一平面，这一结构特征是为了满足堆码和运输需求，为上层纸箱提供尽可能大的支承平面，使纸箱不容易损坏。

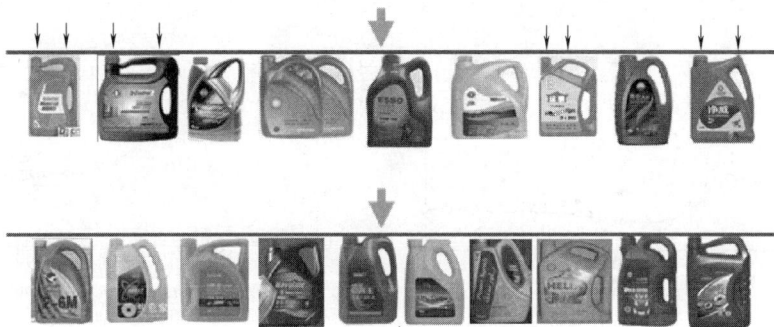

图1-2　油壶典型结构特点

可见，不同工艺需求会对结构产生不同的影响，使结构呈现某种对应的稳定特征，工艺的创新，一般会带来结构的变化，大的结构变化，一般也会催生新的工艺。图1-3为短短几年间耐热耐压PET❶饮料包装瓶的演变过程。1995年以前PET瓶底部为半球状结构，其自立性依赖与之粘接的HDPE❷瓶托［图1-3（a）］，由于是用2种不同材料制造的，给回收利用带来了一定困难。1995年瓶底结构设计成5足城堡形，使用1段成型工艺生产，提高了瓶体的自立能力，但瓶底厚度不均，接近中心部厚度过大，底部结晶化度低且变化幅度大，瓶体质量同2件成型瓶，但跌落强度、耐环境应力开裂（ESCR）性、防潮性与耐热耐压性均有所降低［图1-3（b）］。由于环境与资源的压力，包装减量化、资源化、无害化受到社会的广泛重视，PET瓶轻量化设计要求在减小壁厚的同时提高瓶体性能，瓶体结构需要进一步优化。图1-3（c）是2000年面市的6足城堡形结构瓶底，采用2段成型工艺，即瓶体1次成型——

(a) 2件成型瓶　　　　　　(b) 1段1件成型瓶　　　　　　(c) 2段1件成型瓶

图1-3　耐热耐压 PET 饮料包装瓶的演变过程

---

❶ PET 为聚对苯二甲酸乙二酯，后简称聚酯。
❷ HDPE 为高密度聚乙烯。

瓶底局部加热—瓶底 2 次成型，较之 1 段成型，瓶底厚度均匀且普遍降低，瓶底结晶化度提高且变化幅度不大（图 1-4）。其跌落强度、ESCR 性能、防潮性与 2 件成型瓶相同，耐热耐压性提高，特别值得注意的是瓶体质量相对前两者降低 17.3%，符合绿色环保包装要求，所以至今仍风靡全球，成为含气饮料包装的主力军。

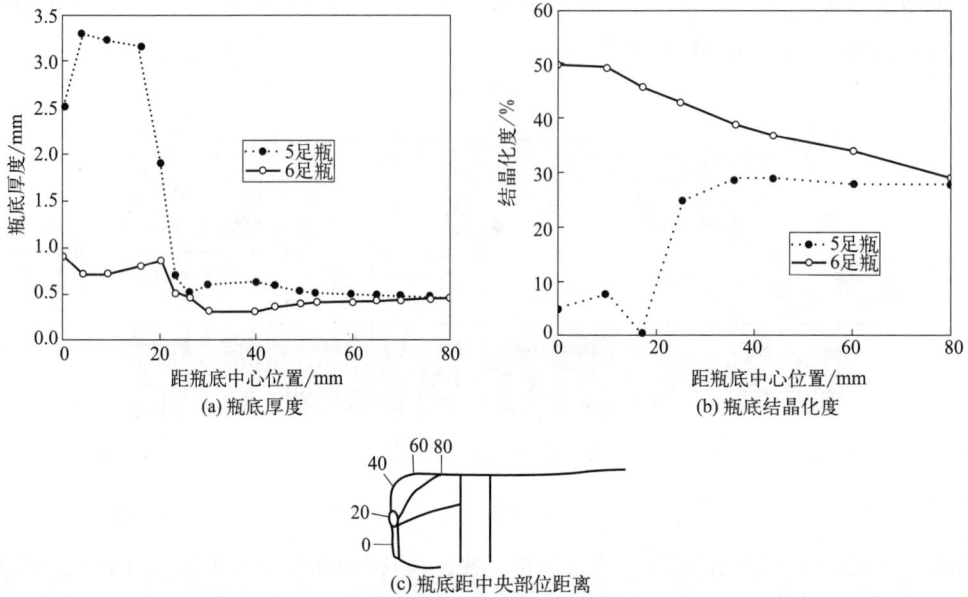

图1-4　城堡形结构瓶底性能比较图

表 1-2 为 1.5L 耐热耐压 PET 瓶特性比较。

表 1-2　1.5L 耐热耐压 PET 瓶特性比较

项目	2 件成型瓶	1 件成型瓶	
		1 段成型法	2 段成型法
瓶体质量 /g	48+13	61	52
跌落强度 /cm	120（好）	70（好）	120（好）
ESCR	良	弱	良
防潮性 /%	0.7（好）	0.4（不好）	0.7（好）
耐热耐压性	70℃，40min，2.6GV[①]	65℃，40min，2.6GV[①]	75℃，40min，2.6GV[①]

① GV：gas volume，气体体积。

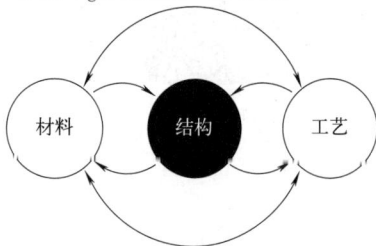

图1-5　材料、工艺、结构的相互作用

总之，进行容器结构设计，应充分理解和把握材料、工艺、结构三者之间的相互关系，三者相互制约、相互促进（图 1-5）。只有在充分熟悉各种包装材料和工艺后，才能真正做到结构设计自由，不断创新和进步。

1.4　包装容器结构 CAD/CAM

CAD（computer aided design，计算机辅助设计），是计算机技术在工程设计和产品设计中的综合应用，帮助设计人员进行方案绘图、三维建模、工程分析等作业。现代 CAD 技术已应用到几乎所有技术领域中，全面改变了传统的设计工作方式，提供了高效、可靠、全新的设计手段和方法，甚至对设计思维、分析方式产生了深刻的影响。和许多技术设计领域一样，CAD 技术已成为现代包装设计中通行的和基本的工具、手段和方法，全面改变了包装设计各个方面的状况和面貌，成为包装设计人员必须掌握的技术之一。

CAM（computer aided manufacturing，计算机辅助制造），是计算机技术在生产制造与管理活动中的综合应用，帮助生产技术人员进行机械设备控制与管理、工艺优化、流程管理、生产质量检验等工作。

把 CAD 和 CAM 技术有机结合起来，就是 CAD /CAM，并且，这种集成系统开放发展，由 CAD（计算机辅助设计）/CAM（计算机辅助制造）/CAE（计算机辅助工程）集成，构成 CIMS（计算机集成制造系统）。结合网络技术，可以实现 NAD（网络辅助设计），将用户、设计者、生产商等多方联合起来协同完成产品设计。

CAD 系统在包装工程领域的应用同样向集成化发展。目前，较先进的包装盒（箱）CAD 系统已实现纸盒（纸箱）设计、计算、力学分析、排料、纸盒（箱）模切及盒型库管理等功能高度集成一体，不仅大大提高了设计质量、效率，还实现了设计与制造的完美沟通。

目前在包装容器结构设计领域使用的应用工具较多，许多软件应用功能类似。一般主要有以下两类。

（1）通用工程设计软件及相关插件

包装容器结构设计中主要使用的软件有 Auto CAD、3ds MAX、SolidWorks、UG、Solid Edge 等。

Auto CAD（Autodesk Computer Aided Design）是 Autodesk（欧特克）公司首次于 1982 年开发的自动计算机辅助设计软件，用于二维绘图、详细绘制和基本三维设计，是广为流行的绘图工具。

3ds MAX 是 Discreet 公司开发的（后被 Autodesk 公司合并）基于 PC（个人计算机）系统的 3D（三维）建模及渲染软件，对于非纸盒容器的造型及结构表达具有很好的表现性，尤其适合自由曲面造型形态表现。3ds MAX 的折纸插件 FoldPoly，用于挤出可编辑多边形的边（边界）并可旋转（折叠）新生成的面，创建类似手工折纸以及纸箱包装盒的建模效果。

SolidWorks 软件是 SolidWorks 公司基于 Windows 开发的三维 CAD 系统（后被 Dassault Systèmes 公司收购），具有功能强大、易学易用和技术创新等特点，已成为机械设计领域领先的、主流的三维 CAD 解决方案。SolidWorks 是设计过程比较简便的软件之一，国内外众多大学（教育机构）将 SolidWorks 列为制造专业的必修课。基于 SolidWorks 进行二次开发，可以构建无缝集成于 SolidWorks 的特定包装容器 CAD/CAE 系统，如葡萄酒瓶设计、瓶盖设计、二片罐设计等专用插件。类似软件有 Siemens PLM Software 公司旗下的 Solid Edge，以及美国 Parametric Technology Corporation（PTC）公司的 Pro/E。

上述公司又分别在 CAD/CAE/CAM 一体化软件领域推出了高端旗舰型产品，分别是 Siemens PLM Software 公司的 UG（Unigraphics NX）、法国 Dassault Systèmes 公司的 CATIA 以及美国 PTC 公司的 Creo。这些产品功能强大，在造型上能实现各种复杂实体及造型的建构，具备良好的产品设计、NC（数值控制）加工、模具设计能力，迎合所有工业领域的大中小型企业需要。但由于价格昂贵，一般在大中型企业中使用得较多。例如，CATIA 的著名用户包括波音、克莱斯勒、宝马、奔驰等一大批知名企业，其用户群体在世界制造业中占有举足轻重的地位。波音公司使用 CATIA 完成了整个波音 777 的电子装配，创造了业界的一个奇迹。

目前顶端 CAD 软件仍由欧美主导，国产 CAD 软件快速发展，如豹图 CAD、CAXA 电子图板、中望 CAD，以及在线 CAD 平台如 CrownCAD 等。

（2）包装设计专用软件

包装专业 CAD/CAM 软件最早应用在纸包装领域，主要有日本邦友（HoyuTech）公司的 BOX VELLUM、比利时艾司科（Esko）的 ArtiosCAD、荷兰 BCSI 公司的 PackDesign、加拿大 EngView 公司的 EngView Package Designer 等。国内纸包装 CAD/CAM 起步较晚，但发展迅速，涌现了包小盒、Pacdora、云打样、EasyPackMaker、拼一版等一众在线包装设计平台或工具。

上述纸包装 CAD/CAM 均可以完成盒／箱型结构设计、尺寸标注、桥接、拼版、材料选择、三维效果展示等工作，能方便、高质量、高精度地完成包装纸盒的结构设计及制图工作。有的还可以完成后期驱动切割打样机、开模机等一系列工作。

对于非纸类包装容器，上述多个软件尤其是在线平台也同时提供不同材质的瓶、罐、盒、杯、碗、袋等多种包装容器的展示效果设计，主要是基于自身三维模型库或者使用者上传的三维模型进行视觉展示设计，系统本身并不提供三维建模及模型编辑功能。

工具应用是设计能力的重要组成部分，建议至少熟练掌握一种通用工程设计软件和一种包装设计专用软件的应用，两者有机结合，既能保证获得充分的创意自由，又能够获得专业的设计效果。工具软件的学习是一个熟能生巧的过程，除课堂教学外，可以通过阅读资料、在线教程观看、官网学习、软件社区或论坛交流等多种方式来持续提高软件的技能和应用能力。

1.5　包装容器结构设计学习建议

"包装容器结构设计"课程是一门实践性极强的课程，理论浅显易懂，设计谷易上手，但要获得较好的包装容器结构创新能力，并非易事，需要坚持理论与实践相结合，多观察、多思考、多设计，逐步提高动手能力和创新能力。下面是一些关于课程学习的建议：

（1）**热爱生活，积极观察生活中的产品和包装**

生活是最好的教科书，形形色色的包装容器在日常生活中触手可及，为课程的学习提供了巨量具体案例，每一件包装都是一件教具，每一个生活场景都是一个产品设计背景，可以获得学习对象并进行反复观察、把玩、体验，这是其他课程所不具有的优势。热爱生活，保持对生活的好奇心，对于生活中接触的包装容器，要积极观察，结合理论学习，深入理解包装容器结构的特点及形成原因。

（2）**思考生活，提高对设计创新的敏感性**

生活设计，是包装设计创新的重要来源。生活中人们会使用到各种容器，会接触各类有包装和无包装的产品，在这些过程中，总有让我们心动的瞬间、惊喜的时刻，抑或难受的瞬间、尴尬的时刻，对于这些时刻要形成专业敏感性。对于那些包装使用体验良好的容器，我们要积极思考其优点；对于体验不好的容器，要积极思考如何改进和提高。在生活中发现问题、分析问题、解决问题，是提高包装结构创新能力的最佳途径。

（3）**科学规划，逐步提高各项技能**

凡事预则立，不预则废，应该早做学习规划，有目的地提高个人包装综合设计能力。开展包装结构设计除了需要全面了解包装材料、工艺知识，还需要有良好的二维 - 三维思维转换能力、审美情趣和鉴赏能力、专业工具使用能力，应结合个人特点，合理规划，弥补不足，强化特长。另外，应积极关注科学技术的进步，思考其对包装行业的影响，如 AI（人工智能）技术和工具。

总之，热爱生活、善于思考、科学规划、强化实践，才能在包装结构设计中不断创新，并有所建树。

思考与研讨

1-1　选一个生活中的产品，列举包装对产品的具体作用。

1-2　到超市观察，比较并阐述同一产品的运输包装和销售包装的不同。

1-3　选择某一商品（如矿泉水、茶饮料等）的不同品牌和不同规格，指出其包装的共性结构特点，并试着用所学的包装知识进行分析。

1-4　你关注到了包装发展的哪些趋势？试着和大家分享一下这些趋势并分析其形成原因。

扫码进入本章练习

第2章　纸包装容器结构设计

2.1　纸包装容器概述

2.1.1　纸包装容器的主要类型

（1）纸盒

纸盒类型多样，常用于销售包装，是变化形式最多的纸包装容器。纸盒按盒用纸材可分为瓦楞纸盒、白板纸盒、卡板纸盒、茶板纸盒等；按纸盒形状可分为方形盒、三角形盒、菱形盒、屋顶（脊）盒及各种异形盒；按加工方式分为手工纸盒与机制纸盒。手工纸盒一般只出现在新盒型出现的初期，最终都会朝机器自动化生产发展。

本章关于纸盒内容主要按纸盒结构进行分类讲解，将纸盒分为折叠纸盒、粘贴纸盒（固定纸盒）、组合纸盒、屋脊盒（或人字屋顶盒）等。

（2）瓦楞纸箱

瓦楞纸箱主要用于商品的运输包装，是将瓦楞纸板经过分切、压痕、开槽开角等加工后，制成瓦楞纸箱箱坯，经过粘合或者金属钉合而成。

（3）纸袋

纸袋可简单划分为大纸袋和小纸袋，小纸袋主要用于零售商品包装，大纸袋主要用于散状物料或者粒状物料的包装，如水泥、化肥等。

（4）纸杯

纸杯应用广泛，但结构形式基本相同，使用材料有所区别。常用作冷热饮用杯、快餐食品包装和冰激凌包装。

纸包装容器除以上几种外，常见的还有纸桶、纸碗、纸盘及各种纸浆模塑制品。

GB/T 13385—2008 摘要

2.1.2　纸包装容器的结构表达

（1）纸包装绘图图线与符号

国家标准 GB/T 13385—2008《包装图样要求》规定了包装图样绘制的线型和符号使用规范，对应 FEFCO（欧洲瓦楞纸箱制造商联合会）和 ESBO（欧洲实心板材组织）规定的国际标准线型。表 2-1 列举了纸箱纸盒图形绘制常用的线型和符号，更多线型可查询相应标准。使用的非标准线型应区别于标准线型，并在图纸中加以详细说明。

表中的内折、外折和对折是相对于纸板的内外表面而言，不论是普通纸板（简称纸板）还是瓦楞纸板，平板的两面都具有差异性，普通纸板有面层和底层之分，瓦楞纸板有外面纸和内面纸之分。一般情况下，普通纸板面层和瓦楞纸板外面纸纤维质量好，亮度、平滑度及印刷适应性好，常作为装潢印刷面。如果纸盒（箱）成型时，普通纸板底层为盒（箱）内角的两个边，面层为外角的两个边，则为内折，反之为外折。对折则是180°折叠，分为内对折和外对折（图2-1）。

表 2-1　常用图线型式

图线样式	图线意义
————————————	轮廓线或裁切线
═══════════════	开槽线
– – – – – – – – –	内折线
— - — - — - — - —	外折线
- - - - - - - - - - -	向内侧切痕线
— — — — — — —	向外侧切痕线
＝ ＝ ＝ ＝ ＝ ＝ ＝	对折线
· · · · · · · · · · · · · ·	打孔线
∿∿∿∿∿	软边切割线
⌣⌣⌣⌣⌣	撕裂打孔线
‖‖‖‖‖‖‖	钉合接封口
＜＜＜＜＜＜＜	胶带封口
▽▽▽▽▽▽▽	粘合封口

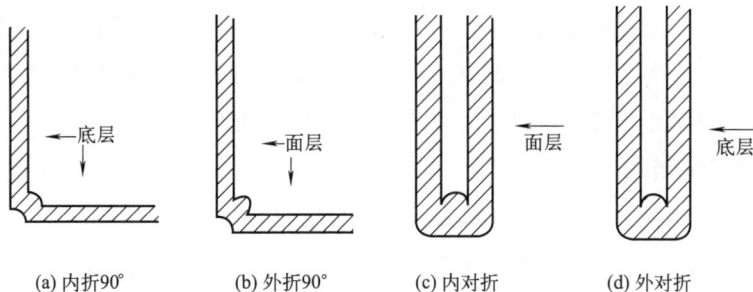

(a) 内折90°　　(b) 外折90°　　(c) 内对折　　(d) 外对折

图 2-1　纸板的折叠方向

（2）普通纸板纹向与瓦楞纸板楞向的表达

如图2-2，瓦楞纸板楞向指瓦楞纸板芯纸上瓦楞的轴向（瓦楞方向），与瓦楞纸板芯纸波纹的延伸方向（机械方向）垂直。

普通纸板纹向指纸板纵向，即机械方向，它是纸张在抄造过程中沿造纸机的运动方向，与之垂直的是纸板横向。纸张抄造工艺使纸板纤维组织在纵横向产生差异，纸张纤维多沿纵向排列，因而在纸盒的加工与印刷工程中，纸板纵向产生延伸，横向产生收缩，垂直于纸张纹向的折痕要更耐折。如果设计错了纸板方向，则有可能导致盒壁翘曲、粘合不牢、压痕质量差等缺陷。一般可以通过观察纸纤维的排列方向确定纸板纹向，也可以用水润湿纸板，使其发生卷曲，卷曲轴向即为纸板纹向（图2-3）。国家标准 GB/T 450—2008《纸和纸板 试样的采取及试样纵横向、正反面的测定》同时规定了纸板纹向等的测定方法，可供参考。

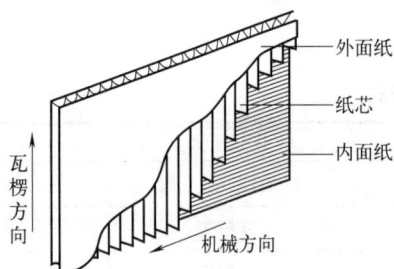

图 2-2　瓦楞纸板楞向

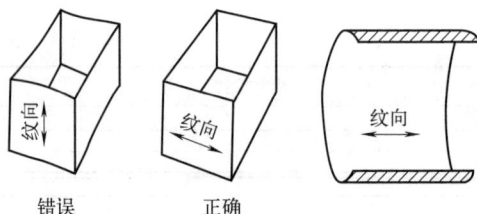

图 2-3　纸板纹向

表2-2 所列瓦楞纸板楞向绘图符号符合 FEFCO 和 ESBO 标准，普通纸板纹向符号为非标准符号，但为业界公认。

表 2-2　楞向与纹向绘图符号与计算机代码

名称	绘图符号	计算机代码	功能
楞向		FD	楞向指示
纹向		MD	纵向指示

一般情况下，普通纸板纹向应垂直于折叠纸盒的主要压痕线。所谓主要压痕线，就是在折叠纸盒长、宽、高各个方向的压痕中，数目最多的那组压痕线。如果主要盒面为弧面，则压痕线为弧线。普通纸板纹向设置应该与弧线正交而非相切。

（3）纸包装设计尺寸标注

以纸箱、纸盒为例，纸包装的结构尺寸主要有三种（图2-4）。

① 内尺寸（X_i）。内尺寸指容器的净空尺寸。它是测量纸包装容器装量大小的一个重要数据，是计算纸盒或纸箱容积及其和商品内装物或内包装配合的重要设计依据。对于常见长方体纸包装容器，可用 $L_i \times B_i \times H_i$ 表示。

② 外尺寸（X_o）。外尺寸指容器的外形尺寸，是纸包装容器占用空间大小，是计算与纸盒或纸箱相关的外包装，或选择运输仓储工具如卡车或货车车厢、集装箱、托盘等的重要依据。对于长方体纸包装容器，用 $L_o \times B_o \times H_o$ 表示。

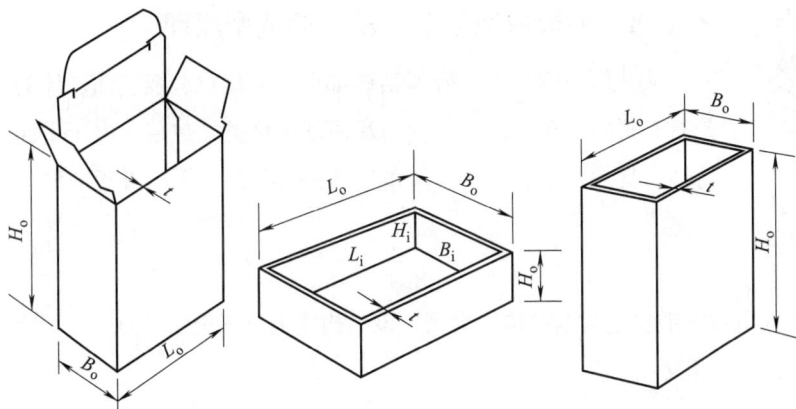

图2-4 纸箱（纸盒）的结构尺寸

③ 制造尺寸（X）。制造尺寸指制造时的压线尺寸，即在纸盒展开结构图上标注的尺寸。它是生产制造纸包装及模切版的重要数据，与内尺寸、外尺寸、纸板厚度和纸包装结构有密切关系。纸盒展开结构图尺寸众多，并不局限于长、宽、高尺寸，且长、宽、高尺寸不止一组，所以不能用 $L \times B \times H$ 组合式表示。

（4）纸包装结构组成的名称

一般情况下盒（箱）板面积等于 LB、LH 或 BH 的称为板（panel），小于上述数值则称为襟片或翼（flap）。其中 LB 板称为盖板或底板，LH 板、BH 板统称为体板，也可以区分为端板和侧板。在插入式盒（箱）盖或盒（箱）底结构中，连接盖板或底板的襟片称为插片（tuck）。

当体板与盖板连接时，则体板称为后板，其相对的另一面体板为前板。

当纸包装为多层结构时，内部板可称为侧内板（前内板或后内板）、端内板、盖内板或底内板等。

襟片（翼）按其功能可称为防尘襟片（翼）、粘合襟片（翼）（一般称接头）或锁合襟片（翼）。在盘式纸包装结构中，同时连接端板与侧板的襟片称为蹼角（webbed corner）。

以上为一般通用命名方法，国家标准 GB/T 25160—2022 对折叠纸盒的结构名称进行了规范，各结构名称示例如图 2-5 所示。

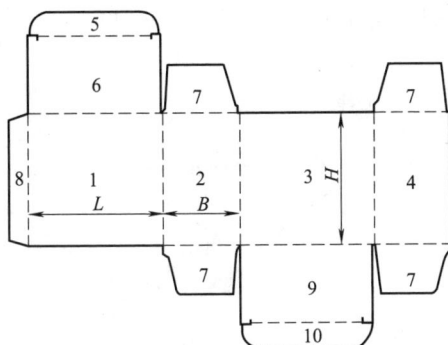

GB/T 25160—
2022摘要

图2-5 折叠纸盒结构名称示意图

1—后板；2，4—端板；3—前板；5—盖插入襟片；6—盖板；7—防尘襟片；8—粘合襟片；
9—底板；10—底插入襟片；L—长度；B—宽度；H—高度

2.1.3 平板成型纸盒（箱）的成型原理

从几何角度来看，容器结构都可认为是点、线、面、体的组合，尤其是对于折叠纸盒、固定纸盒与瓦楞纸箱这类纸包装，由于平面纸板的物理特性，其点、线、面、体和角等结构要素是由平面纸板成型为立体包装的关键。

（1）点

以图 2-6 所示的纸包装基本结构体为例，该结构体上有三类结构点：三面或多面相交点、平面内的点和两面相交点。

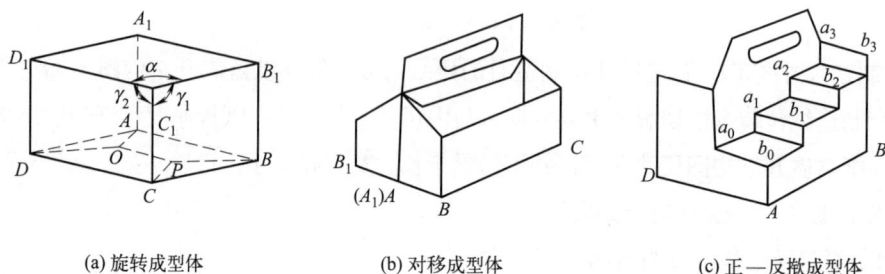

| (a) 旋转成型体 | (b) 对移成型体 | (c) 正—反撤成型体 |

图 2-6 折叠纸盒结构名称示意图

① 旋转点。三面或多面相交点，位于纸包装盖（底）面与两个或两个以上体面相交处，如图 2-6（a）中的 A、A_1、B、B_1……点，在纸包装由平面到立体的旋转成型过程中起重要作用。

② 重合点。平面内的点，可位于组成一个平面的各个盒板或襟片上，当旋转成型后，这些点需在同一平面上重合，如图 2-6（a）中盒底面上的 O、P 点。

③ 正—反撤点。两面相交点，位于纸包装盒体部位，在纸包装间壁结构、封底结构、固定结构等正—反撤结构的成型过程中起重要作用，如图 2-6（c）中的 a_0、b_0、a_1、b_1……点。

（2）线

指包装结构中的所有功能线，主要是轮廓线、裁切线和压痕线。压痕线从制造成型工艺来说，可以分为预折线（prebreak score）和作业线（working score），如图 2-7 所示。

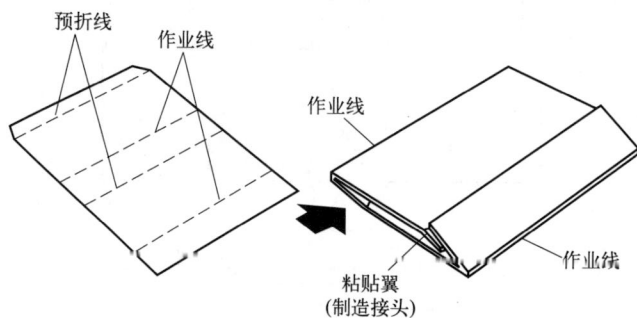

图 2-7 管式纸盒基本成型结构

① 预折线。预折线是预折压痕线的简称。在纸盒（箱）制造商接头自动接合过程中仅需折叠 130° 且恢复原状的压痕线，简单理解就是当纸盒呈平板状折叠状态时不需要对折的压痕线就是预折线，预折只是为了使纸盒更容易撑开，对于机器自动撑盒尤其重要。

② 作业线。作业线是作业压痕线的简称。为使纸盒（箱）在平板状态下制造商接头能准确接合，盒坯需要折叠 180° 的压痕线，或者说当纸盒（箱）以平板状准确接合制造商接头时需要对折的压痕线是作业线。作业线的选取原则是纸盒在自动制盒机上成型时，过程最简单（平折次数最少）且方便粘盒机自动操作。

（3）面

因为平面纸页成型时，纸盒（箱）面只能是平面或简单曲面。从成型因果来看，结构的面可分为两类：

① 固定面。单独一个板成型的面，如管式纸盒盒体侧面与端面、盘式纸盒底面等，每个板一般应有 2 条及以上压痕线。

② 组合面。由若干个板或襟片相互配合或重叠而成型的面，需要采用锁、粘、插等方法进行固定。这些板或襟片一般只有 1 ～ 2 条作业线。

（4）体

从纸包装成型方式上看，按照其基本造型结构，成型体可分为以下三类：

① 旋转成型体。通过旋转方法而由平面到立体成型，如图 2-6（a）所示，管式、盘式、管盘式属此类。

② 对移成型体。通过盒坯两部分纸板相对位移一定距离而由平面到立体成型，如图 2-6（b）所示，非管非盘式属此类。

③ 正—反撤成型体。通过正—反撤方法成型纸包装间壁、封底、固定结构等的造型结构体，如图 2-6（c）所示。

（5）角

相对于其他材料成型的包装容器，点、线、面等要素所共有的角是旋转成型体类的纸包装成型的关键。角分为以下几类：

① A 成型角。在纸包装立体上，盖面或底面上以旋转点为顶点的造型角度为 A 成型角，用 α 表示。

② A 成型外角。成型角与圆周角之差为 A 成型外角，用 α' 表示，即

$$\alpha' = 360° - \alpha \tag{2-1}$$

式中　α'——A 成型外角，（°）；

　　　α——A 成型角，（°）。

③ B 成型角。在纸包装侧面与端面上以旋转点为顶点的造型角为 B 成型角，用 γ_n 表示。

由图 2-6（a）可知，由于纸包装的结构特性，以纸盒的任一旋转点为顶点只能有一个 α 角、一个 α' 角，但可以有两个或两个以上的 γ_n 角。

④ 旋转角。旋转成型体在纸包装由平面纸板向立体盒（箱）成型过程中，相邻侧面与端面的顶边（或底边）以旋转点为顶点而旋转的角度称为旋转角，用 β 表示。如图 2-8 所示，管式折叠纸盒盒底（盖）组合面的成型过程中，相邻两底（盖）板或襟片为构成 A 成型角所旋转的角度，即等于 β。

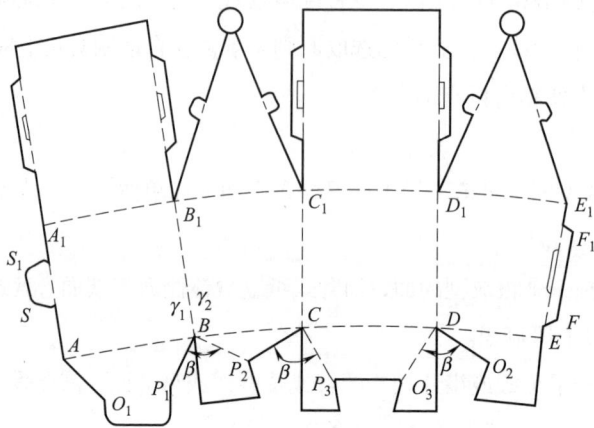

图 2-8　管式折叠纸盒旋转角

旋转角和 A 成型角、B 成型角之间存在下列关系：

$$\beta=360° - (\alpha + \sum \gamma_n) \tag{2-2}$$

2.2　管式折叠纸盒结构设计

折叠纸盒是应用范围最广、结构与造型变化最多的一种销售包装容器。它是由厚度在 0.3 ～ 1.1mm 的耐折纸板或者 B、E、F、G、N 等楞型的小瓦楞或细瓦楞纸板制造的、在装填内装物之前可以平板状折叠堆码进行运输和储存的纸包装容器。目前也有厂家用塑料板材替代纸板来制作折叠盒。

当选用耐折纸板时，小于 0.3mm 的纸板制造的折叠纸盒难以满足刚度要求，而大于 1.1mm 的纸板在一般折叠纸盒加工设备上难以获得满意的压痕。

2.2.1　管式折叠纸盒及其选材

（1）管式折叠纸盒

管式折叠纸盒是折叠纸盒庞大而繁多的种类之一。从结构上定义，管式折叠纸盒是指在成型过程中，盒体通过作业线折叠成平板，用一个接头结合（钉合、粘合或锁合），盒盖与盒底由盖（底）板或襟片通过折叠组装、锁、粘等方式固定或封合的纸盒。一般而言，管式折叠纸盒的一个典型的显性特征是，盒盖在盒体的诸盒面中面积最小。

（2）管式折叠纸盒的选材

管式折叠纸盒选用耐折纸板或细小瓦楞纸板作原材料。这些原材料的印刷适性好，可以进行彩色印刷。

耐折纸板纸页两面均有足够的长纤维，可以产生必要的耐折性能和足够的弯曲强度，使其折叠后不会沿压痕线开裂。耐折纸板一般用多圆网或叠网纸机制造，这种层合成型的方式，使得压痕操作时破坏纸板层间结合力。当纸板沿压痕线折叠90°或180°时，纸板内层形成凸状，降低外层的拉伸压力，避免外层纸页或涂层沿压痕线产生裂纹（图2-9）。

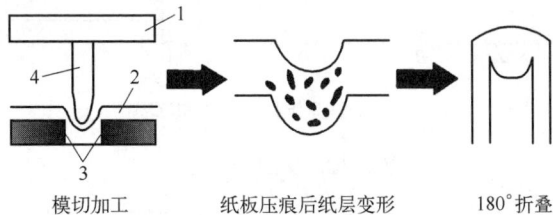

图2-9　耐折纸板的压痕与折叠
1—模切板；2—纸板；3—底模；4—压线刀

耐折纸板品种有标准纸板、白纸板、盒纸板、挂面纸板、牛皮纸板、双面异色纸板、玻璃卡纸及其他涂布纸板等。

设计时可以根据纸盒容积及内装物质量参考表2-3选择适当厚度的纸板。

表2-3　折叠纸盒选用纸板厚度表（内容物不承重）

纸盒容积 /cm³	内装物质量 /kg	纸盒厚度 /mm	纸盒容积 /cm³	内装物质量 /kg	纸盒厚度 /mm
0 ～ 300	0 ～ 0.11	0.46	> 1800 ～ 2500	0.57 ～ 0.68	0.71
> 300 ～ 650	0.11 ～ 0.23	0.51	> 2500 ～ 3300	0.68 ～ 0.91	0.76
> 650 ～ 1000	0.23 ～ 0.34	0.56	> 3300 ～ 4100	0.91 ～ 1.13	0.81
> 1000 ～ 1300	0.34 ～ 0.45	0.61	> 4100 ～ 4900	1.13 ～ 1.70	0.91
> 1300 ～ 1800	0.45 ～ 0.57	0.66	> 4900 ～ 6150	1.70 ～ 2.27	1.02

2.2.2　管式折叠纸盒的盒体结构

因为大部分管式折叠纸盒接头是制造商接头，即在平板状态下接合，且这种平板状态经历计数、堆积、捆扎、装箱、储存、运输等环节一直持续到包装内装物之前盒体撑开，所以对这部分盒体最重要的是作业线设计。

（1）成型作业线

当制造商接头于平板状态下接合时，以对折状态工作的作业线，在盒体呈立体状态时通过内折或外折又起成型作用，这一类作业线为成型作业线。作业线应该设计在管式折叠纸盒平面展开图盒体部位的纵向，当把一

折折叠叠，尽在一线——折叠纸盒作业线的确定

对作业线（用⊗标识）折叠后，盒坯两端的相应位置应该重合（图2-10）。

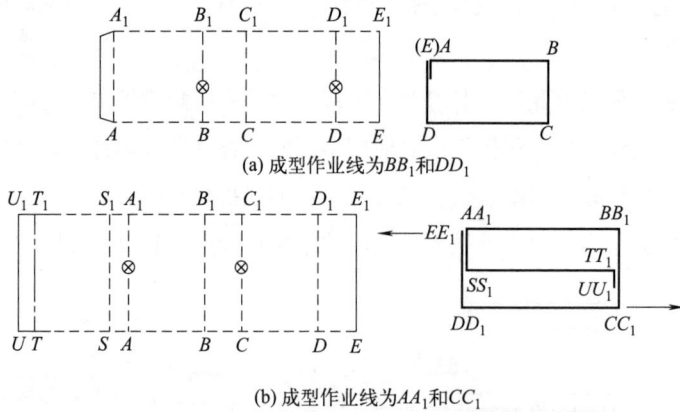

(a) 成型作业线为BB_1和DD_1

(b) 成型作业线为AA_1和CC_1

图2-10　成型作业线示例

（2）非成型作业线

只在制造商接头接合时以对折状态工作而在盒体成型时不工作（折叠）的作业线为非成型作业线。体板数目为奇数的管式纸盒一般不能直接压成平板状，如三棱柱体纸盒。这时需要在作业线相对的盒体面板上人为增加一条辅助折叠线，以配合作业线实现纸盒的平板状压制，这条人为添加的辅助折叠线就是伪作业线。伪作业线不是纸盒成型的结构要素，而是为满足特定工艺需要不得已而为之的变通措施，会对纸盒的成型有副作用。

在图2-11（a）中，CC_1是作业线，AA_1是伪作业线，该三角形纸盒在平板状态时，沿AA_1、CC_1对折。纸盒立体成型后，伪作业线AA_1应展平并隐藏在连接缝处，但事实上仍会影响装潢效果。在图2-11（b）中，线B是作业线，为使其能压成平板状，在面板CE中央增设了一条伪作业线D。在纸盒立体成型后，伪作业线D会在面板CE上留下折叠痕迹，从而影响纸盒预设的外观。

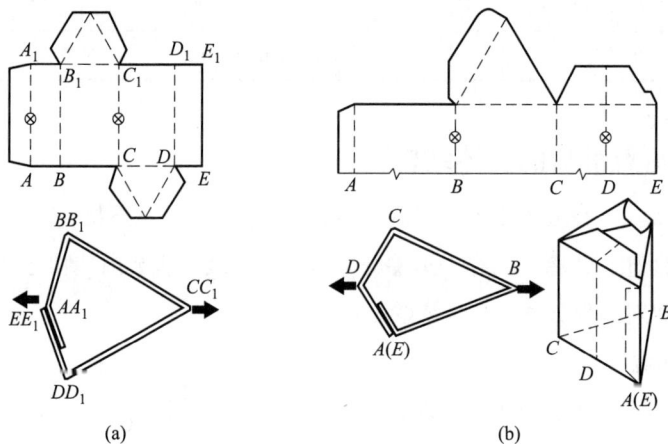

(a)　　　　　　　　(b)

图2-11　非成型作业线示例

对于图 2-11 所示奇数棱柱类盒型，同样也要考虑到平板状接合接头、平板状运输堆码等问题，所以也要设计两条作业线 CC_1 与 AA_1，其中 CC_1 在折叠立体时起成型作用，而 AA_1 不起成型作用，它是一条非成型作业线。

（3）作业线设计原则

由于作业线是主要的盒型元素，所以它对纸盒结构及成型有重要影响，相同的折叠纸盒结构如果选择不同位置的作业线，则有可能改变成型设备或粘合设备的装置和技术条件。纸盒压成平板时，应尽量减少自动化作业工序，并减少压平后的反弹，由于纸盒刚从高速胶粘机下来，接头粘胶未干，一般应保证接头处的压痕线不折叠。基于上述原因，一般作业线设计应遵从以下三个原则：

① 作业线设计数量最少原则。

② 内衬 S 形原则。

③ 接头指向原则。

如图 2-12 所示，举例说明如下：

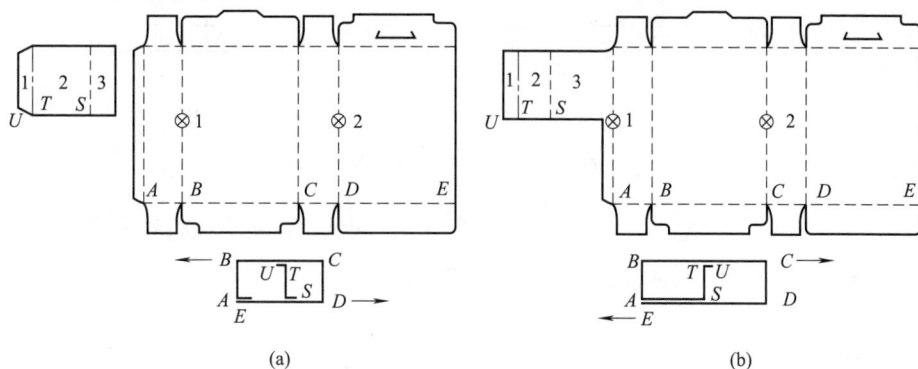

图 2-12 作业线设计示例 1

图 2-12（a）是间壁板（1、2、3 板）与全板分开设计，两板成型，其 B、D 位置的作业线决定了间壁板从立体恢复到平板状时沿 $B-D$ 方向倾倒，如剖面图所示。此设计方式虽然能节省纸板，但增加了成型时的操作工序。而图 2-12（b）间壁板与全板为一张纸板成型，其 A、C 位置的作业线决定了间壁板从立体恢复到平板状时沿 $E-C$ 方向倾倒，$A-S-T-U$ 成剖面图所示的"S"形状。

类似分析，图 2-13（b）的 S 形间壁设计相对图 2-13（a）的 U 形间壁设计，减少了一条作业线，相应减少了机械操作，省去一套机械翻转装置，降低了设备投资和生产成本。

比较图 2-14（a）、（b）两图可以看出，在盒体盒盖及间壁结构不变的情况下，由于盒体作业线位置不同，自锁式盒底襟片的设计也不同，盒底作业线位置相应变化。

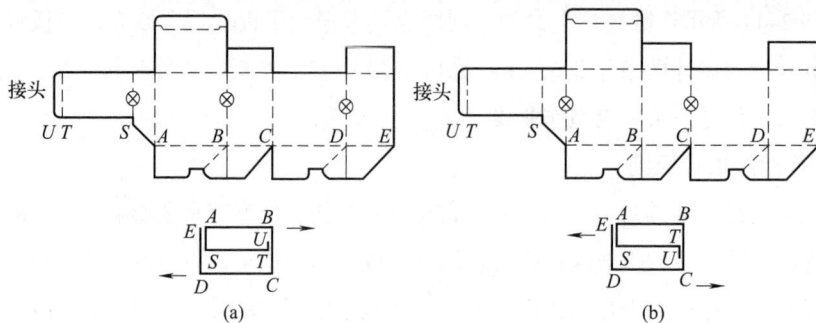

图 2-13 作业线设计示例 2

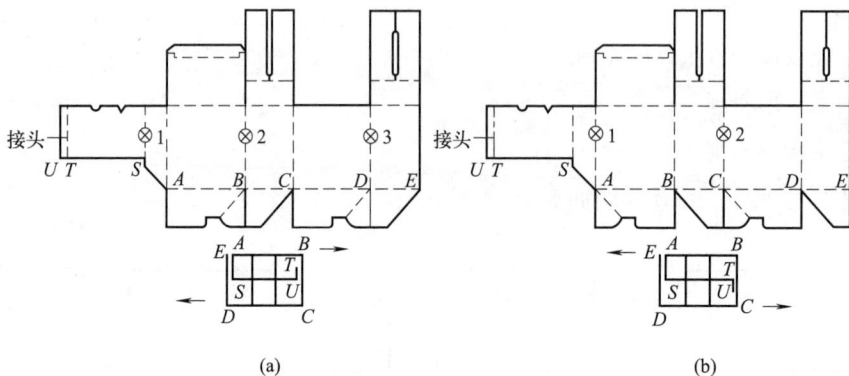

图 2-14 作业线设计示例 3

如图 2-15 所示组合盒作业线设计，接头指向 E，即纸盒恢复平板状时沿 E–C 方向倾倒，C–B–A–H 成 S 形，因此分别在 G、C、E 位置设计作业线。

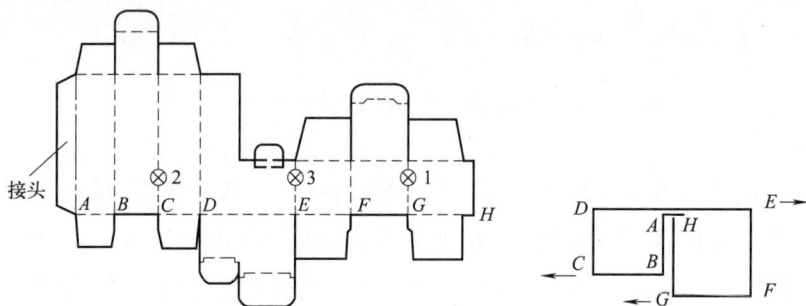

图 2-15 组合盒作业线设计

图 2-16 为对角线间壁板折叠纸盒，因为间壁板是接头延长线，所以按间壁指向。其中，图 2-16（a）有 3 条作业线，图 2-16（b）有 2 条作业线。

当然，在一些情况下，并不能遵循接头指向原则，接头也是需要折叠的。如图 2-17（b）纸盒，可以进行变形设计，适当增加棱线，如图 2-17（a），能适度改善接头折叠受力状况。

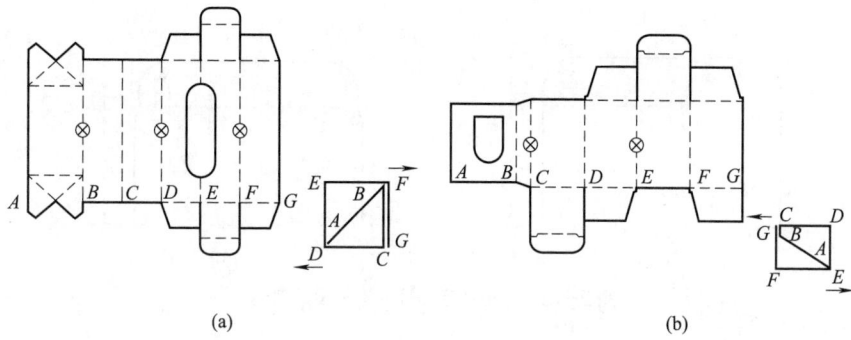

图 2-16　对角线间壁板作业线设计

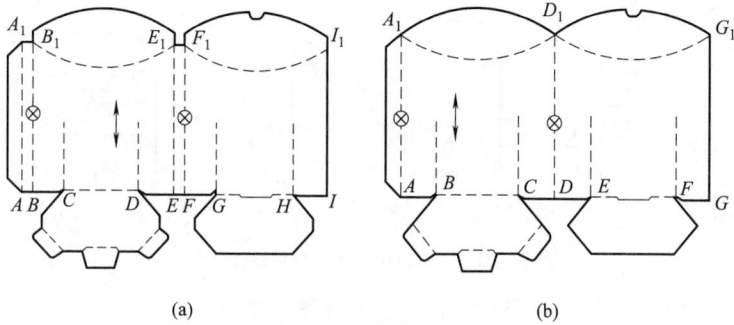

图 2-17　结构变形的作业线优化

2.2.3　管式折叠纸盒的盒盖结构

盒盖是商品内装物进出的门户，其结构必须便于内装物的装填且装入后不易自开，从而起到保护作用，并且在使用时又便于消费者开启。

（1）插入式

图 2-18 所示折叠纸盒为插入式盒盖，其一般组成为：盖板、盖插入襟片和防尘襟片。封盖时盖插入襟片插入盒体，主要通过襟片肩部（翼肩）和端板内壁之间的摩擦力进行封合，如图 2-19 所示，可以包装家庭日用品、医药品等。其作用一是便于消费者购买前开启观察，二是便于多次取用。当所用纸板较厚时，肩部需要适当缩进，以减少襟片和盒体的挤压扭曲。

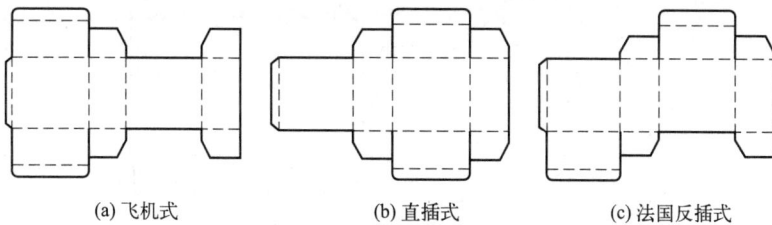

(a)飞机式　　　　　(b)直插式　　　　　(c)法国反插式

图 2-18　插入式折叠纸盒

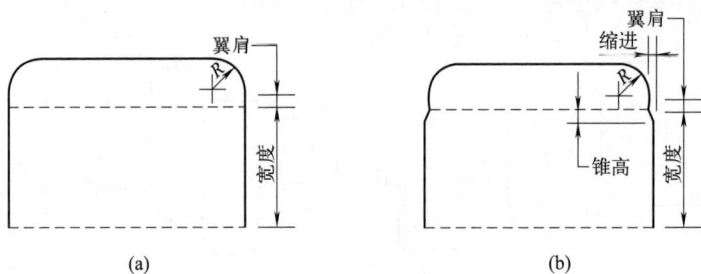

图 2-19 摩擦锁定盖插入襟片设计变化

为了克服这类盒盖易于自开的缺陷，同时便于机械化包装，在插入式盒盖的盖板上增加切缝，成型时，防尘襟片插入切缝，形成锁合结构（图 2-20）。

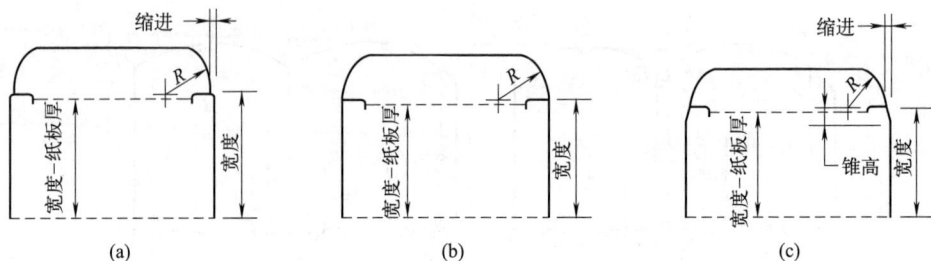

图 2-20 切缝锁定盖插入襟片设计变化

当纸板厚度较大时，则采用开槽取代切缝，如图 2-21 所示。

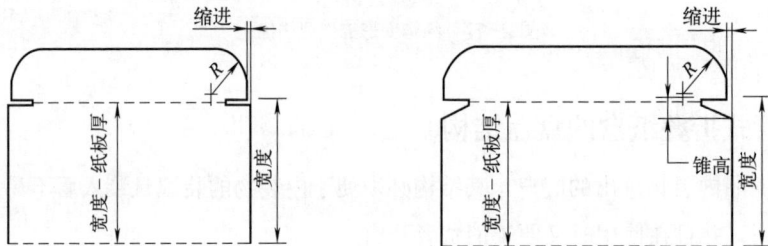

图 2-21 开槽锁定盖插入襟片设计变化

插入式纸盒在局部设计时还可以变化。如图 2-22（a）是一种无切缝反插式折叠纸盒，其防尘襟片以蹼角形式设计，形成无缝结构。图 2-22（b）是一种法国反插式增强盖折叠纸盒，其盒盖形成双层结构。

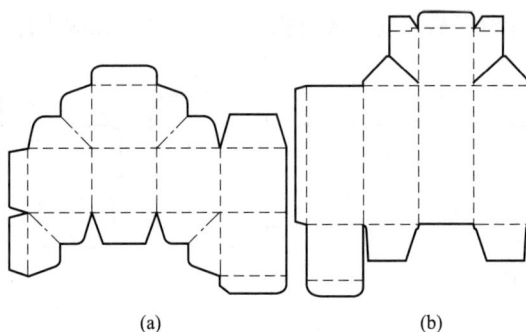

图 2-22 插入式盒盖的变化

（2）锁口式

这种盒盖结构是主盖板的锁舌或锁舌群插入相对盖板的锁孔内。特点是封口牢固可靠，开启稍显不便（图2-23）。

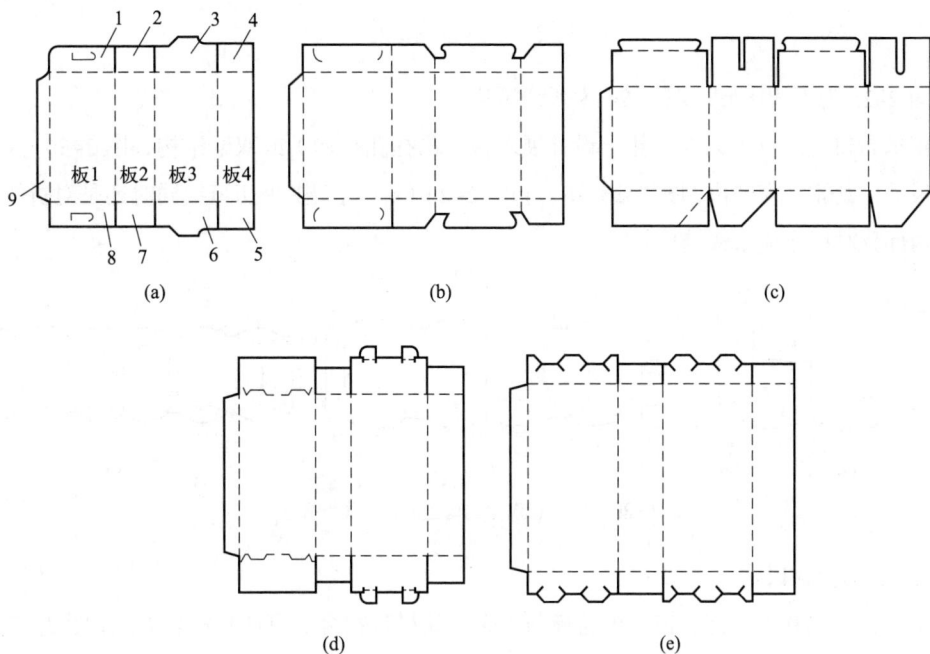

图2-23 锁口式折叠纸盒

（3）插锁式

插锁式盒盖结构是插入式与锁口式的结合（图2-24）。

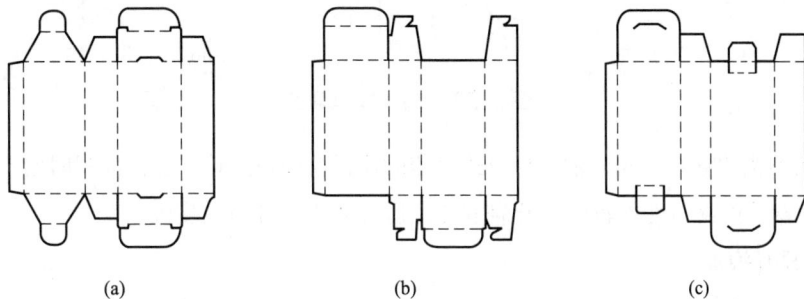

图2-24 插锁式折叠纸盒

（4）正揿封口式

正揿封口盖结构如图2-25和图2-26所示，是在纸盒盒体上进行折线或弧线的压痕，利用纸板本身的挺度和强度，揿下盖板来实现封口。其特点是包装操作简便、节省纸板，并可设计出许多别具风格的纸盒造型，但仅用于小型轻量内装物，如纺织品中的手帕、丝巾、快餐食品中的苹果派等。

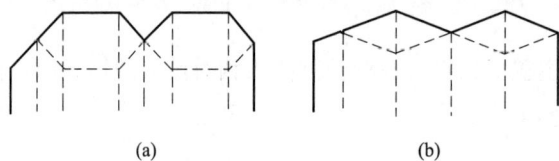

图 2-25　正揿封口盖

图 2-25 为折线压痕，图 2-26 为弧线压痕。

正揿封口式纸盒可以在盒体上设计展示板、吊挂孔（钩）或双壁结构，图 2-26（a）有一盖板盖住盒体开窗部位，图 2-26（b）和图 2-26（c）盒型中央切口线同时还是对折线，其左右两部分对折形成双壁结构。

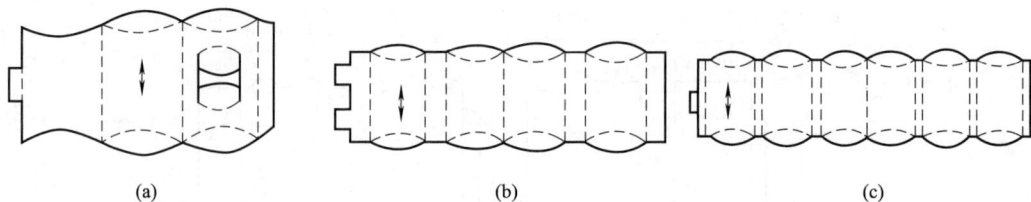

图 2-26　锁口和双壁结构正揿封口式折叠纸盒

（5）粘合封口式

粘合封口式盒盖是将盒盖的主盖板与其余三块襟片粘合。有两种粘合方式，图 2-27（a）为双条涂胶，图 2-27（b）为单条涂胶。

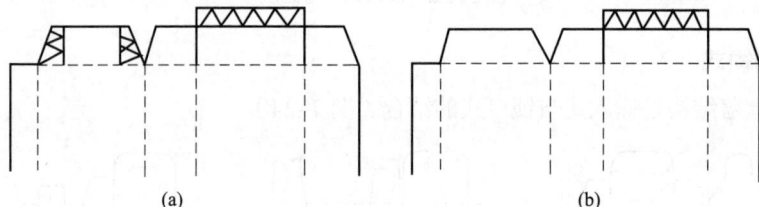

图 2-27　粘合封口式盒盖

与其他类型的盒盖不同，粘合封口式盒盖的盖板与前板连接，这样前视时看不见盖板切口面。这种盒盖的封口性能较好，开启方便，适合高速全自动包装机。

（6）显开痕盖式

显开痕盖式结构在盒盖开启后不能恢复原状且会留下明显痕迹，可以引起经销商和消费者警惕。

图 2-28（a）、（d）所示两个盒的显开痕盖结构，是在原插入式盒盖盖板或盖插入襟片上增加一特殊结构，即在纸板面层和底层同一位置各设计一椭圆形半切线，两椭圆长短半径相等但互相垂直，纸板底层椭圆半切线与一个防尘襟片或前板点粘，如图 2-28（b）、（e），开启以后，点粘部分的纸板撕裂成一个"T"字断面，从而起到防止再封和显示开痕的作用，如图 2-28（c）、（f）。

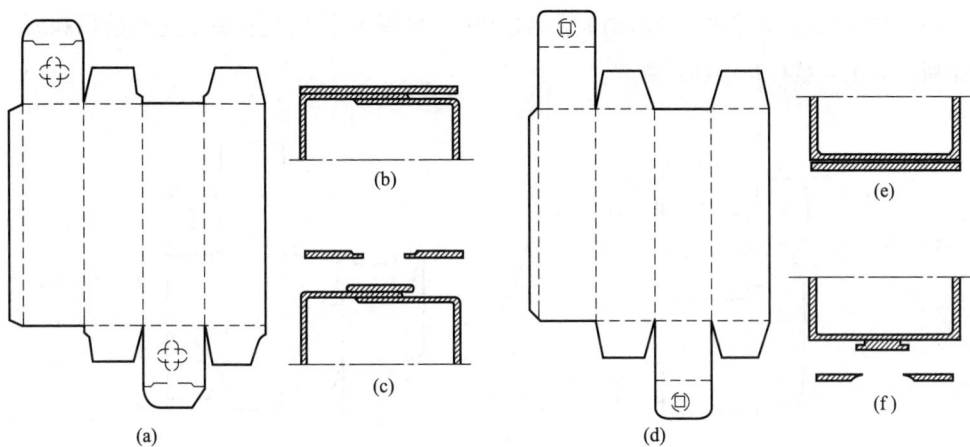

图2-28 半切缝显开痕盖式折叠纸盒

图2-29（a）所示盒盖、盒底各有两个心形间歇切孔，点粘部位也具有显开痕作用。开启时间歇切孔的"桥"断裂，心形部分留在被粘合的盖板上。

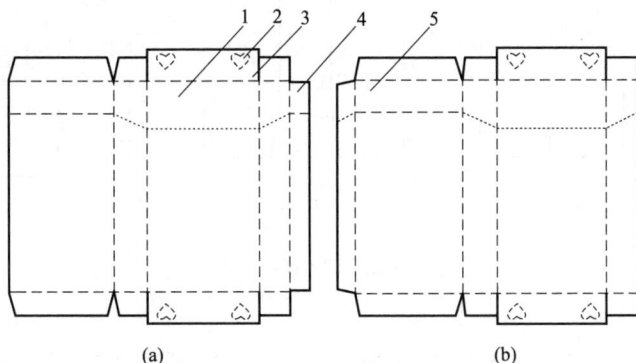

图2-29 半切缝显开痕盖
1—前板；2—心形切孔；3—盖板；4—接头；5—后板

折叠纸盒盖板结构一般应连接在后板上，特殊情况下才可连接在能与后板粘合的端板上。图2-29（a）就是所指的特殊情况，因为如果按图2-29（b）设计，则接头上的打孔线一定要与端板上的打孔线重合，无形中提高了制造精度要求，而且这个位置上的双层纸板也增加了消费者开启的难度。但是如图2-29（a）设计，接头上的折叠线与后板折叠线重合，避免了上述缺陷。

（7）翻盖式

区别于正揿封口式，翻盖式折叠纸盒一般通过折叠形成盒盖（图2-30）。从拼版角度来看，图2-30（d）较图2-30（c）省纸。

（8）花形锁式

花形锁式是一种特殊锁口形式，它可以通过连续顺次折叠盒盖盖片使其组成造型优美的图案，又称连续摇翼窝进式。花形锁式装饰性极强，可用于礼品包装，缺点是组装稍麻烦。图 2-31 所示为正 n 棱柱花形锁式盒盖。

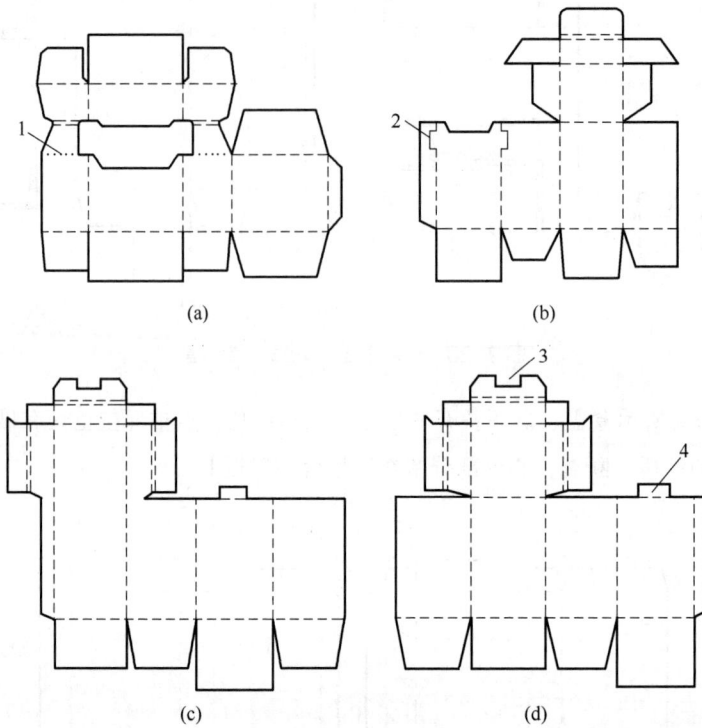

图 2-30 翻盖式折叠纸盒
1—打孔线；2—凸耳；3—阴锁；4—阳锁

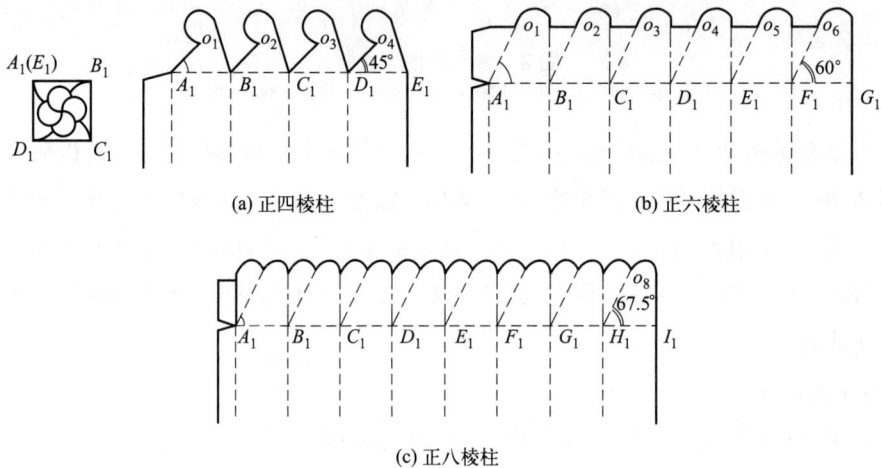

(a) 正四棱柱

(b) 正六棱柱

(c) 正八棱柱

图 2-31 正 n 棱柱花形锁式盒盖

花形锁式纸盒的盒体可以进行曲线变形（图 2-32），盒盖花形曲线也可以进行各种变化（图 2-33），产生不同的装饰效果。

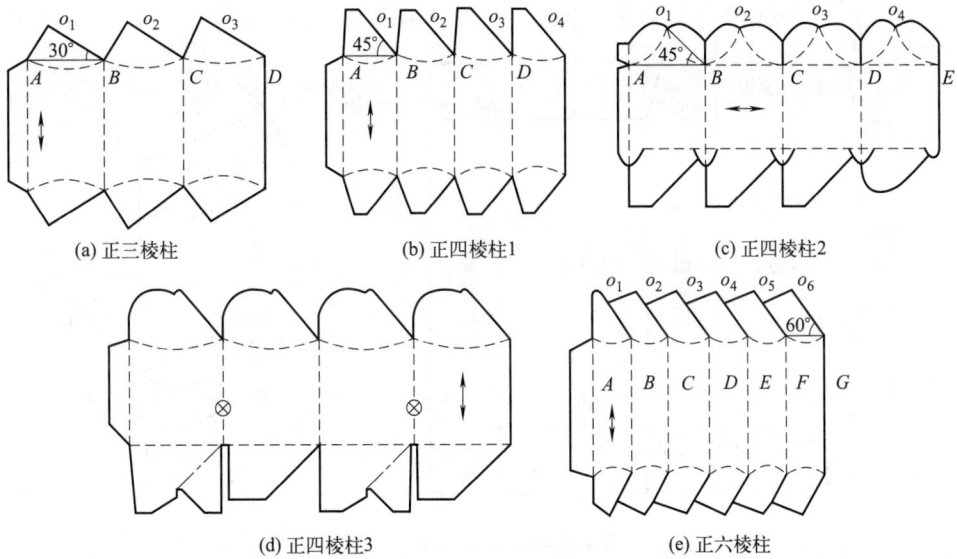

(a) 正三棱柱　　　(b) 正四棱柱1　　　(c) 正四棱柱2

(d) 正四棱柱3　　　(e) 正六棱柱

图 2-32　花形锁式纸盒盒体的曲线变形

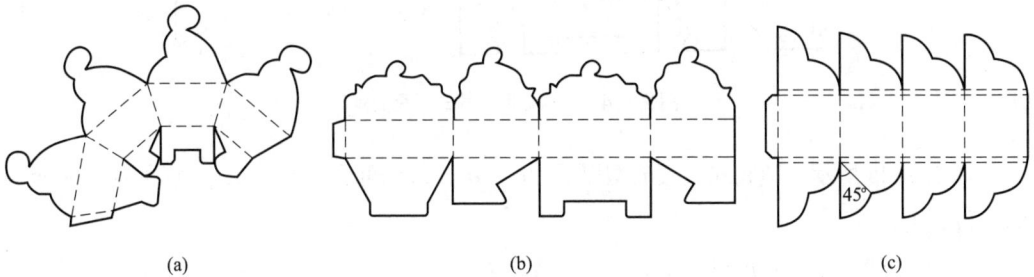

(a)　　　　　　　(b)　　　　　　　(c)

图 2-33　花形锁式纸盒盒盖花形曲线的变化

2.2.4　管式折叠纸盒的盒底结构

　　纸盒盒底主要承受内装物的重量，还受压力、振动、跌落等情况的影响。盒底结构需要保证足够的强度，还要求成型简单。如果盒底结构过于复杂，自动化作业时会造成包装机结构复杂或包装速度降低，手工组装时也更耗时耗力。

　　上述盒盖结构均可作为盒底使用，只有花形锁盒盖用作盒底时，结构会有所变化，不同之处在于组装时折叠方向与盒盖相反，即花纹在盒内而不在盒外，这样可以提高承载能力，反之则无法实现锁底，内装物将从盒底漏出。

　　下面将介绍与上述盒盖结构不同的盒底结构。

（1）锁底式

　　锁底式结构能包装多种类型的商品，盒底能承受一定的重量，因而在大中型纸盒中广泛采用。盒底成型时需要组装，因成型过程分为三个步骤，又称1-2-3锁底，又因组装成型速度比较快，又叫快锁底。图2-34为典型锁底式结构，封闭面板二和封闭面板三的变化，可以提供更多的安全保证，适用于较重的内装物。

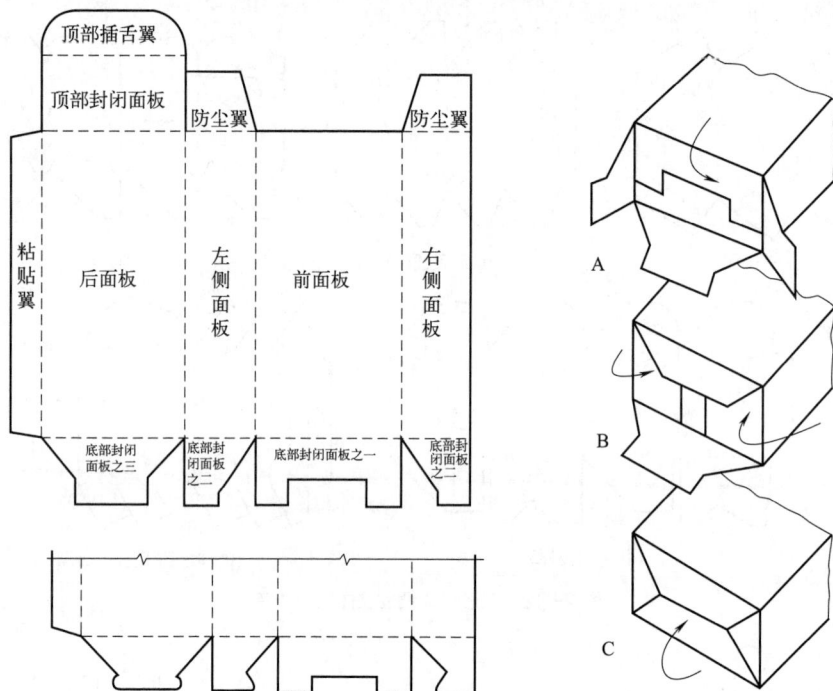

图 2-34　典型锁底式管式折叠纸盒

如图 2-35 所示，锁底式盒底成型以后，o_1、o_2、o_3 点重合，p_1、p_2、p_3 点重合。o、p 点的定位原则为：

① op 连线位于盒底矩形中位线；

② o、p 点与各自邻近旋转点的连线同盒底 B 边所构成角为 $\angle a$，同盒底 L 边所构成角为 $\angle b$，则 $\angle a$、$\angle b$ 确定原则是 $\angle a + \angle b = \alpha$。

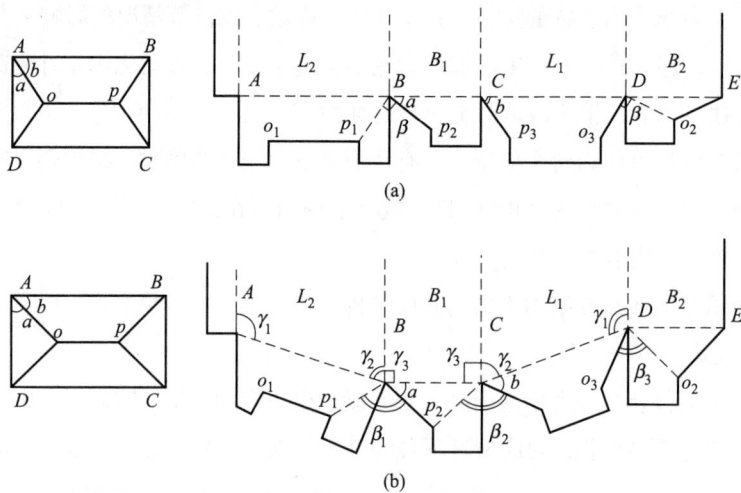

图 2-35　锁底式结构

一般的，$\angle a$、$\angle b$ 设定值与纸盒长宽比（l/b）有关。

当 $\alpha=90°$ 时：

$l/b \leqslant 1.5$，$\angle a=30°$，$\angle b=60°$；

$1.5 < l/b \leqslant 2.5$，$\angle a=45°$，$\angle b=45°$；

$l/b > 2.5$ 时，则如图 2-36 所示，增加锁底啮合点，也就是将纸盒长边按奇数等分，且 $\angle a+\angle b=90°$。

如果锁底式结构同时用于盒盖，则可进行拼接，既省料又省工。

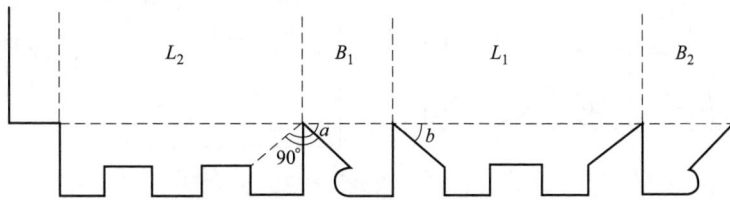

图 2-36 长边较长的锁底式结构

（2）自锁底式

自动锁底式纸盒结构是在锁底式结构的基础上改进而来的。图 2-37 是典型的自锁底式折叠纸盒，它在粘盒机械设备上的成型过程如图 2-38 所示。盒底成型以后仍然可以折叠成平板状运输，到达纸盒自动包装生产线以后，撑开盒体，盒底成封合状态，省去了其他盒底的成型工序和成型时间。因此，这种结构比较适合自动化生产和包装。

一底易成，半角难求——自动锁底纸盒的余角求解

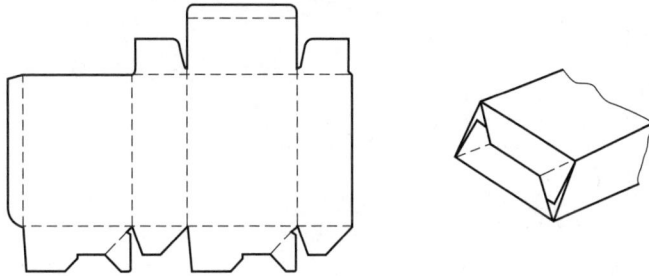

图 2-37 自锁底式折叠纸盒

在管式折叠纸盒中，只要有压痕线能够使盒体折叠成平板状，就可设计自锁底式。

自锁底式纸盒的关键结构是底板上的一条外折线，如图 2-38 中的线 BG、DF。该线与纸盒底边形成一个 δ' 角，δ' 角以外部分将与相邻底片粘合形成锁底。

① 粘合角（δ）。粘合角即与旋转点相交的盒底折叠线与裁切线所构成的角度，也就是说自锁底主片的粘合面中，以旋转点为顶点的两条粘合面边界线所构成的角度叫粘合角，即图 2-38 的 $\angle C_2BG$ 和 $\angle E_2DF$。当对纸盒盒底加工和使用时，为避免底片与体板的干涉和相互影

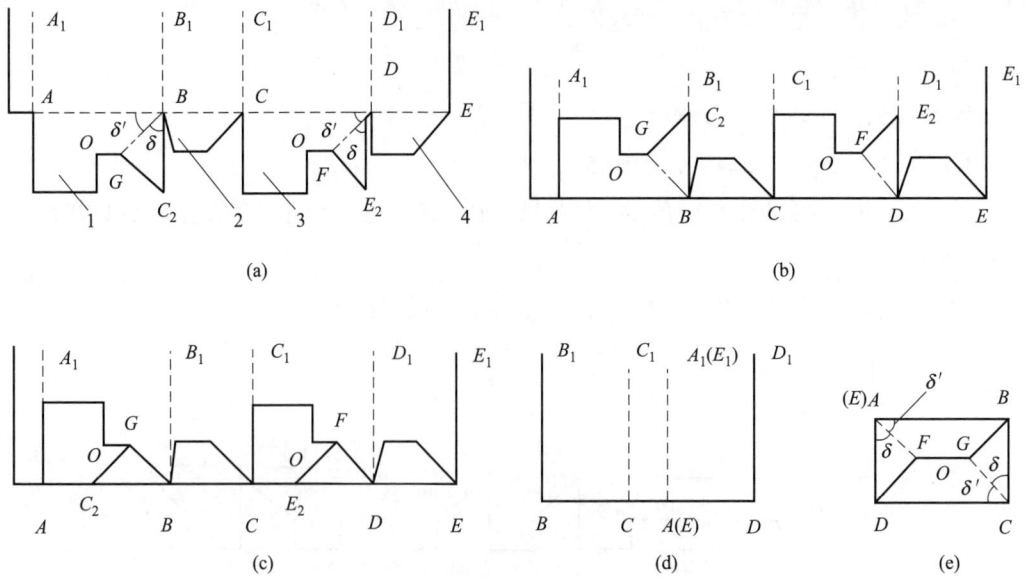

图 2-38　自锁底式纸盒成型过程示意图

1—底板 1（主底片）；2—底板 2（副底片）；3—底板 3；4—底板 4

响，实际应用中对粘合面会进行工艺切除，从而使实际的 δ 角小于理论值，或是将裁切线（BC_2、DE_2）向内移动。因此，自锁底式纸盒 δ 的实际值与理论值有差距，可以根据实际需要进行变化。但只要折叠线 BG、DF 位置不变，就不会影响自锁底的功能。为方便设计计算，需要选择一个固定的角度。

② 粘合余角（δ'）。在自锁底盒主底片上，与旋转点相交的折叠线和盒体与盒底的交线所构成的角叫粘合余角。由于折叠线 BG（DF）位置不变，盒体与盒底的交线 AB（CD）不变，所以 δ' 是一个固定值。

从理论上，有

$$\delta + \delta' = \alpha \qquad\qquad (2\text{-}3)$$

式中　δ——粘合角，（°）；

　　　δ'——粘合余角，（°）；

　　　α——A 成型角，（°）。

这样，自锁式盒底的结构问题可以归结为 δ' 的求值问题。

③ 粘合余角求解。为方便理解，以直角六面体折叠纸盒理论理想形态为基础，描述自锁底成型过程如下：第一步，盒底各片向内做 180° 折叠［图 2-38（b）］；第二步，主底片的 BG（DF）线向外做 180° 折叠［图 2-38（c）］；第三步，A_1ABB_1（D_1DEE_1）盒板沿作业线 B_1B（D_1D）向内做 180° 折叠［图 2-38（d）］；第四步，盒底粘合面与盒体接头分别和相应部位粘合，然后撑开盒体盒底自动成型［图 2-38（e）］。

实际上，整个成型过程就是线段 BC 与 BC_2、DE 与 DE_2 重合的问题。这是探讨一般管式折叠纸盒自锁底粘合余角的关键。

图 2-39 是一个棱台形纸盒，其成型过程与图 2-38 相同，为简便起见，只分析以旋转点 D 为顶点的粘合余角：第一步，主底片以 DC 为轴内折 180°，即以 DC 为轴作 $\angle E_2DC$ 的对称角 $\angle E_3DC$;第二步，将粘合片 F_1DE_3 沿轴 F_1D 翻折 180°，得到 $\angle F_1DE_3$ 的对称角 $\angle F_1DE_4$;第三步，将 E_1EDD_1 盒板以作业线 DD_1 为轴内折 180°，即以 DD_1 为轴作 $\angle D_1DE$ 的对称角；若要纸盒盒底呈自锁结构，必须 DE、DE_4 重合，即 $\angle D_1DE_4$ 为 $\angle D_1DE$ 的对称角。

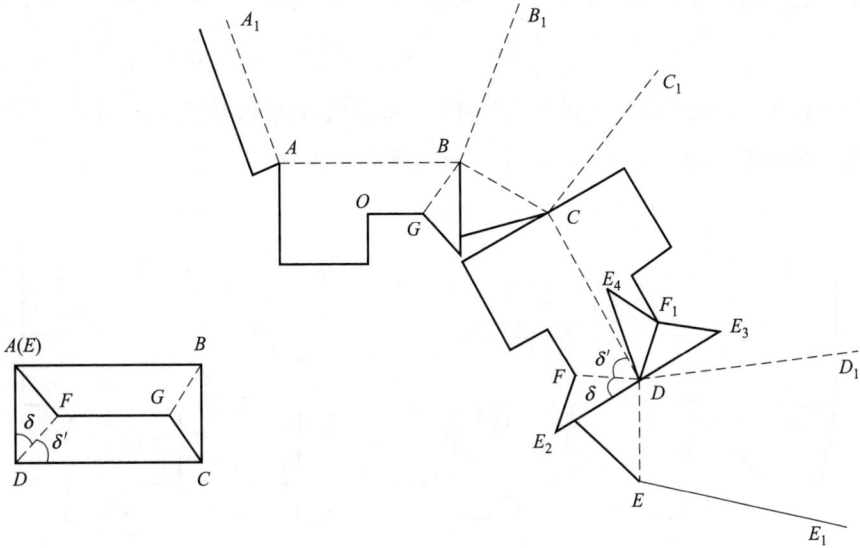

图 2-39　自锁底结构分析

因为 $\angle E_2DC=\alpha$，$\angle D_1DC=\gamma_1$，$\angle D_1DE=\gamma_2$，$\angle E_2DF=\delta$，$\angle FDC=\delta'$。
根据多次镜像折叠关系，有

$$\angle E_2DC = \angle E_3DC = \alpha$$

$$\angle F_1DC = \angle FDC = \delta'$$

$$\angle E_3DF_1 = \angle E_4DF_1 = \angle E_2DF = \delta$$

$$\angle DD_1E_4 = \angle D_1DE = \gamma_2$$

所以

$$\angle CDE_4 = \angle F_1DC - \angle E_4DF_1 = \angle D_1DC - \angle DD_1E_4$$

即

$$\delta' - \delta = \gamma_1 - \gamma_2$$

又

$$\delta + \delta' = \alpha$$

则两式相加，简化可得

$$\delta' = \frac{1}{2}(\alpha + \gamma_1 - \gamma_2) \tag{2-4}$$

式中　δ——粘合角，（°）；

　　　α——A 成型角，（°）；

　　　γ_1——与有作业线底板相连体板的 B 成型角，（°）；

　　　γ_2——与无作业线底板相连体板的 B 成型角，（°）。

式（2-4）就是一般管式折叠纸盒自锁底粘合余角求解公式。

对于常见的棱柱形管式折叠纸盒，因为 $\gamma_1=\gamma_2=90°$，代入式（2-4），得

$$\delta'=\frac{1}{2}\alpha \qquad\qquad (2-5)$$

可见棱柱形自锁底结构管式折叠纸盒只是一般管式折叠纸盒的特例。日常正四棱柱折叠纸盒粘合余角都等于45°，盒底其他结构尺寸处理如图2-40。

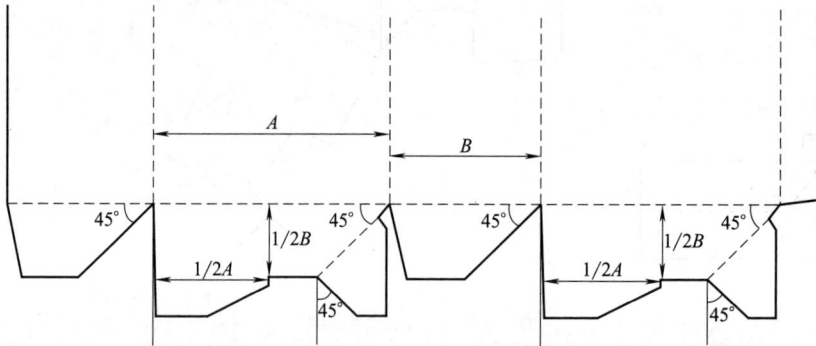

图2-40　正四棱柱折叠纸盒常见自锁底结构

自锁底结构可以进行多种变化，如增强自锁底（图2-41），或根据需要进行的其他变化（图2-42）。

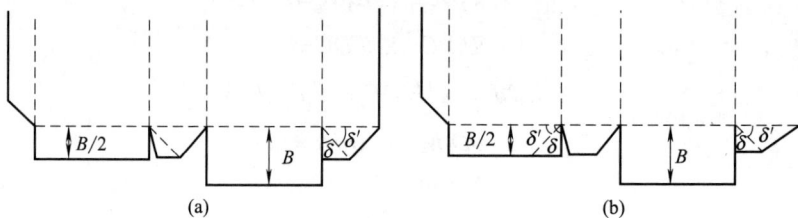

图2-41　增强自锁底结构

（3）间壁封底式

间壁封底结构是在折叠纸盒的四个底板封底的同时，其延长板将纸盒分隔。间壁板有效地分隔和固定单个内装物，防止碰撞损坏。由于纸盒主体与间壁板一页成型，壁板组合可有效固定盒底，所以纸盒抗压强度和挺度都有所提高。

常见的间壁封底纸盒底结构是六间隔结构，如图2-43所示。设计中，首先应确定纵横向间隔的等分位置，以决定间壁板在盒底的位置，继而设计封底的具体结构形式。

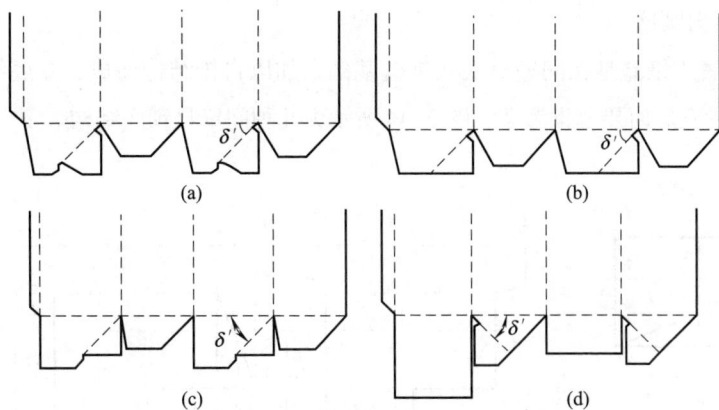

图 2-42 正四棱柱折叠纸盒自锁底结构变化

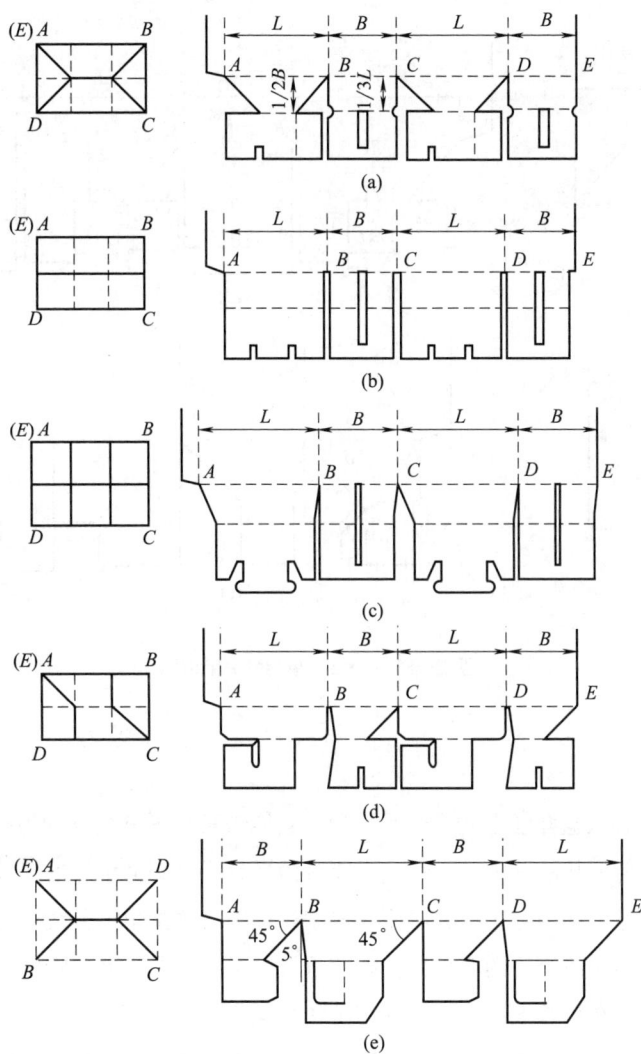

图 2-43 3×2 间壁封底结构

（4）间壁自锁底

间壁自锁底式纸盒是在间壁封底式纸盒基础上加以自锁结构而成，盒底结构较为复杂，设计上选择这种盒底时要慎重考虑。图2-44所示为几种间壁自锁底结构。

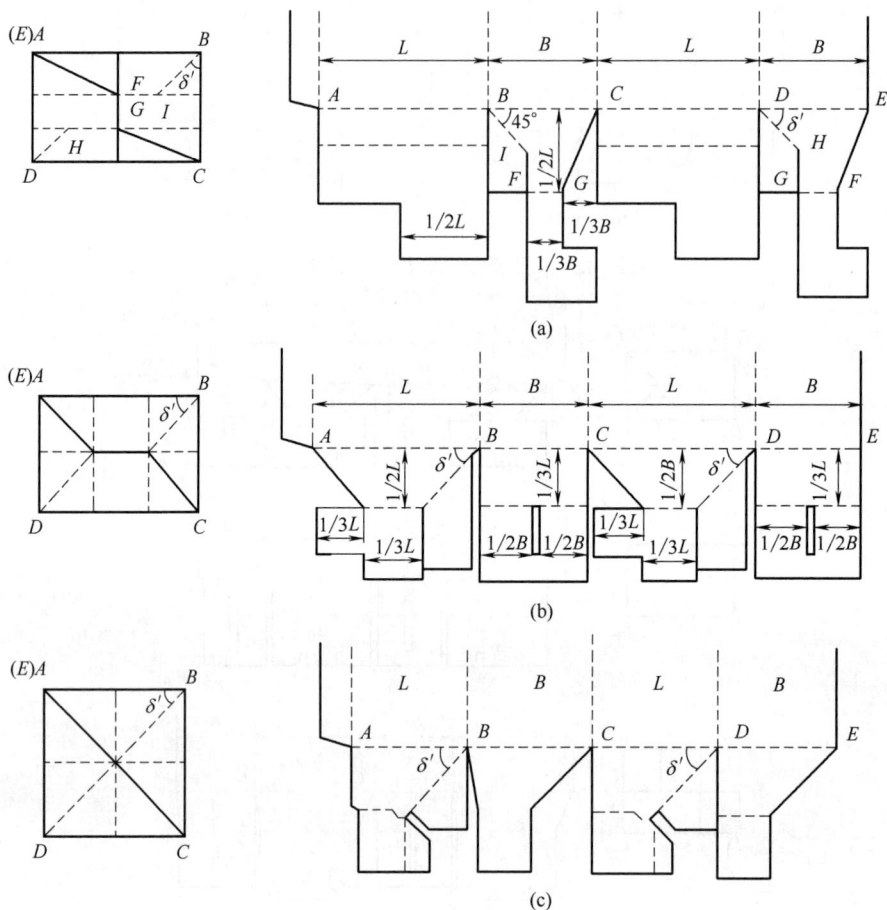

图2-44 3×2间壁自锁底结构

2.2.5 平分角

平分角，指折叠纸盒盒坯上的一个平面角，它能被其角平分线分割为相等的两个角；或者一个规则平面几何形状的其中一个角，它能被角平分线分割为全等的两部分。在多数情况下，这一角平分线通常作为对折线，以便在成型过程中沿这条角平分线对折后，其左右两个部分（两个相等的半角或全等的两部分）能够重合。平分角是一种独特的设计技巧或必不可少的结构分析方法，在折叠纸盒中较为常用（图2-45）。

在折叠纸盒的结构设计中，常用到等腰三角形原理，即等腰三角形底边上过顶角的垂线等于顶角的角平分线。利用这一原理可方便地进行平分角的设计。

(a)   (b)

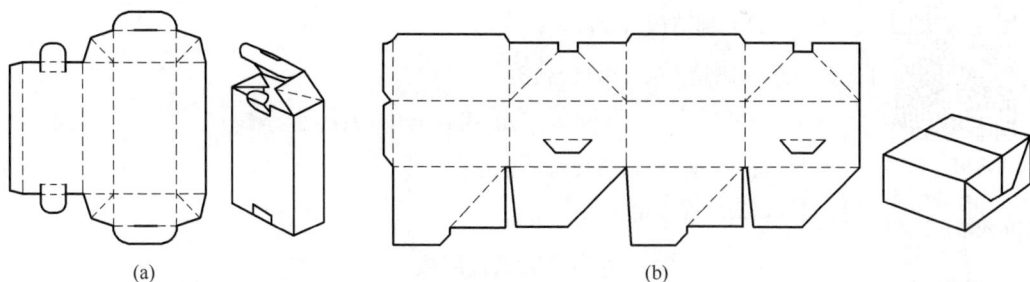

图 2-45 利用平分角结构的折叠纸盒

2.2.6 管式折叠纸盒的尺寸计算

尺寸设计是折叠纸盒结构设计中极其重要的一环，它不仅直接影响到纸盒产品的外观及其内在质量，而且关系到生产及流通成本。

折叠纸盒的尺寸设计，可以根据运输空间由外向内进行设计，即根据外包装瓦楞纸箱的内尺寸来依次计算折叠纸盒外尺寸、制造尺寸与内尺寸，也可以根据内装物最大外形尺寸，由内向外逐级计算折叠纸盒内尺寸、制造尺寸与外尺寸。选择由内到外还是由外到内的方法进行设计，需要根据具体对象进行综合考虑。重点是要辩证把握纸盒内尺寸、制造尺寸和外尺寸之间的关系（图 2-46）。

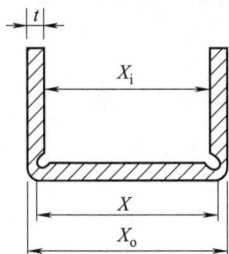

图 2-46 纸盒结构尺寸关系

（1）内尺寸

纸盒的内尺寸计算公式为

$$X_i = X_{max} + k_i \tag{2-6}$$

式中　X_i——纸盒内尺寸，mm；

X_{max}——内装物最大外形尺寸，mm；

k_i——内尺寸修正系数，mm。

① 对于折叠纸盒。对于折叠纸盒，在长度与宽度方向上，k_i 值一般取 3 ～ 5mm，在高度方向上，则取 1 ～ 3mm，具体主要取决于产品易变形程度。对于可压缩商品如针棉织品、服装等可取低限，而对于刚性商品如仪器仪表、玻璃器皿等则应取高限。若需要适应机械自动化填装的需要，该值应根据工艺需要进一步增大。一些通过增大包装体积而吸引消费者购买的销售包装，其尺寸并不是依据上式计算所得。

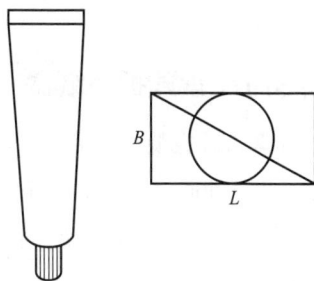

② 对于非规则物品。内装物的最大外形尺寸通常和该内装物在纸盒内的放置方式有密切关系，如图 2-47，牙膏 "一" 字形管尾在纸盒内沿 LB 面的对角线放置，可以有效减小纸盒内部尺寸。

图 2-47 牙膏管尾斜放示意图

（2）制造尺寸

纸盒制造尺寸计算公式为

$$X=X_i+(n-1)t+k_X \qquad (2\text{-}7)$$

式中　X——纸盒制造尺寸，mm；

　　　X_i——纸盒内尺寸，mm；

　　　n——在某一方向上的纸板层数；

　　　t——纸盒的纸板厚度，mm；

　　　k_X——纸盒制造尺寸修正系数，mm。

制造尺寸修正系数 k_X 通常需要考虑纸板湿度变化、加工工艺与加工精度、纸板纹向和尺寸方向等因素的影响。一般在长度和宽度方向上 k_X 取值 2mm，在高度方向上取值 1mm。当然，在精度要求不高的情况下，k_X 也可以忽略不计。制造尺寸作为纸盒展开图绘制的重要尺寸依据，在应用于各面板设计时，对于面板主要压痕线和切线的设计参考作用是不同的，最终设计值也不一样，主要是要注意纸厚的影响，要根据纸板彼此间的内外关系进行调整。

（3）外尺寸

纸盒的内部尺寸计算公式为

$$X_o=X+t \qquad (2\text{-}8)$$

式中　X_o——纸盒外尺寸，mm；

　　　X——纸盒制造尺寸，mm；

　　　t——纸盒的纸板厚度，mm。

式（2-6）~式（2-8）只是给出了内装物和纸盒内尺寸、制造尺寸、外尺寸基本关系，设计时应根据具体情况来具体分析，优化相关尺寸，并通过纸盒打样、试装等方式进行纸盒尺寸验证和调整，确定最终尺寸。

2.3　盘式折叠纸盒结构设计

2.3.1　盘式折叠纸盒

盘式折叠纸盒的结构特征是：有一页纸板以盒底为中心，四周纸板折叠形成浅盘状纸盒，角隅处通过锁、粘或其他方式形成封闭成型。如果需要，纸盒的一个体板可以延伸并折叠成盒盖（图2-48）。大多数盘式折叠纸盒是以平板状态进行储存和运输的，使用时再进行拆盒。

与管式折叠纸盒一样，盘式折叠纸盒也是折叠纸盒应用最广泛的种类之一，各种结构的盘式纸盒与管式纸盒一样影响深远。下面的章节主要对盘式折叠纸盒的基本成型方法和主要结构类型进行说明。

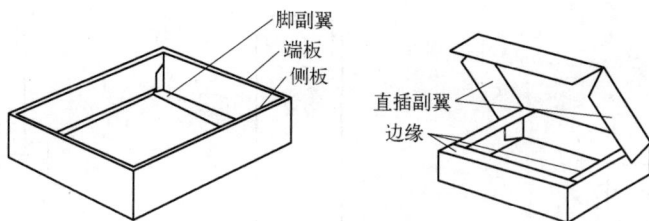

图 2-48 盘式折叠纸盒

2.3.2 盘式折叠纸盒的成型方法

盘式型折叠纸盒的成型主要有组装成型、锁合成型和粘合成型三种方法，在同一纸盒的成型中，可以根据需要多种方法组合使用。

（1）组装成型

组装成型方法指的是利用端板和侧板对折后形成的夹层相互约束而限位成型。组装方式有2种：①盒端对折组装，如图2-49（a）所示；②非粘合式蹼角与盒端对折组装，如图2-49（b）所示。

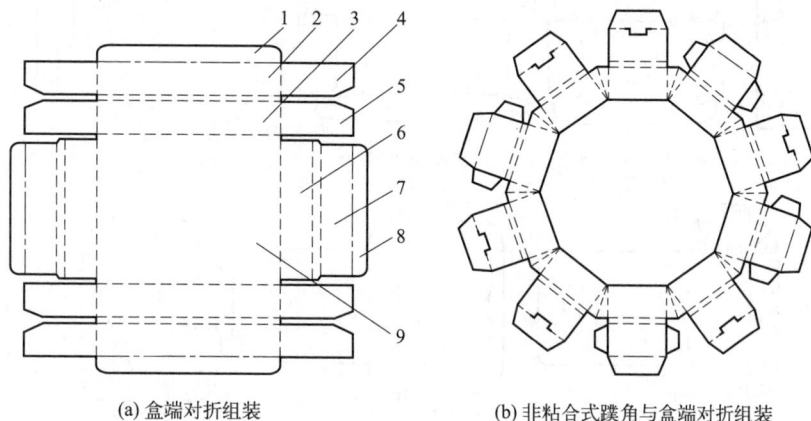

(a) 盒端对折组装　　　　　　(b) 非粘合式蹼角与盒端对折组装

图 2-49　组装成型式盘式折叠纸盒
1—侧襟片；2—侧内板；3—侧板；4—侧内板襟片；5—侧板襟片；
6—端板；7—端内板；8—端襟片；9—底板

如果组装成型式盘式折叠纸盒的对折线间距加大，使端板和端内板或侧板和侧内板形成一个连接平台，则形成宽边盘式折叠纸盒结构，如图2-50所示。图2-50（b）、（c）的盒盖内外都是印刷面，具有展示性。

（2）锁合成型

锁合成型方法在板和襟片上设计有一些连接锁口机构，折叠后通过锁口机构锁合实现成型的方法。锁口结构可以设置在底板、端板、侧板、襟片等任意板面，两两锁合，如图2-51。以上几种锁合方式可以在一个纸盒中任意组合使用。

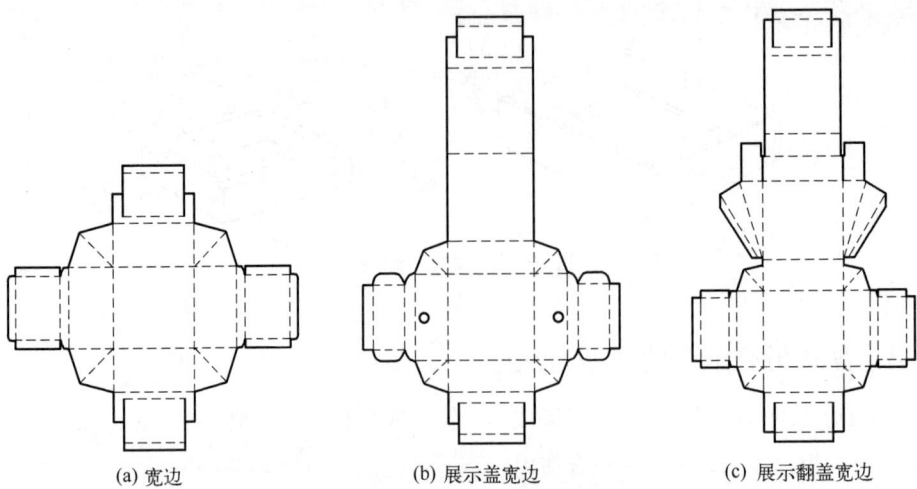

(a) 宽边　　　　　　　(b) 展示盖宽边　　　　　　(c) 展示翻盖宽边

图 2-50　宽边盘式折叠纸盒

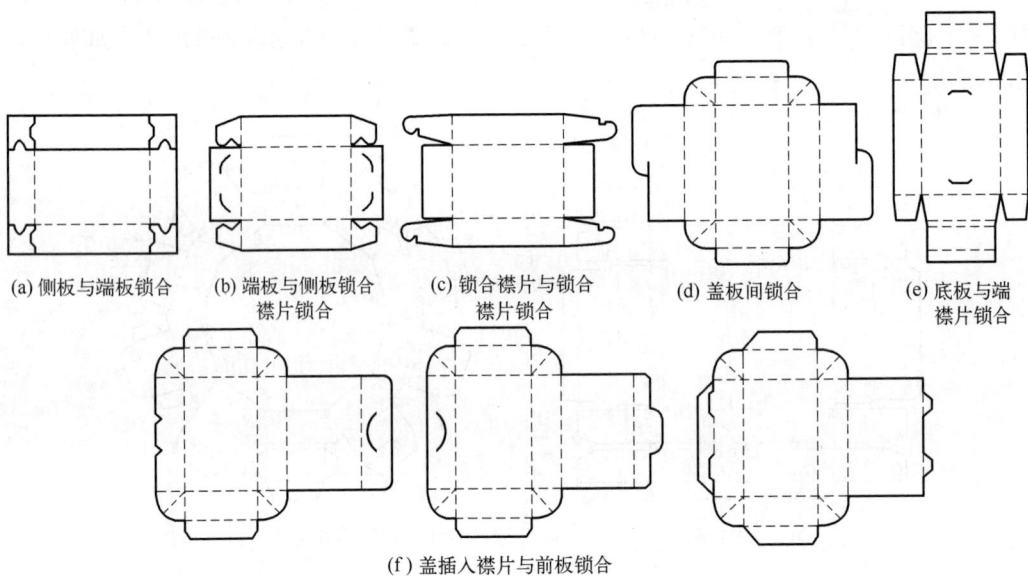

(a) 侧板与端板锁合　　(b) 端板与侧板锁合　　(c) 锁合襟片与锁合　　(d) 盖板间锁合　　(e) 底板与端
　　　　　　　　　　　襟片锁合　　　　　　　襟片锁合　　　　　　　　　　　　　　　板襟片锁合

(f) 盖插入襟片与前板锁合

图 2-51　盘式折叠纸盒锁合方式

图 2-52 为锁合结构的切口、插入与连接方式。

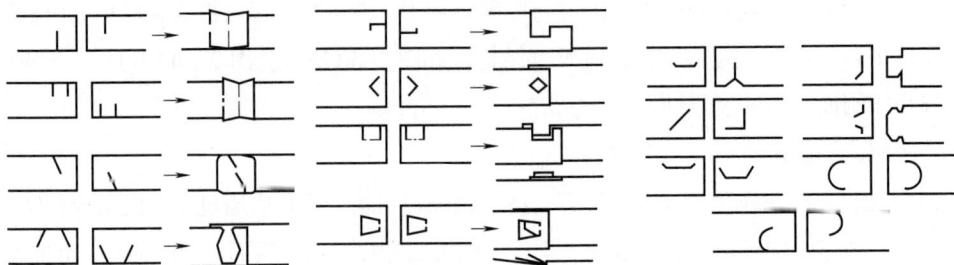

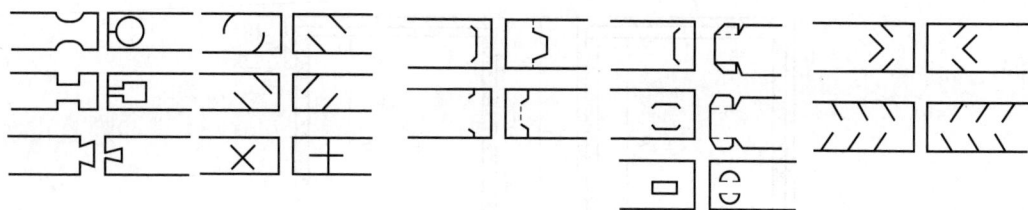

图 2-52　锁合结构

（3）粘合成型

常见的粘合成型方法有蹼角粘合或襟片粘合，如图 2-53、图 2-54 所示。襟片粘合即端板襟片与侧板（前、后板）粘合，或侧板（前、后板）襟片与端板粘合。亦可将侧板或端板的内外板直接粘合。

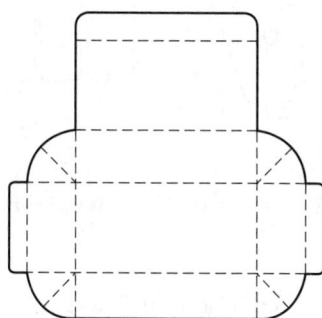

图 2-53　蹼角粘合结构

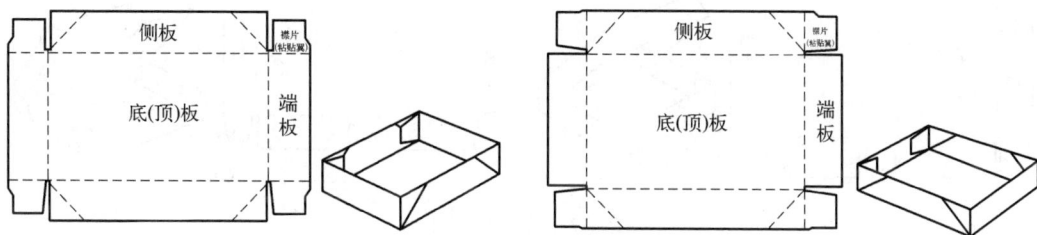

图 2-54　襟片粘合结构

2.3.3　盘式折叠纸盒的结构

（1）罩盖式折叠纸盒

罩盖式折叠纸盒的盒盖和盒体是两个独立的盘式结构,盒盖的长、宽尺寸略大于盒体。高度方向上,盒盖完全罩住盒体的称为天罩地盘式,只盖住盒沿部分的称为帽盖式（如图 2-55）。图 2-56 为一天罩地盘式折叠纸盒的盒体和盒盖展开图。

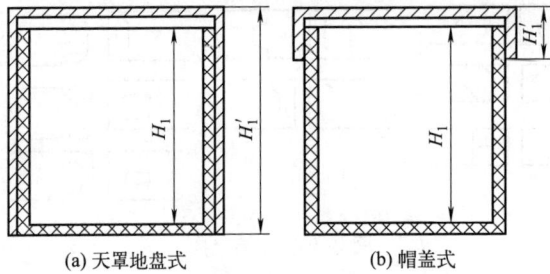

(a) 天罩地盘式   (b) 帽盖式

图2-55 罩盖类型

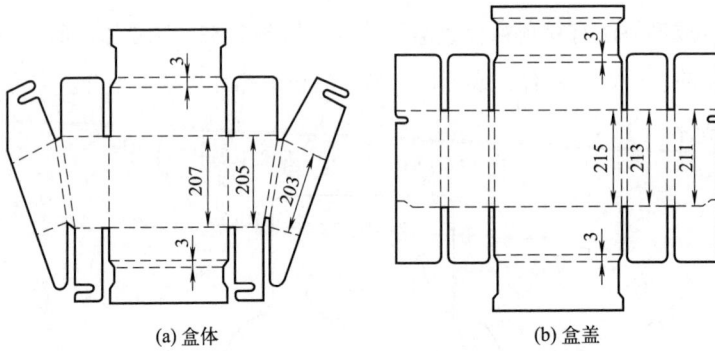

(a) 盒体   (b) 盒盖

图2-56 天罩地盘式折叠纸盒展开

（2）翻盖式折叠纸盒

后板延长为铰链式翻盖的一页成型翻盖式折叠纸盒，盒盖长、宽尺寸大于盒体，高度尺寸等于或小于盒体，如图2-57所示。

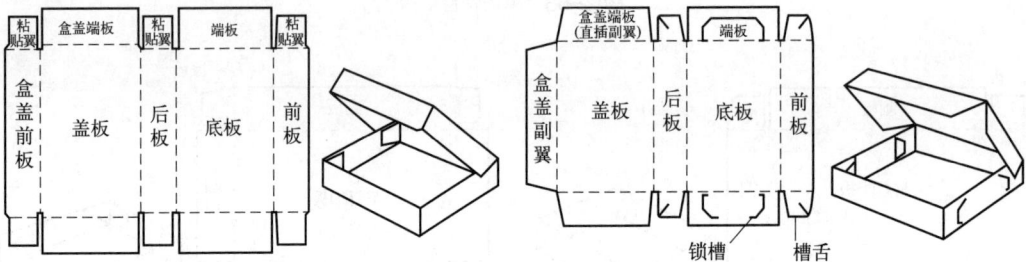

图2-57 翻盖式折叠纸盒

（3）插入盖式折叠纸盒

插入盖式折叠纸盒如图2-58所示。

（4）插锁盖式折叠纸盒

插锁盖式折叠纸盒如图2-59所示。

（5）盘式自动折叠纸盒

盘式自动折叠纸盒与管式自锁底纸盒一样，都设计有作业线，都是在制造厂商的糊盒设备上以平板状使角隅粘合成型，并以平板状进行运输。包装内装物前只要张开盒体，纸盒自动成型。

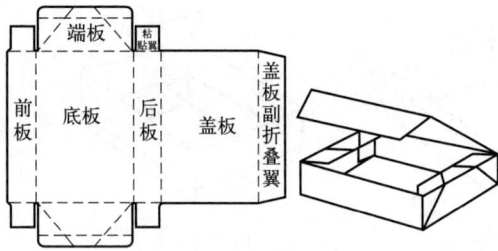

图 2-58　插入盖式折叠纸盒

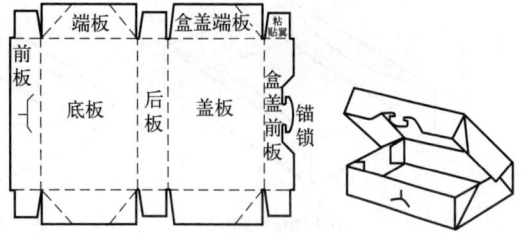

图 2-59　插锁盖式折叠纸盒

2.3.4　盘式折叠纸盒的设计变化

（1）截面形状变化

前面主要使用矩形截面的盘体来说明盘式折叠纸盒的结构，但与管式折叠纸盒一样，盘式折叠纸盒的形状也可以有各种多边形形体变化，如图 2-60 所示。

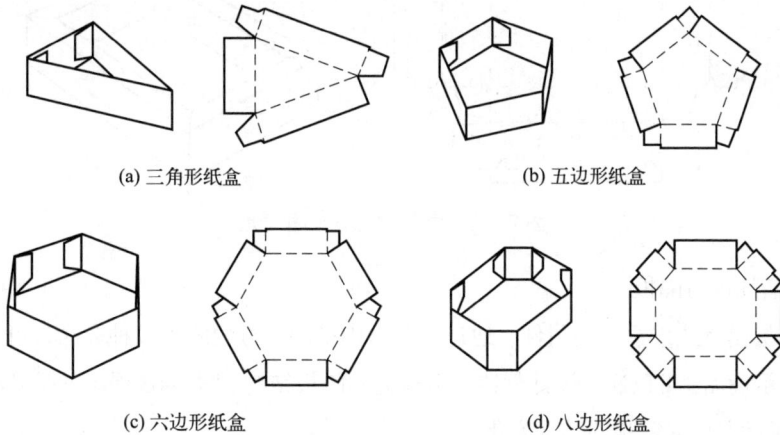

(a) 三角形纸盒　　　　　　　　　　　(b) 五边形纸盒

(c) 六边形纸盒　　　　　　　　　　　(d) 八边形纸盒

图 2-60　多边形截面纸盒

（2）造型变化

对端板、侧板进行变化，或对边角进行造型处理，可以获得不同视觉效果的盘式折叠纸盒，如图 2-61 所示。

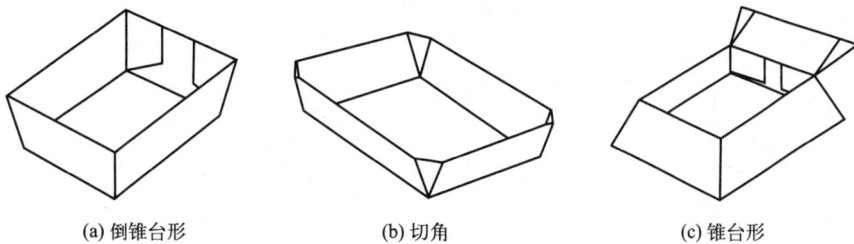

(a) 倒锥台形　　　　　　　　(b) 切角　　　　　　　　(c) 锥台形

图 2-61

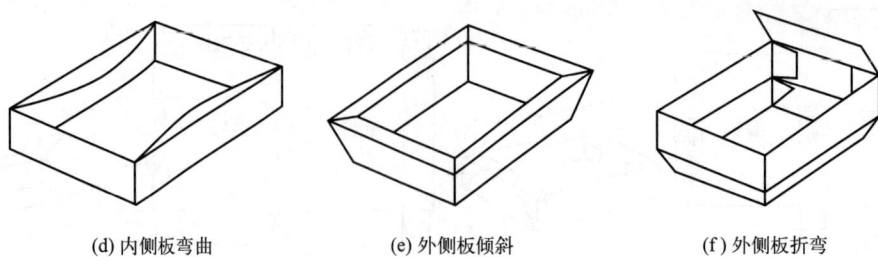

(d) 内侧板弯曲　　　　　(e) 外侧板倾斜　　　　　(f) 外侧板折弯

图 2-61　盘式折叠纸盒造型变化

（3）增加中空壁板

中空壁板造型主要用来增加商品包装的体积，提高包装产品的附加值，如图 2-62 所示。

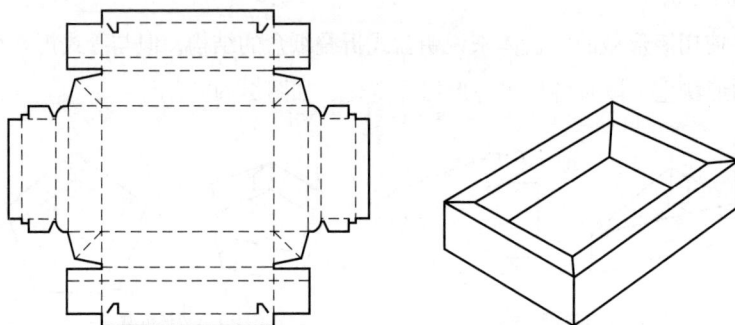

图 2-62　中空壁板盘形折叠纸盒

（4）增加内衬隔板

内衬隔板是盘式纸盒常用附件，通过分割盒内空间，方便陈列多种商品，可以有效地保护商品和展示商品。可以通过设计创造出多样化的隔板结构。图 2-63 展示的是几种平台隔板，图 2-64 展示的是内衬隔板的结构变化。

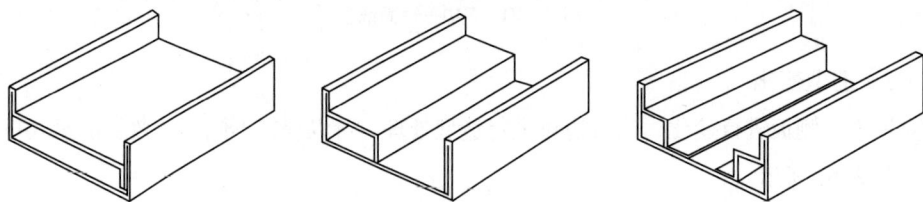

图 2-63　平台隔板

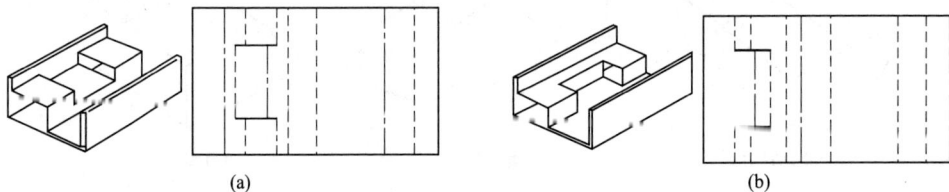

(a)　　　　　　　　　　　　　　　　　　(b)

图 2-64　内衬隔板的结构变化

2.4 其他折叠纸包装结构设计

2.4.1 裹包类折叠纸盒

裹包类折叠纸盒是盒坯在包装机上成型时，依次将各个孔槽直接环绕在一组罐子、瓶子、广口瓶等的周围。这类结构的纸盒的稳固性通过在顶部或底部进行锁合或粘合的方法来实现。这一类纸盒一般用于瓶罐类产品的集合包装，适合机械成型，如图 2-65 所示。

（1）底部粘合 / 锁合的裹包结构

大多数裹包结构都是将接头设置在底部进行粘合或者锁合（图 2-66）。根据内装物数量的多少和形状特点，可以在板体上开相应数量的特定的孔和槽，对内装物进行固定。管体两端也可以设置一些折叠结构进行端部固定，如图 2-66（b）。

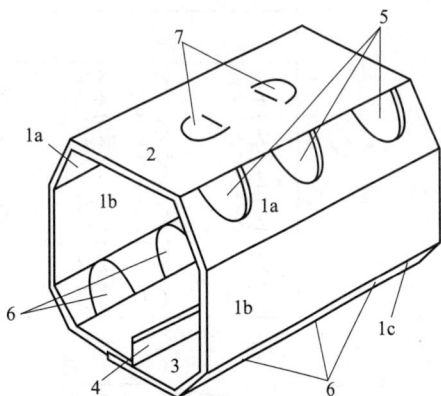

图 2-65　裹包类折叠纸盒的一般组成
1a—上边侧板；1b—中间侧板；1c—下边侧板；
2—顶板；3—底板；4—纵向隔板；
5—边缘帽孔；6—根部孔；7—指洞

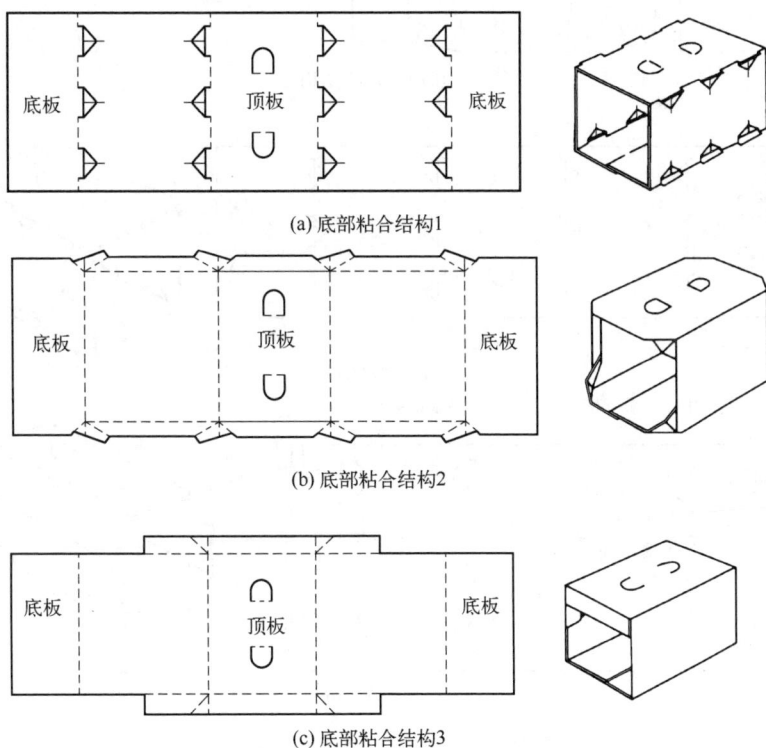

(a) 底部粘合结构1

(b) 底部粘合结构2

(c) 底部粘合结构3

图 2-66

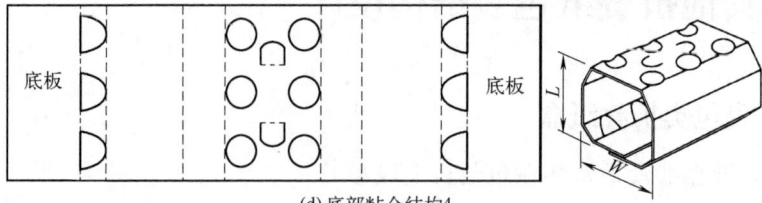

(d) 底部粘合结构4

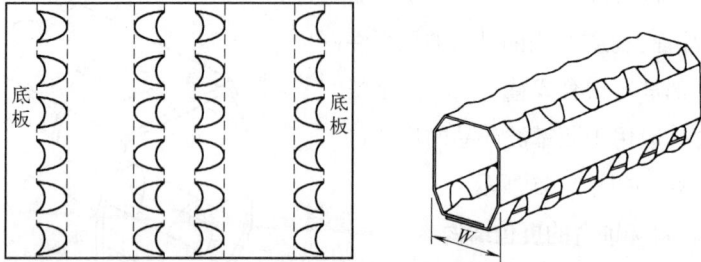

(e) 底部粘合结构5

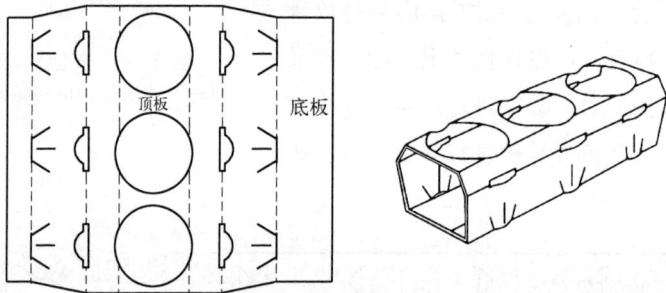

(f) 底部粘合结构6

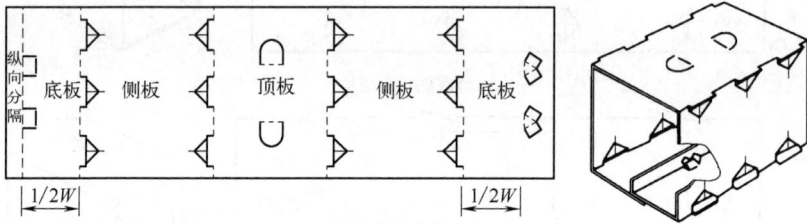

(g) 底部锁合结构1

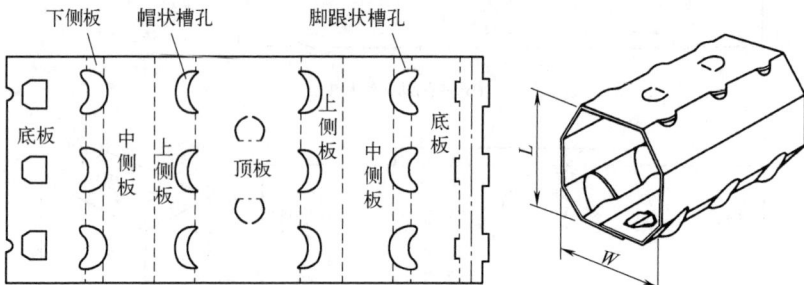

(h) 底部锁合结构2

图 2-66　底部粘合 / 锁合的裹包结构

（2）顶部粘合／锁合的裹包结构

图2-67为顶部锁合的裹包结构。它的主要优点是顶部通过指洞锁合形成双层保护顶板。

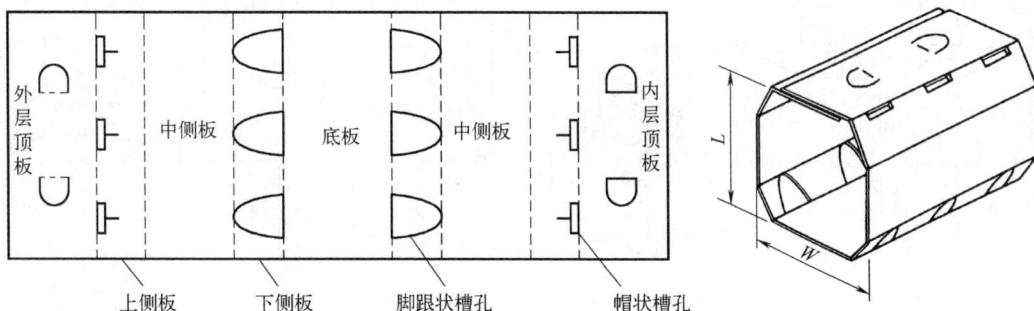

图2-67 顶部锁合的裹包结构

（3）边缘粘合／锁合的裹包结构

图2-68为边缘锁合的裹包结构，是碗状、桶状容器包装的常用集合包装形式。该结构可以进行手工包装，但通常情况下裹包和锁合操作都在高速的、连续的包装设备上进行。

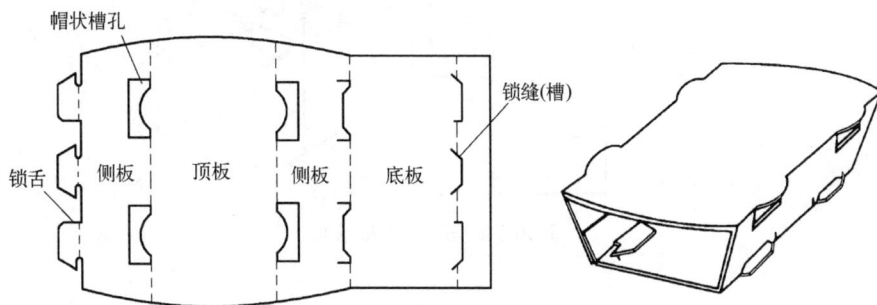

图2-68 边缘锁合的裹包结构

2.4.2 多间壁提篮类折叠纸盒

多间壁提篮类纸盒较前述盒型更为复杂，生产设备和加工工序都相应增多。其提手方便携带，间壁结构则可以分开装填多件内装物。图2-69所示是局部间壁结构提供的简单横向分隔，内装物并未完全隔离，依然会相互接触，该结构相对完全间壁结构，会比较省纸。图2-70所示为一种横向四间壁结构，它提供足够的高度和横向分隔。图2-71所示为几种常用的纵横六间壁结构。

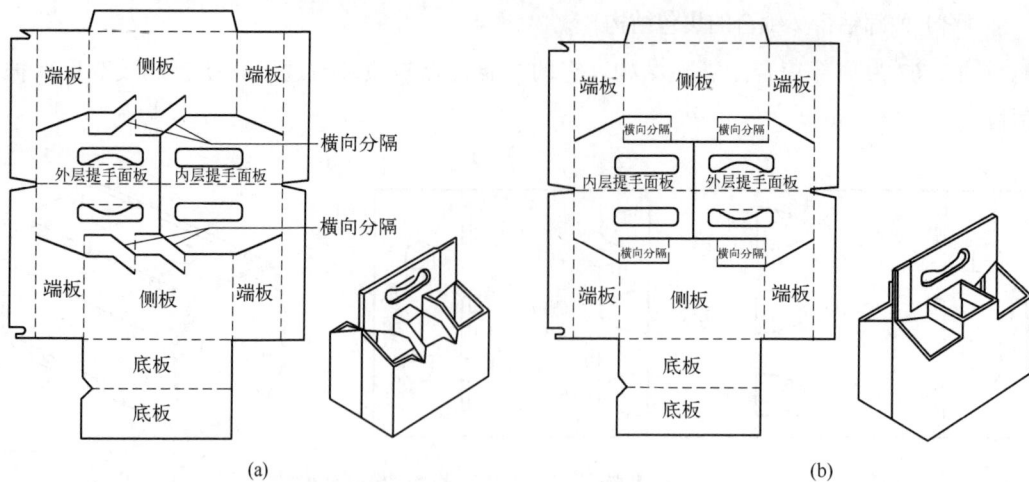

端板　侧板　端板
横向分隔
外层提手面板　内层提手面板
横向分隔
端板　侧板　端板
底板
底板

(a)

端板　侧板　端板
横向分隔　横向分隔
内层提手面板　外层提手面板
横向分隔　横向分隔
端板　侧板　端板
底板
底板

(b)

图2-69　局部间壁结构

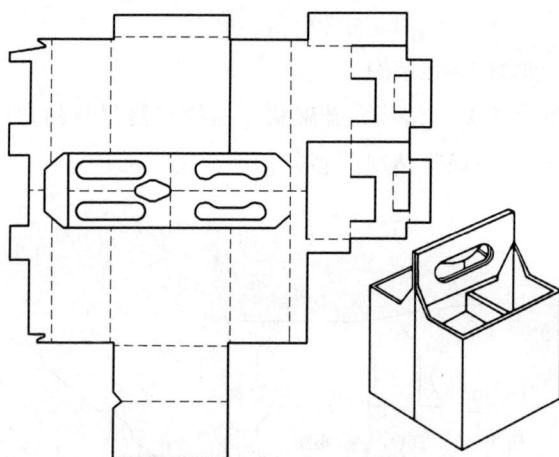

图2-70　横向四间壁结构

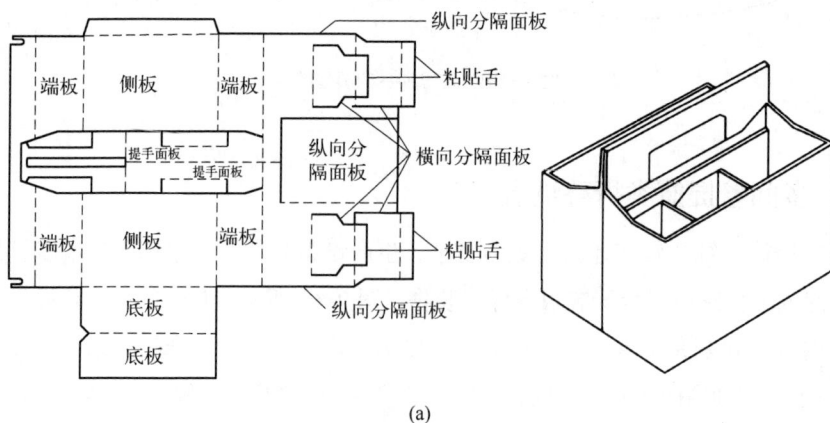

纵向分隔面板
粘贴舌
横向分隔面板
粘贴舌
纵向分隔面板

端板　侧板　端板
提手面板
提手面板
纵向分隔面板
端板　侧板　端板
底板
底板

(a)

(b)

(c)

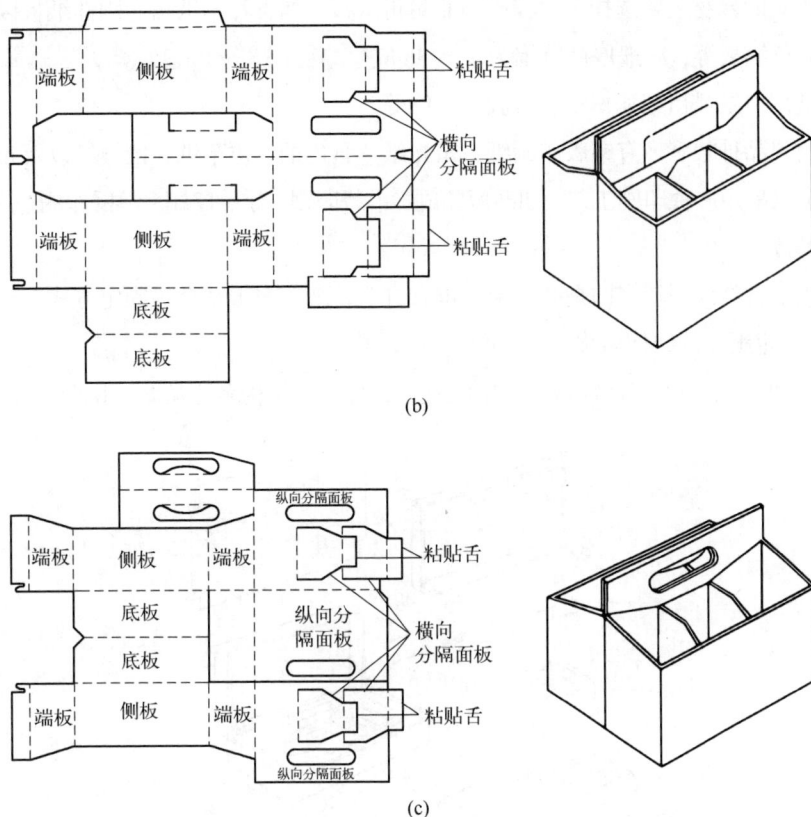

图 2-71 纵横六间壁结构的瓶用便携式纸盒

2.5 固定纸盒结构设计

2.5.1 固定纸盒概述

（1）固定纸盒

固定纸盒又称粘贴纸盒，是使用贴面材料与内衬基材进行粘贴裱糊而成的一种纸包装容器，在成型后即为固定形态，不能像折叠纸盒那样以平板状态进行运输和储存。

固定纸盒是我国最原始的纸制包装容器，从最初的手工糊制，发展到半机械化生产方式，现在已经普遍采用机械化自动生产。目前，固定纸盒依然有广泛的市场，尤其是高附加值产品的包装，如烟、酒、节令食品，以及手机、智能手表等电子产品。

另外，装潢锦盒也是一种传统的固定盒，它既是包装物，又是装饰品，制造精美，历史悠久。装潢锦盒不一定是纸盒，基材有纸胎、木胎、铁胎等多种，表面装裱材料一般为织锦棉或织锦缎，再配以镀金、镏金的金属边框嵌条，盒内辅以丝绒软缎衬垫。

（2）固定纸盒材料

固定纸盒的基材主要选择挺度较高的非耐折纸板，如各种草纸板、刚性纸板以及高级食品用双面异色纸板等，一般厚度范围为 1 ～ 3mm。

内衬选用白纸或白细瓦楞纸、塑胶、海绵等。

贴面材料品种较多，有铜版印刷纸、蜡光纸、彩色纸、仿革纸、植绒纸以及布、绢、革等。而且可以采用多种印刷工艺，如凸版印刷、平版印刷、浮雕印刷、丝网印刷、热转印，还可以压凸和烫金。

盒角固定材料应用较多的是胶纸带，也有钉合、纸（布）粘合等固定方式。

（3）固定纸盒的结构名称

图 2-72 展示了一个普通摇盖式固定纸盒，其各部分结构名称见图示说明。

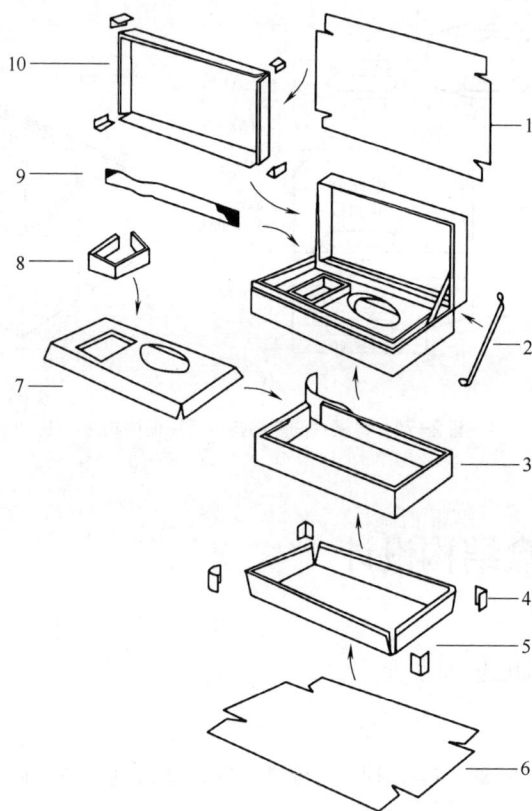

图 2-72　固定纸盒各部分结构名称

1—盒盖粘贴纸；2—丝带；3—内框；4—盒角补强；5—盒底板；6—盒底粘贴纸；7—间壁板；
8—间壁衬框；9—摇盖铰链；10—盒盖板

固定纸盒的生产
工艺流程

（4）固定纸盒的生产工艺流程

图 2-73 以基本盒体成型过程为例，展示了固定纸盒的生产工艺流程。对纸盒内表面有较高要求的一般选用双色纸板，也可以另外裱糊面纸。

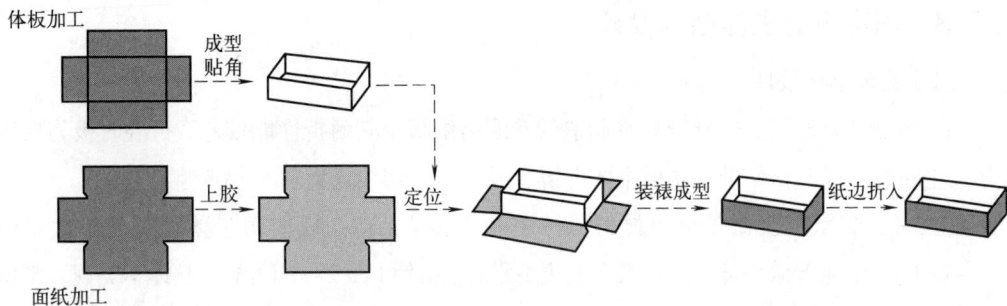

体板加工
面纸加工
成型贴角
上胶
定位
装裱成型
纸边折入

图 2-73　盘式固定纸盒生产工艺流程

2.5.2　固定纸盒结构类型

① 罩盖盒。如图 2-74（a）~图 2-74（d）所示。

② 摇盖盒。如图 2-74（e）~图 2-74（g）所示。

③ 凸台盒。如图 2-74（h）所示。

④ 宽底盒。如图 2-74（i）所示。

⑤ 抽屉盒。如图 2-74（j）所示。

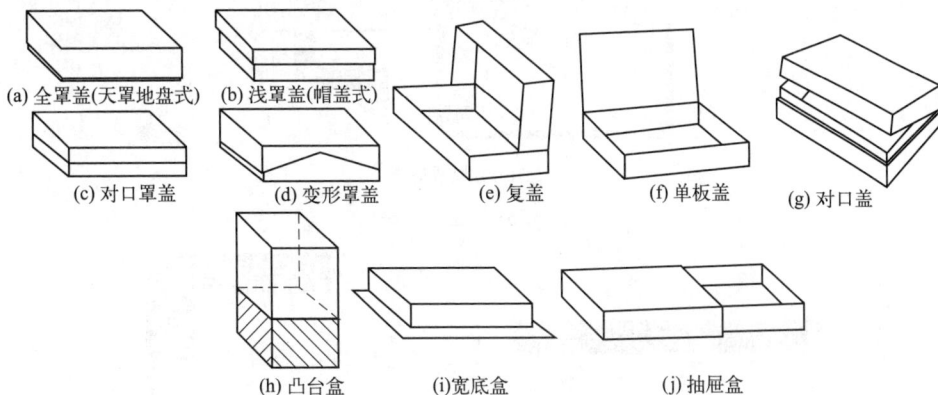

(a) 全罩盖(天罩地盘式)　(b) 浅罩盖(帽盖式)
(c) 对口罩盖　(d) 变形罩盖　(e) 复盖　(f) 单板盖　(g) 对口盖
(h) 凸台盒　(i)宽底盒　(j) 抽屉盒

图 2-74　固定纸盒结构类型

⑥ 转体盒。如图 2-75 所示。

⑦ 异形体盒。盒体本身为异形，如椭圆形、心形与星形等（图 2-76）。

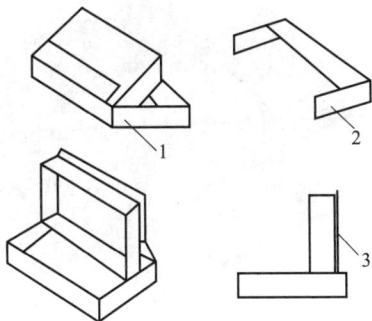

图 2-75　转体盒
1—扣眼；2—盒盖；3—粘贴面纸

图 2-76　异形体盒

2.5.3 固定纸盒主体结构设计

（1）盒板结构设计

粘贴纸盒基材选用由短纤维草浆制造的非耐折纸板，其耐折性能较差，折叠时极易在压痕处发生断裂。目前粘贴纸盒盒板主要有拼合成型、半切线成型和 V 槽成型结构。

盒板拼合成型工艺比较节约材料，易于手工加工，但裱贴时每个体板需要单独定位 [图 2-77（a）]，生产效率低且固定纸盒棱边不平直、尖锐 [图 2-77（b）]，整体不美观。半切线成型工艺虽然只需一次定位 [图 2-78（a）]，但也同样存在棱边不平直问题，如图 2-78（b）。

针对盒板拼合成型方式需多次定位、生产效率低、精确度不高，以及拼合成型和半切线成型方式成型后纸盒棱边不平直、整体不美观等问题，目前精制纸盒大多采用 V 槽成型方式，此种成型方式可使纸板连为一体，裱贴时只需一次定位，成型后棱边平直（图 2-79），提高了产品外观质量及生产效率。

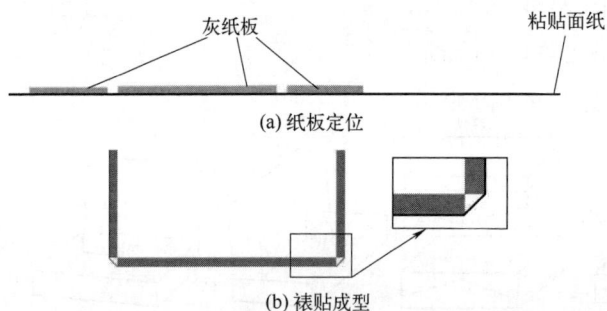

图 2-77 拼合成型

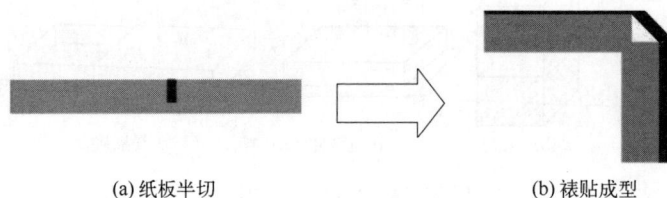

图 2-78 半切线成型

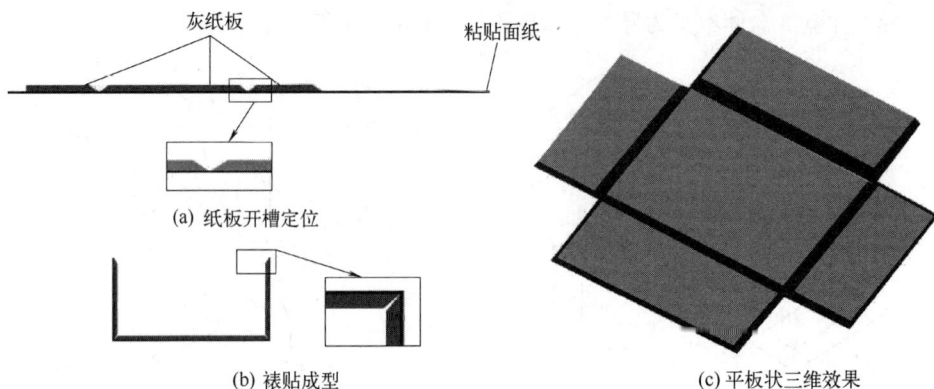

图 2-79 V 槽成型纸盒成型图

V槽成型作为主流盒板拼合成型工艺结构，其盒框制造尺寸、内尺寸或外尺寸计算公式见表2-4。盒框制造尺寸是计算粘贴面纸尺寸的基础，粘贴面纸要折入盒盖或盒体内壁，其制造尺寸要大于盒框制造尺寸。

表 2-4　固定纸盒盒框尺寸计算公式

成型方式	项目		单壁结构	双壁结构
V槽成型	结构		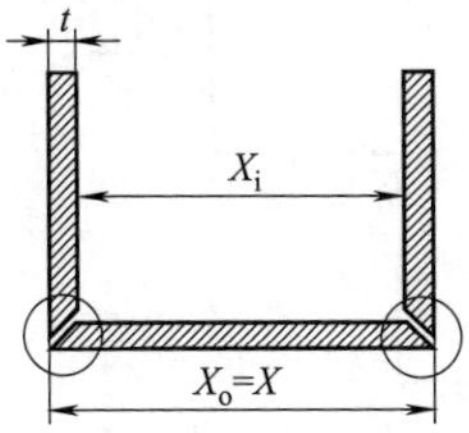	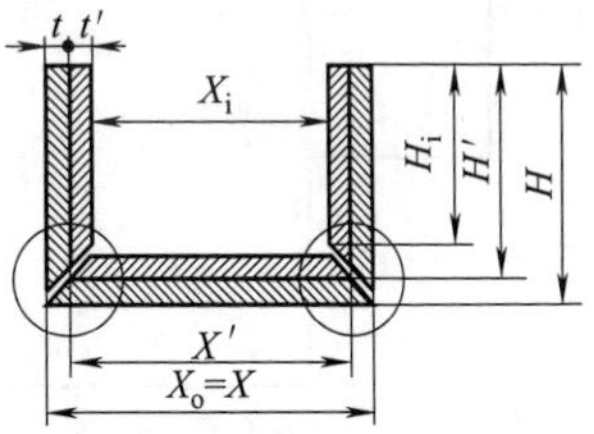
	图示		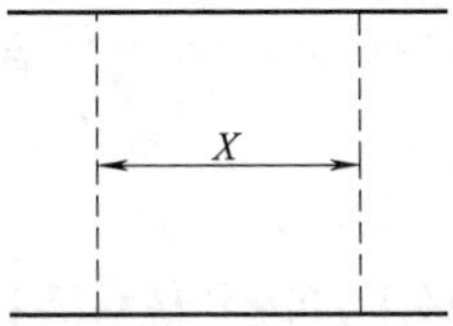	
	由外尺寸计算	盒框制造尺寸	$X=X_o$	$X'=X_o-2t-k'$ $X=X_o$
		内尺寸	$X_i=X_o-2t-k'$	$X_i=X_o-2(t+t')-k$
	由内尺寸计算	盒框制造尺寸	$X=X_i+2t+k'$	$X'=X_i+2t'+k'$ $X=X_i+2(t+t')+k$
		外尺寸	$X_o=X_i+2t+k'$	$X_o=X_i+2(t+t')+k$
	粘贴材料制造尺寸		$Y=X+a$	

注：X'——内框制造尺寸，mm；X_o——盒框外尺寸，mm；X——外框制造尺寸，mm；Y——粘贴材料制造尺寸，mm；X_i——盒框内尺寸，mm；k'——单壁结构尺寸修正系数，mm；t'——内框纸板计算厚度，mm；k——双壁结构尺寸修正系数，mm；t——外框纸板计算厚度，mm；a——粘贴面纸伸长系数，mm。

（2）粘贴面纸设计

表2-4中，在机械化生产（自动糊盒机操作）时，a值应大于32.8mm。

为了印刷不出现漏白缺陷，不能正好将贯穿盒体四边的印刷图案设计到纸盒的边界处，而要预留出一定尺寸，即超过盒体边界3.2mm，以保证位置的精确。

以图2-79所展示的V槽成型盒板为例，根据图2-80（a）所示制造尺寸，可设计如图2-80（b）所示的粘贴面纸平面结构与制造尺寸。若面纸粘贴方式不同，则其展开图也不相同。若面纸厚度T较小，则T可以忽略不计；面纸襟片在盒内侧的长度F可取 8～15mm，可根据实际情况适当延长。

(a) 盒板制造尺寸   (b) 粘贴面纸平面结构与制造尺寸

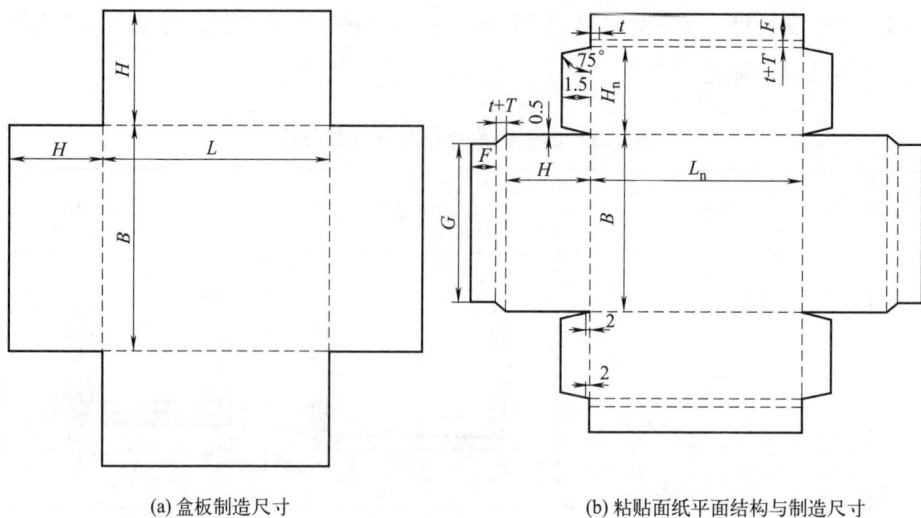

图 2-80 粘贴面纸设计

2.6 瓦楞纸箱结构设计

2.6.1 瓦楞纸板

瓦楞纸技术的发明和应用已有一百多年的历史，技术日臻成熟，工艺不断提高，应用领域逐渐拓展，在包装领域中已占有重要位置。蜂窝纸板、重型瓦楞纸板、"3A"型特种瓦楞纸板、增强夹心瓦楞纸板（俗称"瓦中瓦"），以及微型瓦楞纸板不断获得创新和应用。

有关资料介绍，人们把发明的第一个楞型定义为 A 楞型，后又出现了 B 楞型，以及介于 A、B 楞型大小之间的 C 楞型，之后又发明了 E 楞型，而后出现了较大的 D 楞型、K 楞型。后来又研发了较小型的微型瓦楞，如 F、G、N、O 等楞型，从 E 型到 O 型瓦楞统称为微型瓦楞。图 2-81 和表 2-5 是国家标准 GB/T 6544—2008《瓦楞纸板》规定的瓦楞楞型技术参数。

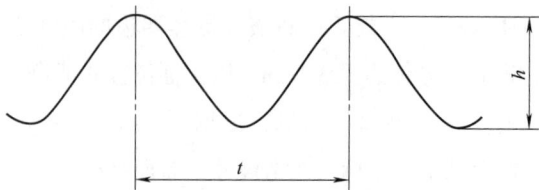

GB/T 6544—2008
摘要

图 2-81 UV 楞型结构

t—楞宽；h—楞高

表 2-5　瓦楞楞型技术参数（GB/T 6544—2008）

楞型	楞高 h/mm	楞宽 t/mm	楞数 /（个 /300mm）
A	4.5～5.0	8.0～9.5	34 ± 3
C	3.5～4.0	6.8～7.9	41 ± 3
B	2.5～3.0	5.5～6.5	50 ± 4
E	1.1～2.0	3.0～3.5	93 ± 6
F	0.6～0.9	1.9～2.6	136 ± 20

对各种瓦楞纸板进行的测试分析发现，楞型高度越高，其边压性能越强；而楞型高度越低，其平压强度越好；楞型高度和宽度越大，纸箱体积越大；楞型变小变细，纸箱演变成纸盒，但其物理性能超过相同体重的实心卡盒。同时还发现，微型瓦楞纸板有很好的印刷适性。因此，根据其特性的不同可将不同的楞型组合起来加工制造不同的包装制品，以适应不同重量、类型、等级的产品包装。双瓦楞板如 AA 型、AB 型、BC 型，三瓦楞如 AAA 型、ABB 型。

纸板的表示公式为：

纸板代号 – 纸板类别号 . 同类纸板序号

国家标准 GB/T 6544—2008 中规定纸板代号用 S、D 或 T 表示，S 代表单瓦楞，D 代表双瓦楞，T 表示三瓦楞。

例如，S–1.1 表示第 1 类双面单瓦楞纸板优等品，其技术指标为：耐破度 650kPa，边压强度 3kN·m，适合制造出口商品及贵重物品的运输纸箱。

D–2.1 表示第 1 类双面双瓦楞纸板合格品，其技术指标为：耐破度 600kPa，边压强度 2.8kN·m，适合制造内销物品的运输纸箱。

这种表示方法不考虑原纸情况，只考虑纸板的最后性能。

2.6.2　瓦楞纸箱箱型及结构

国际纸箱箱型标准（International Fibreboard Case Code）由 FEFCO 和 ESBO 制定或修订，ICCA（国际会议协会）采纳并在国际通用。按照这一标准，纸箱结构可分为基型和组合型两大类。

（1）基型

基型即基本箱型，在标准中有图例可查，用 4～8 位阿拉伯数字表示。表示公式：

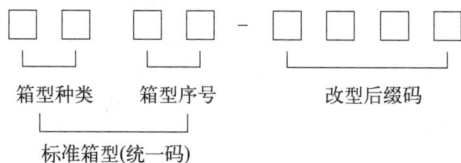

其中，箱型序号表示同一箱型种类中不同的箱型结构，改型是各制造商对标准箱型的修改，而不是产生一个新的箱型。改型后缀码由厂家自行确定，不同厂家的编码方式可以不一

样，但同一厂家的编码应是唯一专用的，如 0201-02，后缀码方便建立 CAD/CAM 库或专用箱图库。

国家标准 GB/T 6543—2008《运输包装用单瓦楞纸箱和双瓦楞纸箱》参考国际箱型标准系列规定了运输包装用瓦楞纸箱的基本箱型，两个标准中的箱型代号一致。表 2-6 给出了箱型种类和部分典型标准箱型及其结构图例，所列 02、03、04 类标准箱型为国家标准 GB/T 6543—2008 中所涉箱型。

表 2-6　标准箱型及结构图例

箱型种类	箱型种类代码	标准箱型	标准图例
商品瓦楞卷筒纸和纸板	01	0100	
		0110	
开槽型纸箱	02	0201	
		0202	
		0203	
		0204	

箱型种类	箱型种类代码	标准箱型	标准图例
开槽型纸箱	02	0205	
		0206	
套合型纸箱	03	0310	
		0325	
折叠型纸箱与托盘	04	0402	
		0406	

箱型种类	箱型种类代码	标准箱型	标准图例
滑盖型纸箱	05	0505	
固定型纸箱	06	0601	
预粘合纸箱	07	0700	
内附件	09	0933	

01——商品瓦楞卷筒纸和纸板。其中0100代表单面瓦楞卷筒纸或纸板，0110代表双面单瓦楞纸板。

02——开槽型纸箱。一页纸板成型纸箱，运输时呈平板状，使用时装入内装物封合摇盖。代表箱型0201又称标准瓦楞纸箱。

03——套合型纸箱。即罩盖型，具有两个或以上独立部分组成，箱体与箱盖（个别箱型还有箱底）分离。立放时，箱盖或箱底可以全部或部分套盖住箱体。

04——折叠型纸箱与托盘。一般由一页纸板组成，盒底板延伸成型两个或全部体板与盖板，部分箱型还可设计锁扣、提手、展示板等结构。

05——滑盖型纸箱。由若干内箱和1个箱框组成，内外箱以不同方向相对滑动而封合。这一类型的部分箱型可作为其他类型纸箱的外箱。

06——固定型纸箱。由两个分离的端板及连接这两个端板的箱体组成。使用前需要通过钉合或类似工艺成型，这种纸箱俗称布利斯（Bliss）纸箱。

07——预粘合纸箱。主要是一页纸板成型，运输呈平板状，只要打开箱体就可使用。包括自锁底箱和盘式自动折叠纸箱。

09——内附件。包括衬板、缓冲垫、间壁板、隔板等，可结合纸箱设计，也可单独使用。纸板数量视需要增减。内附件包括如下类型：

① 平衬型（0900 ～ 0903）平板衬垫。主要用于将纸箱分隔为上下、前后或左右两部分以及填充箱底箱盖不平处，如图 2-82 所示。

② 套衬型（0904 ～ 0929）衬垫。起加强箱体强度、增加缓冲功能或分隔内装物的作用，如图 2-83 所示。

③ 间壁型（0930 ～ 0935）衬垫。分隔多件内装物，避免其相互碰撞，如图 2-84 所示。

④ 填充型（0940 ～ 0967）衬垫。填充瓦楞纸箱箱壁及上端空间，避免内装物在箱内跳动，如图 2-85 所示。

⑤ 角型（0970 ～ 0976）衬垫。填充瓦楞纸箱角隅空间，以固定内装物并增加缓冲，如图 2-86 所示。

⑥ 组合内衬（0982 ～ 0999）衬垫。由多层纸板组合而成。

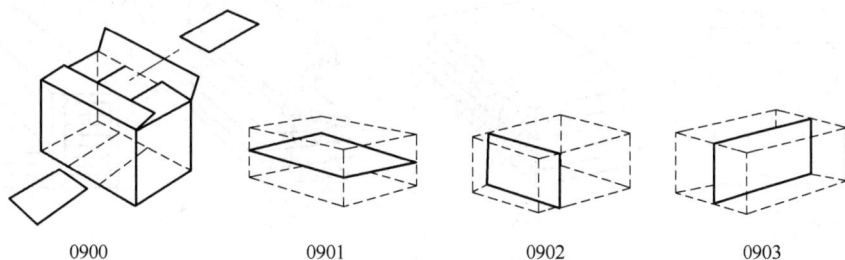

图 2-82　平衬型平板衬垫

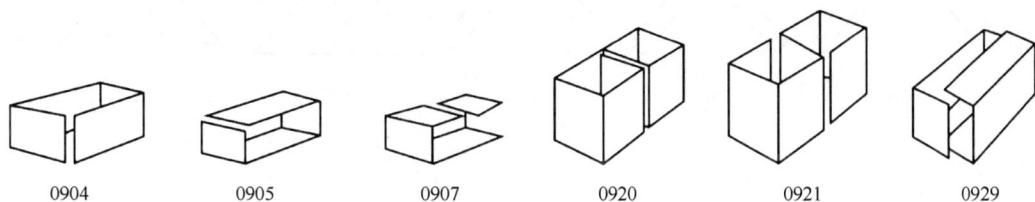

图 2-83　套衬型衬垫

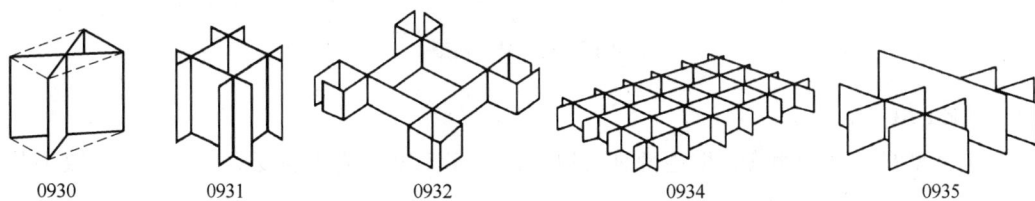

图 2-84　间壁型衬垫

0940 0941 0942 0943 0944

0945 0946 0947 0948 0949

0950 0951 0965 0966 0967

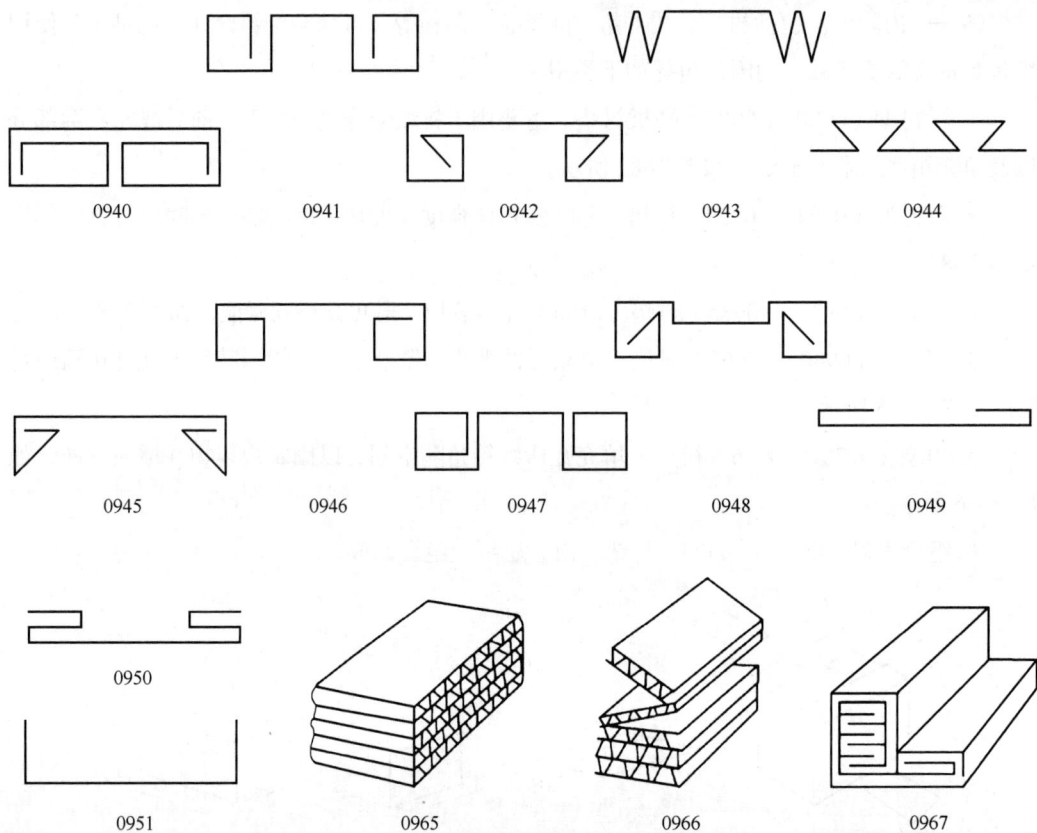

图 2-85 填充型衬垫

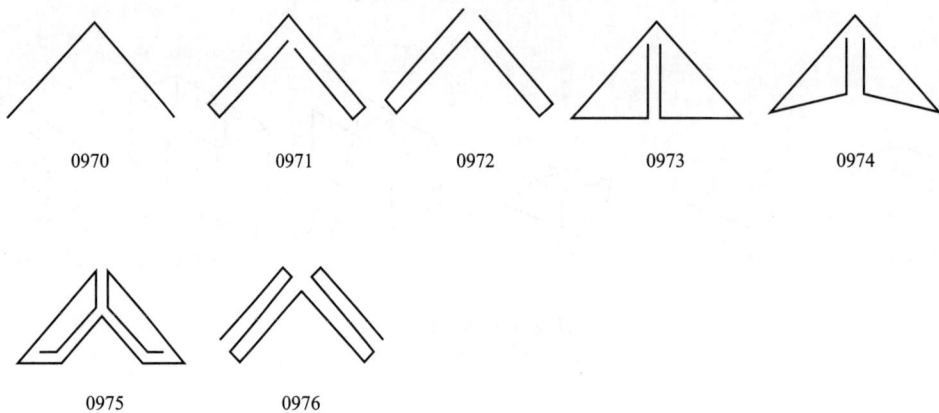

0970 0971 0972 0973 0974

0975 0976

图 2-86 角型衬垫

（2）组合型

组合型是基型的组合，即由两种及以上的基本箱型组成或演变而成，用多组数字及符号来表示。图 2-87 所示箱型，上摇盖用 0204 型，下摇盖用 0215 型，表示方法：0204/0215。

| (a) 0204 | (b) 0215 | (c) 0204/0215 |

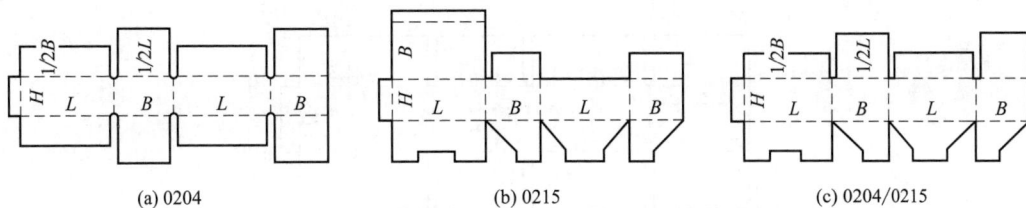

图 2-87　组合型纸箱表示法

（3）封箱

国际纸箱箱型标准规定了 4 种封箱方式。

① 粘合剂封箱。用热熔胶或冷制胶。

② 胶带封箱。图 2-88 为国际箱型规定的 4 种胶带封箱方式。

③ 联锁封箱。图 2-89 为 0201 型的联锁封箱方式，其他箱型视结构而定。

④ U 形钉封箱。图 2-90 为国际纸箱箱型标准规定的 2 种 U 形钉封箱方法。

| (a) | (b) | (c) | (d) |

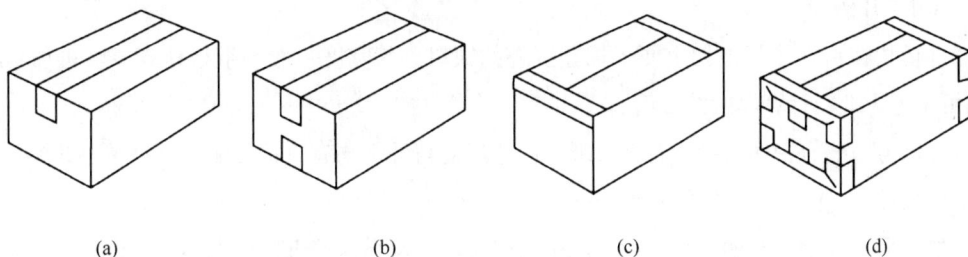

图 2-88　胶带封箱

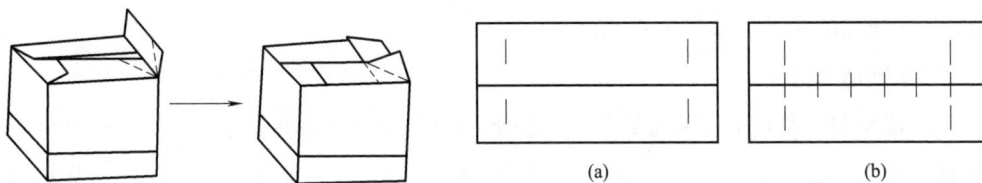

图 2-89　联锁封箱

| (a) | (b) |

图 2-90　U 形钉封箱

2.6.3　瓦楞纸箱箱坯结构

（1）瓦楞纸箱箱坯结构名称

瓦楞纸板只有经过分切、压痕、开槽、开角等操作后才能制造成瓦楞纸箱箱坯。瓦楞纸箱箱坯结构及名称如图 2-91 所示。

（2）切断

切断是将瓦楞纸板按规定尺寸分切。按切断线与机械方向的不同关系，可分为：①纵切线。与机械方向平行的切断线。②横切线。与机械方向垂直的切断线。

开槽纸箱箱坯
制造工艺

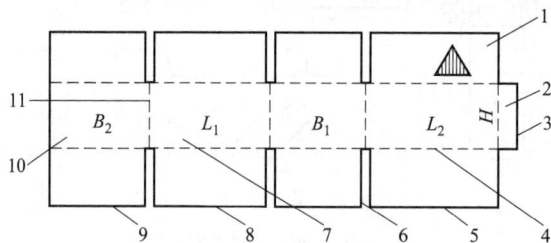

图 2-91 瓦楞纸箱箱坯结构
1—瓦楞方向；2—制造商接头；3—横切线；4—横压线；5—纵切线；6—开槽；
7—侧板；8—外摇盖；9—内摇盖；10—端板；11—纵压线

（3）压痕

压痕的主要作用是将瓦楞纸板按预定位置准确地弯折，按压痕线与瓦楞楞向的不同关系，压痕线可分为：①横压线。与瓦楞楞向垂直的压痕线。②纵压线。与瓦楞楞向平行的压痕线。

（4）开槽

开槽指在瓦楞纸板上切出便于摇盖折叠的缺口，其宽度一般为纸板计算厚度再加 1mm（也可考虑为纸板计算厚度的 2 倍）。

开槽与压痕有密切关系，而且对纸箱尺寸精度与外观均有直接影响。开槽中心线要尽量与压痕线对齐，前后左右的偏差越小越好。

如果采用开槽机开槽，则开槽只能是简单矩形，其纵深接近横压线的中心位置。如果采用模切机开槽，可以设计成矩形、V 形、U 形、圆弧形等多种槽形。不同槽口在开槽时的工艺性能不一样，就切断及清废的难易程度、槽口成型效果而言，U 形、圆弧形槽口更优。槽形不同，对纸箱的强度也有不同影响。

（5）制造商接头

纸箱成型时，制造商接头位置往往会使纸箱内尺寸产生一些误差，尺寸设计时应当予以重视。制造商接头接合方式有三种形式：胶带粘合（TJ）、粘合剂粘合（GJ）、金属钉结合（SJ）。

（6）箱面（板）

对于长方体纸箱，其中 4 个垂直箱面分类为：①端面。瓦楞纸箱的 BH 箱面。②侧面。瓦楞纸箱的 LH 箱面。在箱坯状态下，端面和侧面称为端板和侧板。

（7）摇盖

02 类纸箱一般带有摇盖，分类如下：

①内摇盖。与端板连接的摇盖。②外摇盖。与侧板连接的摇盖。③上摇盖。组成箱盖的摇盖。④下摇盖。组成箱底的摇盖。

（8）楞向

部分瓦楞纸箱楞向如图 2-92 所示。

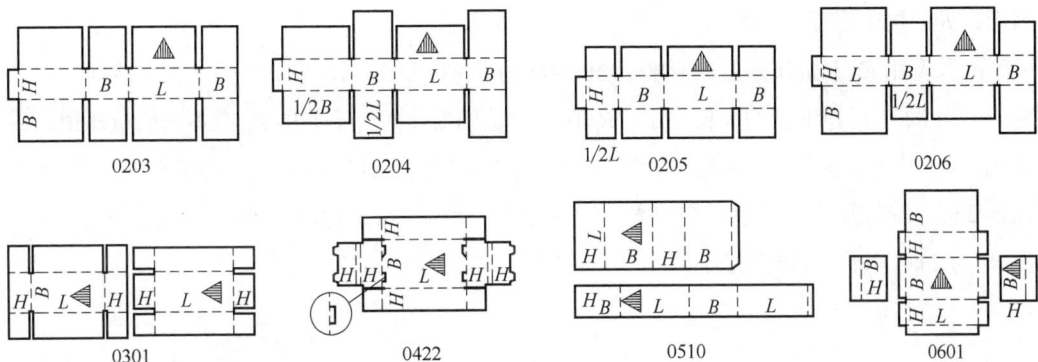

图 2-92　瓦楞纸箱楞向设计

2.6.4　瓦楞纸箱尺寸设计分析

在瓦楞纸箱的尺寸设计及结构设计时，不但要考虑节约材料（用纸板最少）、在同样用料情况下有较大的内尺寸；同时要考虑有较好的力学结构，能承受的外载荷尽可能大；而且还要考虑有良好的造型，符合审美要求；最后还要满足有关箱型结构的标准。

右侧二维码说明：强度要好，花钱要少——0201 型瓦楞纸箱的强度分析

（1）理想尺寸比例

一般常用的瓦楞纸箱，多为长方体，主要尺寸有三个，即外形长（L）、宽（W）、高（H），尺寸比例定义为

$$长 : 宽 : 高 = L : W : H$$

或

$$R_L = L/W, \quad R_H = H/W \tag{2-9}$$

式中　R_L——瓦楞纸箱长宽比；

　　　R_H——瓦楞纸箱高宽比。

合理的瓦楞纸箱的尺寸及其比例，能使包装获得更好的稳定性、方便性、对储运工具（如托盘、货架、集装箱、车辆、船只）的适应性，以及制造的经济性、承载能力等。

单一指标要求下，能让该项指标达到最优的尺寸比例，则为理想尺寸比例。

（2）理想尺寸比例的探讨

① 纸板材料的用量。同体积的纸箱，纸板用量越少，尺寸比例就越理想。同样，理想的尺寸比例，其所用材料重量也是较轻的。有资料表明，对于瓦楞纸箱的不同箱型，有不同的理想尺寸比例（用纸板最少的尺寸比例）。如对 0201、0203、0204 箱型的理想尺寸比例分别为 2 : 1 : 2、2 : 1 : 4 和 1 : 1 : 2。这种比例是通过建立纸箱体积与用料面积的函数后，再对其函数分别求极值而得到的。

② 抗压强度与尺寸比例的关系。瓦楞纸箱在垂直载荷作用下沿箱面所产生的变形，如图 2-93 所示，理论与实践表明：箱角处刚度最大、变形量最小，该处抗压强度为最大。距箱角越远，变形就越大（箱面凸起越厉害），抗压强度也就越低。纸箱的 LH 面中心凸起最严重，

因而该处的抗压强度最低。

a. 长宽比 R_L 对抗压强度的影响。图 2-94 为 0201 纸箱的 R_L 与抗压强度关系曲线。该图表明，当 0201 瓦楞纸箱的周长一定、R_L 在一定范围变化时，不同的 R_L 有不同的抗压值，将变化的 R_L 与抗压强度一一对应可以得到其曲线图。从图中可以看出，当 0201 箱的 R_L 从 1 变化到 2 时，与抗压强度峰值对应的 R_L 在 1.4 附近，形成一条马鞍形曲线，两边呈下降趋势；而 R_L 为 2 时，抗压强度为最小值。

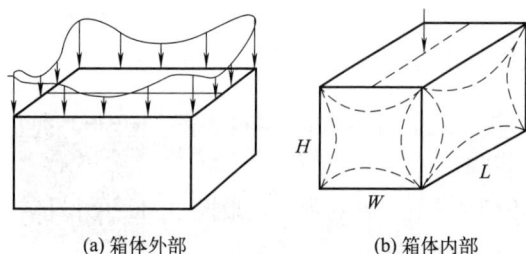

(a) 箱体外部　　　　(b) 箱体内部

图 2-93　瓦楞纸箱箱面应力分布

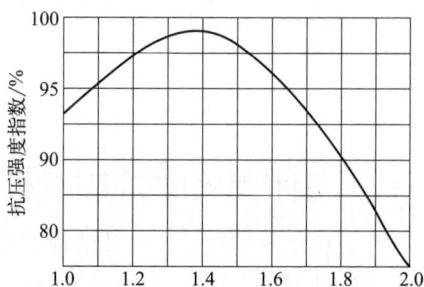

图 2-94　R_L 与抗压强度关系曲线

由上可知，抗压强度为最大时的纸箱 R_L 为 1.4 左右，而 R_L 为 2 时抗压强度为最小。抗压强度是选择瓦楞纸箱最佳尺寸比例的最重要的决定因素，通常应优先考虑。

b. 高宽比 R_H 对抗压强度的影响。如图 2-95 所示，瓦楞纸箱周长一定时，在一定范围内抗压强度的变化随纸箱高度增加而降低。一般情况是纸箱越矮，抗压强度越大，但当纸箱高度达到一定程度之后，高度对抗压强度的影响不再明显。可以从纸箱高度推论，在一定范围内，R_H 的增加会使抗压强度降低，但 R_H 超过一定范围后，对抗压强度的影响不再明显。

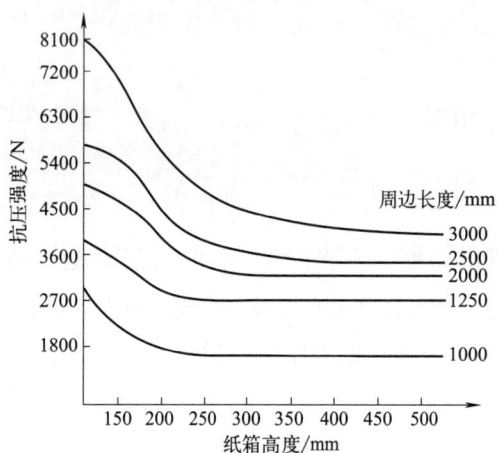

图 2-95　纸箱高度与抗压强度关系

另外，从图 2-95 中也可看出，在一定范围内，纸箱周边长度增加，其抗压强度也增大，不同周边长度的纸箱基本上遵循 R_H 与抗压强度的关系曲线规律。曲线图已表明，对周边长度为 1000mm 的瓦楞纸箱，当高度在 300mm 内时，纸箱高度越大，抗压强度越低；但当高度超过 300mm 以后，曲线已趋水平，高度对抗压强度的影响逐渐减少。对周边长度为 2000mm 的瓦楞纸箱，抗压强度随纸箱高度变化的规律只在高度为 350mm 以内适用。

③ 堆码状况与尺寸比例的关系。瓦楞纸箱的堆码状况有两种形式：平齐堆码和交错堆码。它们对纸箱的尺寸比例有一定的影响。

a. 长宽比 R_L 对堆码状况的影响。在平齐堆码中抗压强度大的纸箱箱角排在一条线上，而强度小的箱面位于一个面上，这样就使每个箱水平面棱边挠度变化一致。这种堆码方式的受力情况最好、强度最大，但堆码的稳定性却是最差的。如图 2-96（a）所示。

在交错堆码中，因上下层纸箱间箱面强度大的棱角（箱角柱）位于另一箱面强度小的棱边中部，这便导致了各箱面水平棱边挠度不一致，从而会在较小载荷下使纸箱发生破坏。但这种堆码方式稳定性却很好，如图 2-96（b）、（c）所示。

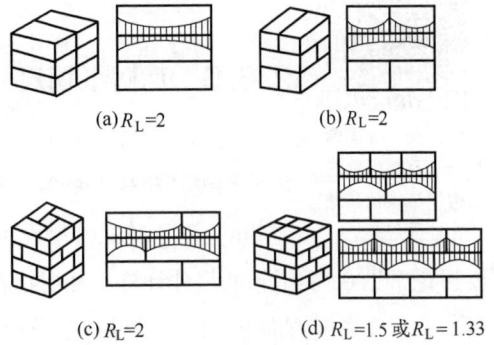

图 2-96 R_L 对堆码性能的影响

但如果采用图 2-96（d）中的堆码方式，上层箱的箱角并未在下层箱强度最低的箱面中心，而是偏离了一定距离。所以，其堆码强度与堆码稳定性都好。从最佳堆码状况考虑，以采用 R_L 为 1.5 时尺寸比例为最好。

b. 高宽比 R_H 对堆码状况的影响。一般而言，在纸箱容量、重量、有效堆码高度一定的情况下，H 越高，纸箱的堆码层数就越少，堆码最下层纸箱的负荷越小。但在纸箱堆码强度一定的情况下，要想使堆码层达到最下层纸箱的堆码强度，H 越高，实际堆码高度也就越高，从而使其堆码稳定性降低。所以，R_H 不宜太大，以免降低堆码过程的稳定性。

④ 美学功能的影响。前面所讲的均是从包装的保护性和工程技术方面对瓦楞纸箱的尺寸比例进行的分析。另外还可以从美学功能方面对瓦楞纸箱的尺寸比例加以分析。从尺寸比例的美学角度上看，最佳的尺寸比例值取决于人们的审美心理和视觉效果。在瓦楞纸箱中，主要用于表达和传递信息的是 LH 面（高与长两边组成面），所以应从美学角度来确定 L：H 或 R_L/R_H 值。

当代造型美学的常用形态尺寸比例有：黄金分割比、整数比（1：1、2：1、3：1……）、直角比例（$\sqrt{1}$：1、$\sqrt{2}$：1、$\sqrt{3}$：1……）等。

（3）最佳尺寸比例

最佳尺寸比例是各方面条件都处于最理想状态，使各方面性能得到合理解决与综合体现。例如，0201 型箱的最佳尺寸比例大概在 1.5：1：1 范围。该尺寸是在综合考虑了各方面因素之后得到的。按该比例所得的 0201 型箱，纸箱的堆码强度和稳定性都处于理想状态，从美学角度看，接近于直角比例和黄金分割比时，纸板用量也较少。

但如果在其他性能处于最佳，而只有用材稍不理想（偏多）时，也可通过选用原纸定量的方法来给予满足，以实现其最佳尺寸比例。

国家标准 GB/T 6543—2008《运输包装用单瓦楞纸箱和双瓦楞纸箱》中规定瓦楞纸箱的尺寸比例为

$$R_\text{L} \leqslant 2.5 \text{ ; } R_\text{H} \leqslant 2 \text{ , } R_\text{H} \geqslant 0.15$$

2.6.5 瓦楞纸箱尺寸设计计算

瓦楞纸箱主要设计计算的尺寸是：内尺寸、制造尺寸、外尺寸。对于需要用模切机生产的复杂结构可折叠瓦楞纸箱，其尺寸设计与折叠纸盒完全相同，对于轮式开槽设备生产的一般纸箱，计算可以进一步简化。下面主要讨论常见 02 类纸箱的尺寸计算。瓦楞纸箱内尺寸、制造尺寸、外尺寸相互关系如图 2-97 所示，但在高度方向上，内尺寸受摇盖及加工质量的影响而大为减小，如图 2-98 所示。

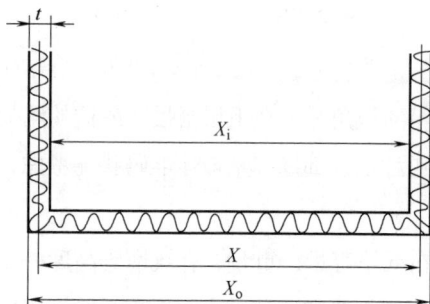

图 2-97　纸箱尺寸关系图

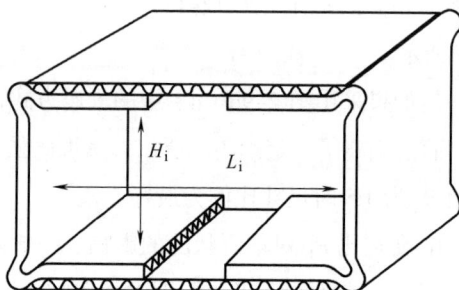

图 2-98　纸箱内部尺寸示意图

按照从内到外的设计思路，首先需要明确内装物数量、排列方式，再根据隔衬与缓冲件的使用情况，确定内尺寸，然后再依次计算制造尺寸和外尺寸。

（1）内装物的排列

① 长方体内装物排列方式。长方体内装物（商品或中包装）在瓦楞纸箱内的排列数目用下式表示：

$$n = n_\text{L} \times n_\text{B} \times n_\text{H} \tag{2-10}$$

式中　n——瓦楞纸箱装箱数量，件；

n_L——瓦楞纸箱长度方向上内装物排列数量，件；

n_B——瓦楞纸箱宽度方向上内装物排列数量，件；

n_H——瓦楞纸箱高度方向上内装物排列数量，件。

理论上，对于长方体内装物来说，按其本身的长、宽、高（l、b、h）与瓦楞纸箱的长、宽、高（L、B、H）的相对方向为排列方向。同一排列数目可以有 6 种排列方向，为方便描述，分别记为 P、Q、R、S、T、V，如图 2-99 所示。

但实际上，由于内装物本身的特性，某些排列方向是不适宜的。例如，粉状、颗粒状产品包装盒不宜平放，以免盒盖受压开启而内装物泄漏；再如，一般包装瓶在纸箱内应采用立放，所以仅考虑 P 型和 Q 型两种方向；进一步，对于正方形或圆柱形横截面的内装物，其 P 型和 Q 型没有区别，所以就简化为一种方向；如果采用袋包装，则应以 T、V 型为好，以便包装袋承载。

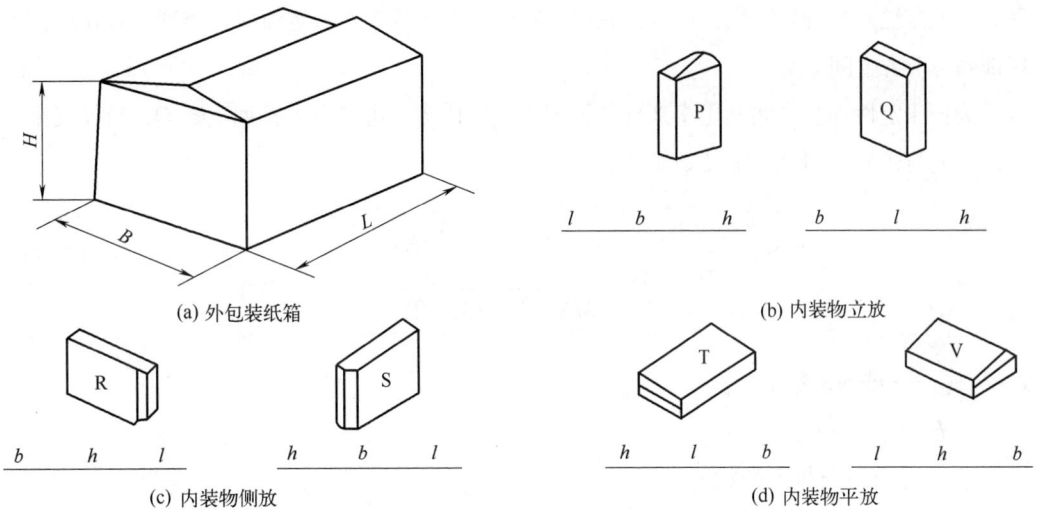

(a) 外包装纸箱   (b) 内装物立放

(c) 内装物侧放   (d) 内装物平放

图 2-99　内装物排列方向

　　排列数目与排列方向的综合为排列方式，瓦楞纸箱装箱数量决定内装物的可能排列数目的种类很多，而每一种排列数目又有 6 种可能的排列方向，所以一个瓦楞纸箱可以有多种排列方式，而每一种排列方式又对应着一种箱型尺寸。对于运费敏感性货物或者出口为主型包装，可以按照从外到内的方式确定内装物的排列方式。一般内装物应根据行业惯例、人工搬运重量等多方面因素，确定装箱数量，并结合内装物特性，初步规划出几种可供进一步比较的排列方式。

　　② 圆柱体内装物排列方式。瓶罐等圆柱体内装物在包装中的排列如同长方体一样，以传统的齐列排列方式为主，该方式具有排列整齐、便于计数、便于机械操作等特点，是目前主要采用的排列方式，但是其罐与罐之间的间隙不能有效利用，如图 2-100 所示。如果采用错列排列方式，当列数超过某一范围时，则有可能提高空间利用率，从而降低生产、运输及仓储成本，达到包装的减量化。

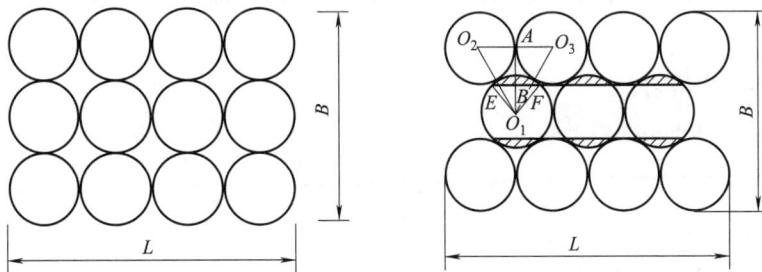

图 2-100　齐列排列和错列排列的尺寸对比

　　从图 2-100 可以看出，错列排列偶数行总比奇数行的列数少一，这样，只有当阴影总面积之和与偶数行行数和内装物底面积乘积的比值大于一定值时，错列排列才能提高空间利用率。也就是说，当排列行数一定时，只有排列列数大于或等于一定值时，错列排列才能比齐列排列更节省空间。

为便于定性地从空间利用率来确认排列方式的优劣，可以引入排列优数 Q，当仅仅比较齐列排列与错列排列时，定义 Q 如下式：

$$Q = \frac{\left[1 + \frac{\sqrt{3}(M-1)}{2}\right]N}{MN - \text{INT}(M/2)} \qquad (2\text{-}11)$$

式中　Q——排列优数；

　　　M——排列行数；

　　　N——奇数行排列列数；

$\text{INT}(M/2)$——不大于 $M/2$ 的整数。

当 $Q > 1$ 时，齐列排列的空间利用率优于错列排列；当 $Q < 1$ 时则相反。利用式（2-11）计算得出的部分错列排列优化结果见表 2-7。

表 2-7　圆柱体内装物错列排列列数优化值域

行数	奇数行个数	偶数行个数	总装量数	列数优化值域	行数	奇数行个数	偶数行个数	总装量数	列数优化值域
2	8	7	15	≥8	8	5	4	36	≥5
3	4	3	11	≥4	9	4	3	32	≥4
4	5	4	18	≥5	10	5	4	45	≥5
5	4	3	18	≥4	11	4	3	39	≥4
6	5	4	27	≥5	12	5	4	54	≥5
7	4	3	25	≥4					

表 2-7 是错列排列列数优化的研究结果，可以看出，当总排列行数为 2 的列数≥8 时，以及其他总排列行数为偶数的列数≥5，总排列行数为奇数的列数≥4 时，错列排列比齐列排列节省空间。但到底是否选择错列排列，需要在机械作业效率和纸箱材料成本之间做出合理取舍。

（2）瓦楞纸箱内尺寸

瓦楞纸箱内尺寸计算公式为

$$X_i = X_{\max}n + d(n-1) + T + K'_i \qquad (2\text{-}12)$$

式中　X_i——纸箱内尺寸，mm；

　$X_{\max}$——包装物最大外尺寸，mm；

　　　n——内装物在纸箱内某一方向的排列数目；

　　　d——内装物公差系数，mm；

　　　T——隔衬或缓冲件总厚度，mm；

　　　K'_i——纸箱内尺寸修正系数（加大量），mm。

式（2-12）是瓦楞纸箱内尺寸的通用计算公式，对于无隔衬或缓冲件的单件包装，以及带隔衬或缓冲件的单件包装，其内尺寸表达式分别为

无隔衬或缓冲件 $\qquad\qquad X_i=X_{max}+K'_i$ （2-13）

带隔衬或缓冲件 $\qquad\qquad X_i=X_{max}+T+K'_i$ （2-14）

内装物公差系数 d 的取值通常考虑内装物的变形状况，部分内装物经验取值如下：包装软松针棉织品，±3mm/12件；中型纸盒内包装物，±1～2mm/个；硬质刚性内装物，1～2mm/个。

纸箱内尺寸修正系数 K'_i 的推荐取值见表2-8，根据内装物是否能够承重，其取值可以按需调整。

表2-8　瓦楞纸箱内尺寸修正系数 K'_i 值　　　　　　　　　　单位：mm

尺寸名称	L_i	B_i	H_i		
			小型箱	中型箱	大型箱
K'_i	3～7	3～7	1～3	3～4	5～7

（3）瓦楞纸箱制造尺寸

理论上，瓦楞纸箱制造尺寸计算公式为

$$X=X_i+t+K'$$ （2-15）

式中　X——纸箱制造尺寸，mm；

　　　X_i——纸箱内尺寸，mm；

　　　t——瓦楞纸板厚度，mm；

　　　K'——制造尺寸修正系数。

实际操作中，通常对 $t+K'$ 进行合并操作，直接在内尺寸的基础上，给出整体修正量，得到

$$X=X_i+K'$$ （2-16）

不同箱型，制造尺寸修正系数有所区别。依据GB/T 6543—2008，02型纸箱的制造尺寸修正系数如图2-101所示，取值参考表2-9。

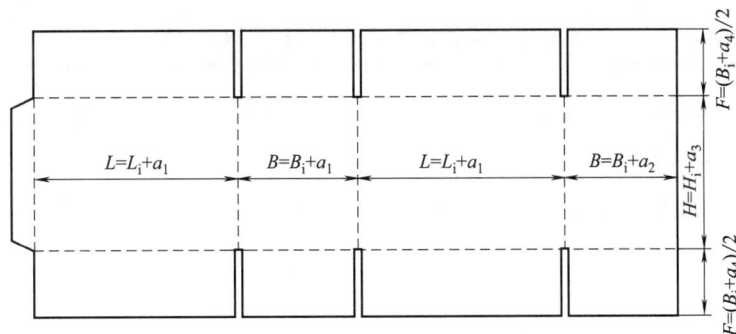

图2-101　02型瓦楞纸箱的制造尺寸修正系数

表 2-9　02 型瓦楞纸箱修正系数取值

纸板类别	楞型	伸放量 /mm			
		a_1	a_2	a_3	a_4
单瓦楞纸板	A 楞	6	4	9	4
	C 楞	4	3	8	3
	B 楞	3	2	6	1
双瓦楞纸板	AB 楞	9	6	16	6
	BC 楞	8	5	14	5

表中给出的仅为推荐尺寸，具体设计时应根据加工设备、加工方法、纸板特性和封箱要求等的不同，进行综合考虑，最好通过样箱制作，反复试验改进，得到最优修正系数。

摇盖尺寸 F 计算参考图 2-101，当（B_i+a_4）为奇数时加 1mm。

瓦楞纸箱接头宽度一般根据纸板层数和加工工艺而定，参考表 2-10。

表 2-10　瓦楞纸箱接头宽度尺寸　　　　　　　　　单位：mm

纸板种类	单瓦楞	双瓦楞
接头宽度尺寸	钉合，> 30；粘合，≥ 30	钉合，> 35；粘合，≥ 30

（4）瓦楞纸箱外尺寸

瓦楞纸箱外尺寸计算公式为

$$X_o = X + t + K'_o \tag{2-17}$$

式中　X_o——纸箱外尺寸，mm；

　　　X——纸箱制造尺寸，mm；

　　　t——瓦楞纸板厚度，mm；

　　　K'_o——外尺寸修正系数。

X 取某一方向制造尺寸的最大值，$t+K'_o$ 合并处理，仍用 K'_o 表示。得到

$$X_o = X + K'_o \tag{2-18}$$

K'_o 取值参考表 2-11。

表 2-11　瓦楞外纸箱尺寸修正系数 K'_o 值　　　　　　单位：mm

楞型	A	B	C	AB	BC
K'_o	5 ～ 7	3 ～ 5	4 ～ 6	8 ～ 12	7 ～ 11

对于 0201 型瓦楞纸箱外尺寸，也可以利用国家标准 GB/T 6543—2008 中的建议计算式进行计算：

$$\begin{cases} L_o = L_i + 2t \\ B_o = B_i + 2t \\ H_o = H_i + 4t \end{cases} \tag{2-19}$$

2.6.6 瓦楞纸箱的抗压强度和载荷

（1）瓦楞纸箱抗压强度计算

瓦楞纸箱抗压强度指在压力试验机上均匀施加动态压力至箱体破损时的最大负荷及变形量，或是达到某一变形量时的压力负荷值。瓦楞纸箱的抗压强度既是评价瓦楞纸箱的重要指标，又是设计瓦楞纸箱的重要条件。瓦楞纸箱的抗压强度可以通过实际测量获得，但也可以通过瓦楞纸板或所用原纸的测试强度采用计算公式得到，如凯里卡特（K. Q. Kellicult）公式、沃福（Wolf）公式、马基（Makee）公式等。上述公式均属于经验公式，计算值会有一定的误差，实际使用中，凯里卡特公式的实际计算结果与实际测量结果相差最小，下面仅介绍该公式。

凯里卡特公式根据瓦楞纸板的环压强度，结合纸箱的外周长和瓦楞种类综合计算出瓦楞纸箱抗压强度。公式如下：

$$p = p_x \left[\left(\frac{a_{X_z}}{Z/4} \right)^2 \right]^{\frac{1}{3}} ZJ \qquad (2-20)$$

式中　p——瓦楞纸箱的抗压强度，N；

　　p_x——瓦楞纸板的综合环压强度，N/cm；

　　Z——瓦楞纸箱外周长，cm；

　　a_{X_z}——瓦楞常数；

　　J——纸箱常数。

其中，瓦楞纸板原纸的综合环压强度计算公式如下：

$$p_x = \frac{\Sigma R_n + \Sigma C_n R_{mn}}{15.2} \qquad (2-21)$$

式中　R_n——面纸环压强度测试值，N/0.152m；

　　R_{mn}——瓦楞芯纸环压强度测试值，N/0.152m；

　　C_n——瓦楞收缩率，即瓦楞芯纸原长度与面纸长度之比。

由式（2-21），有如下结论：

单瓦楞纸板　　　　　　　$$p_x = \frac{R_1 + R_2 + R_{m1}C}{15.2} \qquad (2-22a)$$

双瓦楞纸板　　　　　　　$$p_x = \frac{R_1 + R_2 + R_3 + R_{m1}C_1 + R_{m2}C_2}{15.2} \qquad (2-22b)$$

凯里卡特公式中的常数 a_{X_z}、J、C 见表2-12。

表 2-12　凯里卡特公式中的常数值

常数	楞型					
	A 型	B 型	C 型	AB 型	BC 型	AC 型
a_{X_z}	8.36	5.0	6.1	13.36	11.1	14.46
J	0.59	0.68	0.68	0.635	0.68	0.635
C	1.532	1.361	1.477	2.893	2.838	3.009

由于凯里卡特公式没有考虑到瓦楞纸箱的长宽比及高度对纸箱强度的影响，在计算中存在约 ±5% 的误差，可根据纸箱特点适当调整。

（2）瓦楞纸箱载荷计算

载荷也是瓦楞纸箱设计的重要指标，在现代流通体系中，瓦楞纸箱载荷更具有应用价值，瓦楞纸箱的抗压强度应大于堆码中纸箱所承受的最大载荷。

载荷的计算公式为

$$F = 9.81KM \left[\mathrm{INT}(H_w/H_o) - 1 \right] \tag{2-23}$$

式中　F——载荷，N；

K——载荷系数；

M——单件包装总质量，kg；

H_w——流通过程中最大有效堆码高度，mm；

H_o——瓦楞纸箱高度外尺寸，mm。

$\mathrm{INT}(H_w/H_o)$ 是不大于 H_w/H_o 的最大整数，K 值按表 2-13 选取。

表 2-13　载荷系数 K 值

承载情况	纸箱吸湿情况		
	不怕湿或不考虑吸湿	怕吸湿	特别怕吸湿或内装物为流体
只是由纸箱承载	4	5	7
内装物、缓冲材料、内外包装等共同承载	2	3	4
内装物与内容器承载，而不考虑纸箱承载	1	1	1

注：根据流通条件（堆码时间、湿度、振动等）不同，载荷系数可在 –1 ～ +1 范围内变化。

在传统堆码作业中，为了提高仓库面积利用率，需要充分利用仓库的最大空间高度来进行堆码，较高的堆码高度对纸箱的抗压强度要求较高。随着仓储条件的不断改进，以及自动立体堆码技术的应用，堆码对于纸箱承重能力的要求降低，可以重点关注运输过程中的纸箱抗压强度要求。GB/T 6543—2008 中规定的抗压强度公式与载荷公式基本相同，载荷系数的取值建议为：内装物不能提供支承时，$K > 2$；内装物能提供支承时，$K > 1.65$。

瓦楞纸箱在实际使用中，其实际抗压强度总是比公式计算出来的要小，除了前述的箱体尺寸的影响，箱面印刷、箱体开孔、纸板吸湿等都会导致纸箱抗压强度的降低。

思考与研讨

2-1 纸板纹向对纸盒结构性能的影响有哪些？设计中如何合理处理纸板纹向？

2-2 选择一款家乡的地方特产，分析产品特征和包装需求，选择合理盒型，完成结构尺寸设计并打样。

2-3 固定纸盒的 V 槽成型工艺应用于折叠纸盒成型来替代纸盒压痕，是否可行？有什么优缺点？

2-4 固定纸盒的优点有哪些？现代工业品包装中，应如何发挥固定纸盒的优势？

2-5 南方梅雨季节，某企业发现仓库中堆码的商品的瓦楞纸箱有压塌现象，请分析原因并提出尽可能多的应对策略，比较得出可行解决方案。

2-6 试比较内装物承重和内装物不能承重两种情况下，瓦楞纸箱设计策略的差异。

扫码进入本章练习

第3章 塑料包装容器结构设计

3.1 塑料包装容器概述

3.1.1 塑料包装容器类型

塑料包装容器可按刚性和柔性划分为两类。刚性塑料容器是指器壁较厚、形状保持性较强、具有良好刚度的塑料容器；而柔性塑料容器则是指器壁较薄、形状保持性较差和刚度较低的塑料容器（常由塑料软片或薄膜所形成），也常称为软包装。本书主要介绍刚性塑料容器。在此，按结构形状简要介绍塑料包装容器的类型与结构特点。

（1）箱式包装容器

箱式包装容器（图3-1）主要用热塑性材料如聚丙烯共聚物、高密度聚乙烯、乙烯共聚物等加工而成。为减轻重量、保证强度与刚度，箱壁设有加强筋。根据需要，它有各种外形，另可设置箱盖和隔挡。

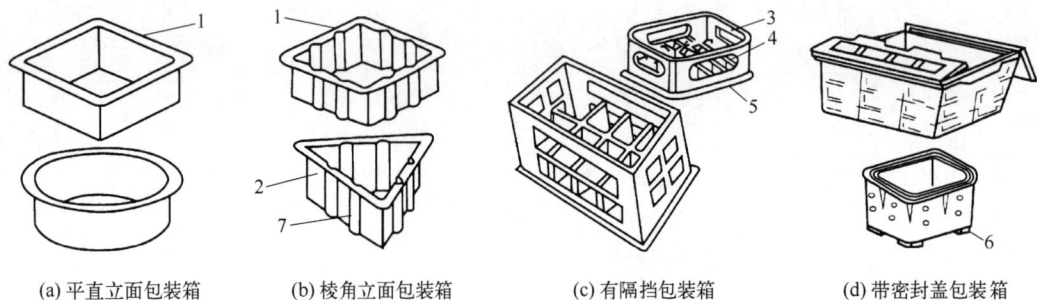

(a) 平直立面包装箱   (b) 棱角立面包装箱   (c) 有隔挡包装箱   (d) 带密封盖包装箱

图3-1 箱式包装容器
1—箱体上缘；2—箱体；3—提手孔；4—隔挡；5—箱底面；6—箱底托；7—加强筋（棱）

箱类容器因其强度高、刚性好、抗拉和抗冲击性能优良、耐候性好，被广泛用于食品、饮料、农副产品、水产品等商品的流通，也被大量用于各种工业品、半成品、零配件的厂内运输贮存环节。

（2）盘式包装容器

具有加强筋的盘式包装容器（图3-2）一般通过模压或注射方法制成，目前在商业领域被大量采用。为便于堆码与增强集装的稳定性，容器的上下端面常设计堆叠用的插口部分。盘式塑料包装容器主要用于怕挤压、易变形的小型商品的贮运，如蔬菜、水果、糕点等，也可用于小型零件物品的厂内外周转运输。

（3）罐式、杯式、盒式、浅盘式、泡罩式等销售包装容器

这类销售包装容器（图3-3）一般通过注射、模压成型，多为一次性使用的广口容器。有的带螺旋式硬盖，有的带揿压式盖，多数带复合材料薄膜密封软盖。它们被用于各种食品包装，如果冻、调味品、冰激凌和家用化学品、护肤用品等。

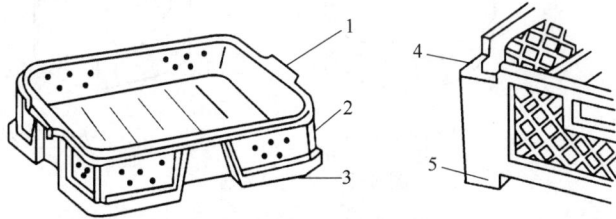

图3-2　盘式包装容器
1—把手；2—盘体；3—底面（边沿内壁可与上端面外形相配合）；4—上槽口；5—凸台

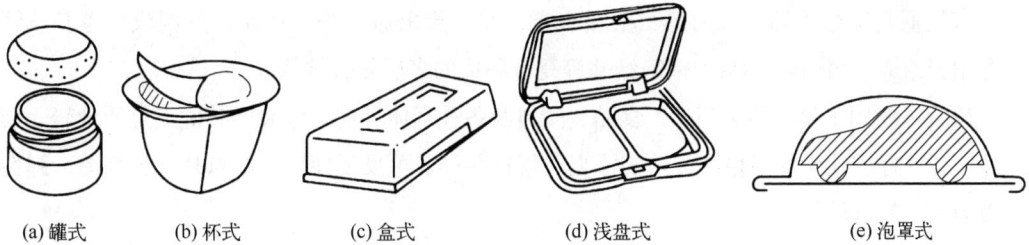

(a) 罐式　　(b) 杯式　　(c) 盒式　　(d) 浅盘式　　(e) 泡罩式

图3-3　广口式销售包装容器

（4）中空容器

中空容器（图3-4）是经注射或挤压得到型坯，再经中央吹塑而成，有瓶式、小口桶式、内胆式、复合多层式等。与玻璃容器相比，它们因较轻的重量、较高的刚度和抗冲击性、较好的阻隔性、美观的造型而得到极其广泛的应用。主要用作各种饮料、油料、化妆品、液体化学品的包装。

（5）大型包装桶

这类容器容量从5L到250L不等，可通过旋转成型、注射吹塑或挤出吹塑成型。可分为小盖密封桶、敞口盖桶、可折叠式软桶（图3-5）。其中可折叠式软桶有圆柱形，也有方形，用完或未灌装的可压扁运输，节省空间与费用。主要用作工业原料、饮用水、油类、盐渍食品、低度酒等的包装容器。材料为高密度聚乙烯、改性聚乙烯、乙烯－乙酸

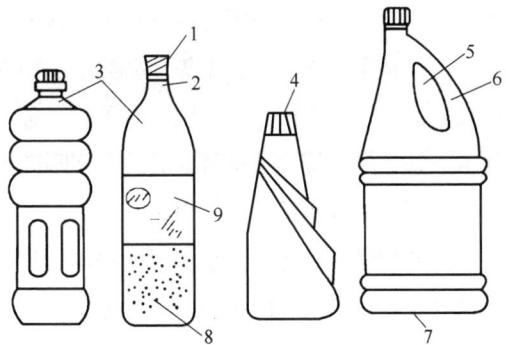

图3-4　中空容器
1—螺纹；2—瓶颈；3—瓶肩；4—瓶盖；5—提手岛；6—提手柄；7—瓶底；8—瓶托；9—瓶身贴标

乙烯酯共聚物、聚碳酸酯等。其规格多，强度好，价格便宜，用途广，耐冲击，但有应力开裂倾向。

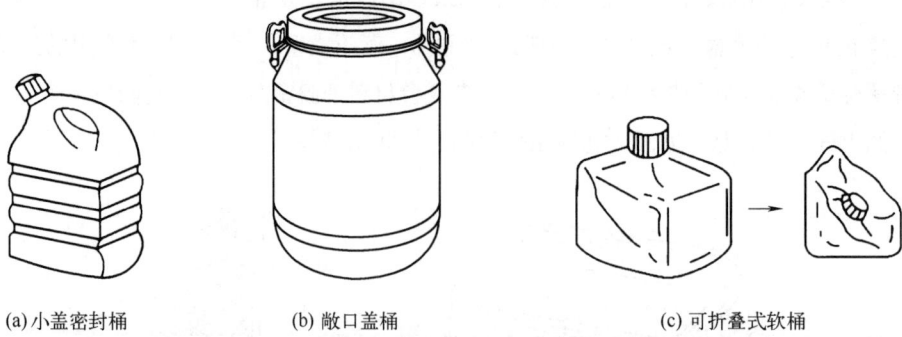

(a) 小盖密封桶   (b) 敞口盖桶   (c) 可折叠式软桶

图 3-5 大型包装桶

（6）软管

软管是管体挤出成型，管肩、管颈注射成型，然后两部分熔接而成的。

有用低密度聚乙烯、聚丙烯、聚氯乙烯、PA（聚酰胺，俗称尼龙）等制成的单基软管，也有用聚乙烯、聚丙烯、PA、铝箔纸基等复合制成的多层复合软管。

软管主要用于化妆品、药品、食品、颜料及各种膏体乳剂的包装。其优点是质地轻、韧性好、弹性好、化学性能稳定、外观漂亮、规格多样、可反复使用。缺点是气密性差、弹性回吸力大（复合软管除外）。

（7）发泡成型制品

用可发泡性塑料如聚苯乙烯、聚乙烯、聚氨酯经模塑而成。既可制成某些商品的简易包装容器，也可制成各种运输包装内衬件，起保温隔热、缓冲减振等作用。其制作方便，成本较低，但废弃后回收处理量较大。

（8）大型运输周转箱与托盘

普通运输周转箱可分为直方型、梯型、可折叠型，其中梯型周转箱空箱可上下套装，节省了堆码空间；折叠型周转箱空箱可折扁平，节省了运输空间与费用，但结构强度稍差。

关于蔬菜、水果、酒类等食品类中小型周转箱，前已述及。这里大型运输周转箱主要指中长途运输、工业产品（机械、电子、五金、化学品等）运输用的周转箱，是以硬质塑料替代木、铁、陶瓷等传统材料制成的大型刚性容器，用于商品流转运输、企业间零件或半成品储存流通中，容积最大可达 2000L。

内装化学品液体的大型塑料运输周转箱，内壁经耐腐蚀处理，外部用金属防护框架围护，底部含金属托盘，可以确保运输过程安全。

目前，塑料托盘正在大量替代木质托盘，虽然塑料托盘的价格明显高于木质托盘，但由于其使用寿命更长（5～9 年）、回收利用性好，因此使用塑料托盘从总体成本来看很具有竞争力。

大多数塑料运输周转箱与托盘，用高密度聚乙烯、聚苯乙烯、聚丙烯制造，也有的使用增强玻璃纤维制造，还可将钢筋加入塑料托盘内部以提高承载能力。

3.1.2 塑料包装容器的材料选择

从 1 到 7——塑料包装容器材料

包装容器常用塑料有：低密度聚乙烯（LDPE）、高密度聚乙烯（HDPE）、聚氯乙烯（PVC）、聚苯乙烯（PS）、聚丙烯（PP）、聚酯（PET）、聚乙烯（PE）、丙烯腈聚合物（AN）、聚碳酸酯（PC）、苯乙烯-丁二烯共聚物（SB）、丙烯腈-丁二烯-苯乙烯共聚物（ABS）、偏二氯乙烯共聚物（VDC）、乙烯-乙烯醇共聚物（EVOH）、尼龙（PA）、酚醛（PF）、脲醛（UF）等。

塑料包装废弃物处理的第一目标是将容器等进行回收再生，以保护有限的资源，完成包装容器的循环再生利用。为了方便塑料容器的分类回收利用，美国塑料工业协会（Society of Plastics Industry，SPI）制定了塑料制品使用的塑料种类的标志代码，并为世界多数国家所采用。中国在 1996 年制定了与之几乎相同的标识标准。常用塑料容器种类标志代码如图 3-6 所示，表 3-1 为常用材料的主要性能，供设计时参考。

图 3-6　常用塑料容器种类标志代码

表 3-1　包装用塑料性能（相对值）

材料名称	水汽透过率	透气性		耐化学性			温度范围/℃	透明度	耐刮伤性（HR）	翘曲性能	刚性	冲击强度	韧性	吸尘性	印刷性
		O$_2$	CO$_2$	酸	碱	溶剂									
LDPE	1.3	550	2900	良	良	良	$-56 \sim 82$	高	112	3	0.1	20	400	高	中
HDPE	0.3	600	450	优	优	优	$-29 \sim 121$	半	38	4	1.5	10	100	高	中
PVC（硬）	4	150	970	优	优	中	$-45 \sim 93$	高	45	0.2		8.0	20	高	优
PS（通用级）	8	310	1050	良	优	差	$-62 \sim 80$	高	120	0.4		0.3	1	中	优
PP	0.7	240	800	良	优	优	$-18 \sim 133$	半	90	2	2	1.0	300	高	良
PET	0.7	14	16	优	优	优	$-56 \sim 110$	高	68	2	5.5	4.8	100	中	中
AN	7	0.8	1.1	良	中	良	$-73 \sim 71$	高	60	0.4	4.4	2.5	5	高	良
PC	11	300	1000	良	差	中	$-135 \sim 132$	高	118	0.6	3.4	3.0	75	中	优
ABS				良	良	中	$-54 \sim 102$	半	100	0.6	3	6.2	60		中
PF				中	中	良	$-73 \sim 121$	不	7120	1	10	0.5	1	低	良
UF				中	中	良	$-73 \sim 78$	半	150	1		0.4	1	低	

塑料容器的材料选择，主要根据容器本身的强度要求、被包装物特性、经济成本等因素进行综合考虑。常见塑料包装容器类型与常用材料选择可参考表3-2。

表 3-2　常见塑料包装容器类型与常用材料选用

容器类型	常用材料名称										
	LDPE	HDPE	PP	PVC	PS	ABS	PA	PET	PC	PF	UF
箱、盒类											
周转箱、集装箱等		√	√	√		√					
钙塑瓦楞箱	√	√	√								
盒类	√	√	√	√	√	√					√
桶、罐类											
食品用桶罐	√	√	√	√							
石化用桶罐		√	√	√			√				
瓶类											
饮用水瓶				√				√			
食品用瓶	√	√	√	√	√			√	√		
食用油瓶							√	√			
医药品用瓶	√	√	√	√	√	√			√		
化妆品用瓶		√	√	√							
化工品用瓶		√		√			√				
清洁剂瓶	√	√	√								
软管											
医用软管	√	√	√								
化妆品软管				√							
半壳状容器											
食品杯、碗、盘		√	√	√	√	√					
泡沫碗、杯、盘			√		√						
其他											
泡沫缓冲衬垫	√	√	√	√	√					√	√
热成型薄壁衬垫					√						
盖、塞等封件	√	√	√	√	√					√	√

包装材料应尽量满足各类商品的性能要求，目前市场常见的各类商品，其所用塑料包装容器及材料列举如表3-3。

表 3-3　各类商品常用塑料包装容器与材料

商品类别	对包装的基本要求	商品名称	所用包装材料与容器	包装容器特性
食品	①重量轻 ②化学稳定性好 ③保味、保香 ④不污染食品 ⑤透明度好	黄油、果酱、乳酪、奶油、食用油	PS 罐、拉伸 PET、多层吹塑瓶	透明，安全，保香，可挤压，易取用，刚度好，薄
		番茄酱、蛋黄酱、醋、果汁	LDPE、PS、二片瓶、多层吹塑瓶、真空成型容器	
		调味品、蜂蜜、果冻、其他食品	PS、拉伸 PET、PP、多层吹塑瓶、真空成型浅盘、PVC 浅盘	
药品	①透明度好 ②不易碎，不破裂 ③印刷性好	药丸、药片、药膏	PS 瓶、HDPE 瓶、韧性 PS 瓶（盒）	高度防潮，耐高温消毒，可印刷，可挤压，不裂，不碎
		眼药、手足药、皮肤药	LDPE 瓶、PC、PET	
		输液	拉伸 PP 瓶	
		抹药	PP、HDPE	
化妆品	①化学稳定性好 ②重量轻 ③化学相容性好 ④色彩多样	粉饼、面乳、唇膏、爽身粉、剃须膏	PS	手感好，轻巧，光洁度好，不易碎，适用于潮湿环境，铰链强度好
		粉盒、眼影膏、喷雾香水	PP	
		香波、护肤膏、防晒霜、祛臭剂	HDPE、LDPE	
日用化学品	①耐腐蚀 ②不开裂 ③化学稳定性好 ④轻、柔	除锈剂、清洗剂、驱蝇剂、漂白剂	PVC、HDPE	壁薄，相对密度小，可挤压性、强度好，显色彩，透明
		洗涤剂、家用清洁剂	PP、拉伸 PET、LDPE、HDPE、PVC	
其他		储水容器、石蜡油	LDPE、HDPE 吹塑瓶	轻，安全，便捷，透明，标志清楚
		农药	HDPE、多层挤压瓶	
		氢氟酸	PE 瓶	

3.1.3　塑料包装容器常用成型工艺

（1）注射成型

注射成型又称注射模塑或注塑，是塑料成型加工中最普遍采用的一种方法。其工艺过程为：将粒状或粉状热塑性塑料加进注射机料筒，塑料在料筒内受热而转变成具有良好流动性的熔体；随后借助柱塞或螺杆所施加的压力将熔体快速注入预先闭合的模具型腔，熔体充满型腔、获得型腔形状后转变为成型物；最后，经冷却凝固定型为包装容器制品。注射成型能制造外形复杂、尺寸精确的容器制品，成型周期短，效率高，易于实现全自动化生产等，但所需模具复杂，制造成本高，故适用于容器制品的大量生产。

"模"法世界，形态万千——塑料容器的分类特征与成型方法

注射成型工艺

塑料包装容器
成型工艺

（2）模压成型

模压成型又称压缩模塑，简称模压。其成型工艺过程为：将预热的热固性塑料定量地加入已加热的模内，然后闭模，在压力的作用下，塑料在型腔内受热、受压熔化，向型腔各部位充填，多余熔料从分型面溢出成为溢边，经一定时间的交联反应后，塑料固化坚硬，启模去掉溢边即得包装容器制品。

（3）中空吹塑成型

中空吹塑成型是一种借助流体压力使闭合在模腔内尚处于半融状态的型坯膨胀成为中空塑料容器的二次成型技术。按型坯制造方法的不同，中空吹塑成型工艺包括挤出吹塑、注射吹塑和拉伸吹塑等。

① 挤出吹塑。通过挤出机将塑料熔融并成型出薄壁管坯，闭合模具夹住管坯，并将吹塑头插入管坯一端，管坯另一端被切断；通入压缩空气吹胀管坯，成型制品；冷却吹塑制品，开模去掉尾料即得容器制品。

② 注射吹塑。由注塑机将塑料熔体注入带吹气芯管的管坯模具成型管坯，启模，管坯带着芯管转入到吹塑模具中；闭合吹塑模具，压缩空气通入芯管坯成型制品，冷却定型，启模即得容器制品。注射吹塑尺寸精度高，质量偏差小，吹塑周期易控制，生产效率高等，但模具制造要求高，只适合生产容器容积小（小于2L）、形状简单、批量大的中空容器。

③ 拉伸吹塑。拉伸吹塑成型工艺有两种。其一是将注射成型管坯加热到塑料拉伸温度，在拉伸装置中进行轴向拉伸，然后将已拉伸的管坯移到吹塑模具中，闭模，吹胀管坯成型制品。其二是将挤出管材按要求切成一定长度，作为冷管坯，然后将冷管坯放入加热装置中加热到塑料拉伸温度，再将热管坯送至成型台，闭模，使管坯一端成型容器颈部和螺纹，并进行轴向拉伸，吹胀管坯成型，冷却启模，即得到容器制品。拉伸吹塑成品率高，易于成型，生产效率高，制品质量易控制，冲击强度高，但成型工艺对材料和成型条件要求高。适于批量大、形状简单的小型容器（小于2L）的制造。

④ 多层共挤出吹塑。多层共挤出吹塑法，即通过机头挤出多层（多种材料）型坯，供给模具，再吹塑成型。多层共挤出吹塑法充分发挥了多种材料的长处，弥补了各自的短处，大大提高了容器的综合性能，如阻隔性、绝热性、遮光性、阻燃性、装饰性等。

（4）热成型

热成型系对热塑性片材先进行加热使其软化到近熔融状态，再经冷却后定型，形成容器制品，塑料分子在成型力作用下会产生流动。热成型能制造壁薄（达0.005mm）、尺寸大（达2m）、耐冲击的容器。但容器制品尺寸精度低，成型深度有限，材料消耗大。适用于从小批量到大批量、结构简单的容器制品。

（5）旋转成型

旋转成型更适合制造大型塑料中空容器。成型过程为：将定量的粉状、液状、糊状树脂加入置于旋转机上可开闭合的阴模中，然后闭合模具，通过外界加热使模具壁面温度达到树脂熔融温度，在加热的同时启动旋转机，模具绕正交的主、次两主轴做复合旋转，使树脂熔融并均匀地涂布在模具壁面上。旋转成型能制造形状复杂、壁厚均匀、尺寸大（达 2m×2m×4m）的中空容器制品，且生产成本低。

3.1.4 塑料容器成型的材料、工艺与结构

以上成型方法均需要用到模具，容器结构设计必须考虑成型模具和成型工艺过程的制约；模具成型需要将塑料原材料加热至合理的温度，使材料具有一定的可塑性或流动性，材料不同，成型温度、流动性也有区别，从而影响容器的大小、壁厚、脱模斜度等结构因素。一般地，同一成型工艺所生产的包装制品，在结构上会有一些共性特征，这些共性特征是对结构设计创新的制约。塑料容器结构设计要明确所用成型工艺，了解工艺对结构的基本要求，从而使所设计容器具有较好的工艺适应性。

表 3-4 列举了常用成型方法及所成型塑料制品的基本结构特点。

表 3-4　塑料容器成型方法及制品结构特点

序号	成型方法		制品特性	制品
1	注射成型		尺寸精度高	瓶盖、广口瓶、罐、周转箱
2	模压成型		壁厚、开口容器	盘、盆、碟、小型托盘
3	挤出成型		尺寸精度低	管状制品
4	中空吹塑成型	挤出吹塑	外形不规则	小口瓶类，带把手的壶
		注射吹塑	外形不规则	化妆品，药剂大口瓶
		拉伸吹塑	形状简单的薄壁容器	薄壁饮料瓶
5	热成型		开口薄壁容器	泡罩、贴体包装，一次性口杯
6	旋转成型		大型、奇特外形	大型容器
7	发泡成型		壁厚发泡，保温性好	保温箱、盒，缓冲衬垫

3.2 模压与注射成型容器及其结构设计

3.2.1 模压成型容器

模压成型的成本相对较低，可以快速生产塑料制品，对于大批量生产非常适用，适用于几乎所有热固性塑料容器，也适用于部分热塑性塑料容器的生产。对大型平

不"分模"不成活——塑料容器分模与脱模

面制品、对称性产品和多型腔制品成型良好，也可用于形状复杂或带有复杂嵌件的产品，如电器或电子产品的外壳、家居用品、餐具等产品。

模压成型制品的优点是制品表面无浇口与流道，成型后材料的取向小。缺点是制品固化时间长，精度不高，合模面易产生飞边，对形状复杂或带嵌件的产品成型不易。

3.2.2　注射成型容器

注塑成型可以生产出高质量的产品，应用范围广泛，可以生产出各种形式和尺寸的塑料制品，还可以使用多颜色花纹等复杂的设计来生产各种高复杂度的产品。注塑成型广泛应用于玩具、自行车零配件、家居用品、电子部件、医疗用品、汽车部件等。

厚薄均匀，轻化有方——塑料容器的壁厚设计

3.2.3　模压与注射成型容器结构设计

（1）容器壁厚设计

壁厚对塑料容器的成型质量影响较大，需要满足制品的强度要求、成型工艺要求以及经济性等多方面要求。壁厚设计主要考虑和以下几个因素的关系：

① 壁厚与容器强度。强度一般随壁厚的增加而增大，但增加壁厚不经济，当壁厚增加到一定厚度时，还会出现缩孔、塌陷、翘曲、应力、结晶度大等缺陷，强度不一定增加，反而会严重影响制品质量。热塑性塑料厚度一般超过5mm就会出现制品缺陷。对于壁厚较大的容器，一般通过设置加强筋来保证其强度。

② 壁厚与成型时间。壁厚越厚，成型的时间周期越长，生产效率越低。热塑性制品壁厚增加1倍，冷却时间约增加4倍。

③ 壁厚与熔体流动性。容器的最小壁厚不仅应满足容器的刚度和强度要求，还要考虑熔体的流动性，不同塑料其熔体流动性不同。若流动性不好，塑料容器容易产生缩孔、凹陷、气泡等缺陷，壁厚过小，一些大而复杂的容器更难以充满型腔。

④ 壁厚与流程。流程是指熔体从进料口流向型腔最远处的距离。常规工艺参数下，壁厚与流程成正比，壁厚越大，允许的流程越长。可以通过增加进料口的数量和优化进料口的位置来缩短流程，尽量避免一味通过增加壁厚来增加流程。壁厚的校核可以通过流动比（流程长度 L 与壁厚 t 的比值）来完成。流动比随塑料熔体性质、温度、注射压力、浇口种类等变化。表3-5所列为由实践总结得到的常用塑料流动比大致范围，供设计参考。

表3-5　常用塑料流动比范围

塑料名称	注射压力 /kPa	L/t	塑料名称	注射压力 /kPa	L/t
聚乙烯	147100	280～250	硬聚氯乙烯	127500	170～130
	58840	140～100		88260	140～100
	68650	240～200		68650	110～70

塑料名称	注射压力 /kPa	L/t	塑料名称	注射压力 /kPa	L/t
聚丙烯	117680	280	软聚氯乙烯	88260	$280 \sim 200$
	68650	$240 \sim 200$		68650	$240 \sim 160$
	49040	$140 \sim 100$	聚碳酸酯	127500	$180 \sim 120$
聚苯乙烯	88260	$300 \sim 280$		88260	$130 \sim 90$
尼龙	88260	$360 \sim 200$			

图 3-7 为两个实例流动比计算示意图。图 3-7（a）中，流动比 $= \sum_{i=1}^{n} \dfrac{L_i}{t_i} = \dfrac{L_1}{t_1} + \dfrac{L_2 + L_3}{t_2}$，

图 3-7（b）中，流动比 $= \sum_{i=1}^{n} \dfrac{L_i}{t_i} = \dfrac{L_1}{t_1} + \dfrac{L_2}{t_2} + \dfrac{L_3}{t_3} + \dfrac{2L_4}{t_4} + \dfrac{L_5}{t_5}$。

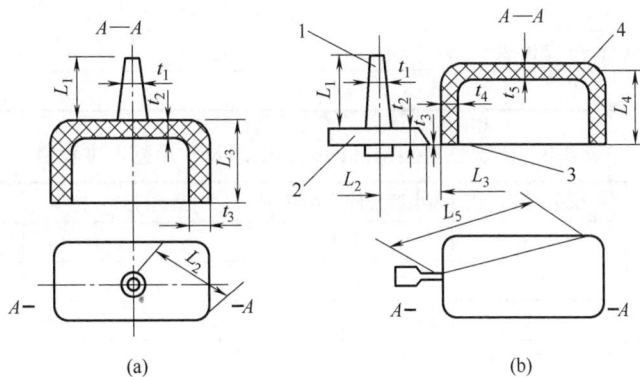

图 3-7 流动比计算示例

1—直浇道；2—横浇道；3—小绕口；4—塑料件

设计时也可根据表 3-6 所列公式，由流程长度 L 确定制件的最小壁厚。

表 3-6　壁厚 t 与流程长度 L 关系式 　　　　单位：mm

塑料品种	t-L 计算公式
流动性好（如聚乙烯、聚丙烯、聚苯乙烯、尼龙等）	$t = \left(\dfrac{L}{100} + 0.5 \right) \times 0.6$
流动性中等（如改性聚苯乙烯等）	$t = \left(\dfrac{L}{100} + 0.8 \right) \times 0.7$
流动性差（如聚碳酸酯、硬聚氯乙烯等）	$t = \left(\dfrac{L}{100} + 1.2 \right) \times 0.9$

⑤ 壁厚的均匀性要求。同一塑料容器各部分壁厚应尽量均匀。壁厚不均，会因冷却收缩或固化速度不同而产生内应力，使塑料容器开裂或变形。若壁厚过于不均，热固性材料会在较厚处产生缩孔，热塑性材料会发生翘曲变形。采用不同的壁厚时，连接处或角隅处尽量采用厚度渐变或圆角过渡。一般的，转角处厚度比规定为：

热固性材料 1 ： 3（压塑）和 1 ： 5（挤塑）；

热塑性材料 1 ：（1.2 ～ 1.5）。

对于热固性塑料，小件壁厚取 1.6 ～ 2.5mm，大件壁厚取 3.2 ～ 8mm。对流动性差的塑料应取较大值，但不超过 10mm。对脆性酚醛塑料，壁厚应小于 3.2mm。

热塑性塑料易于制成薄壁容器，最薄可达 0.25mm，但一般不宜小于 0.6 ～ 0.9mm，通常取 2 ～ 4mm。

塑料制品的壁厚可按表 3-7 和表 3-8 选取。

表 3-7　热固性塑料制品的壁厚推荐值　　　　　　　　单位：mm

塑件材料	塑件外形高度尺寸			塑件材料	塑件外形高度尺寸		
	< 50	50 ～ 100	> 100		< 50	50 ～ 100	> 100
粉状填料的酚醛塑料	0.7 ～ 2.0	2.0 ～ 3.0	5.0 ～ 6.5	聚酯玻纤填料的塑料	1.0 ～ 2.0	2.4 ～ 3.2	> 4.8
纤维状填料的酚醛塑料	1.5 ～ 2.0	2.5 ～ 3.5	6.0 ～ 8.0	聚酯无机物填料的塑料	1.0 ～ 2.0	3.2 ～ 4.8	> 4.8
氨基塑料	1.0	1.3 ～ 2.0	3.0 ～ 4.0				

表 3-8　热塑性塑料制品的最小壁厚及常用壁厚推荐值　　　　单位：mm

塑件材料	最小壁厚	小型塑件推荐壁厚	中型塑件推荐壁厚	大型塑件推荐壁厚
尼龙	0.45	0.76	1.5	2.4 ～ 3.2
聚乙烯	0.6	1.25	1.6	2.4 ～ 3.2
聚苯乙烯	0.75	1.25	1.6	3.2 ～ 5.4
改性聚苯乙烯	0.75	1.25	1.6	3.2 ～ 5.4
硬聚氯乙烯	1.2	1.60	1.8	3.2 ～ 5.8
聚丙烯	0.85	1.45	1.75	2.4 ～ 3.2
聚碳酸酯	0.95	1.80	2.3	3.0 ～ 4.5
丙烯酸类	0.7	0.9	2.4	3.0 ～ 6.0

注：最小壁厚可随成型条件而变。

图 3-8 ～图 3-10 给出了一些塑料制品厚度设计实例。图中（a）均为不良设计，（b）均为良好设计。

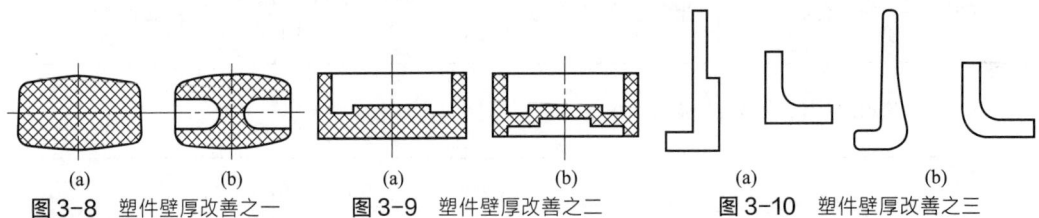

图 3-8　塑件壁厚改善之一　　图 3-9　塑件壁厚改善之二　　图 3-10　塑件壁厚改善之三

身正形斜，斜而
有度——塑料容器
的拔模斜度

（2）脱模斜度设计

制品平行于脱模方向的表面，必须具有一定的斜度，即脱模斜度，以方便脱模。如图 3-11 所示，脱模斜度可以避免容器和模具表面之间的持续摩擦，避免脱模时产生负压吸附。

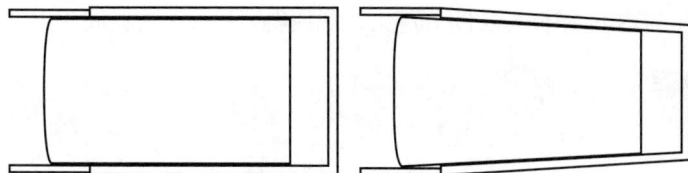

图 3-11 脱模斜度的作用

脱模斜度选取原则与取值范围：

① 一般情况下，沿脱模方向常用斜度为 $0.5° \sim 1.5°$ ；

② 当容器斜度不允许太大时，可采用外表面斜度 $5'$ ，内表面斜度 $10' \sim 20'$ ；

③ 当侧面粗糙或有滚花纹时，宜取 $4° \sim 6°$ ；

④ 塑料容器上的凸块、凸棱或加强筋，单边应有 $4° \sim 5°$ 斜度；

⑤ 有公差要求的尺寸，斜度可在公差之内，也可在公差之外；

⑥ 压制成型的大而深的容器，希望阳模斜度大于阴模斜度，以使容器下部厚度大于上部厚度，确保结构刚性；

⑦ 容器精度要求高或容器尺寸大，脱模斜度取小值；

⑧ 容器形状复杂、不易脱模或材料成型收缩率大，脱模斜度取大值；

⑨ 材料脆性大、刚性大，则脱模斜度取大值。

常用塑件的脱模斜度见表 3-9。

表 3-9　常用塑件脱模斜度

塑料名称	斜度		塑料名称	斜度	
	型腔	型芯		型腔	型芯
尼龙	$25' \sim 40'$	$20' \sim 40'$	ABS	$40' \sim 1° 20'$	$35' \sim 1°$
聚乙烯	$25' \sim 45'$	$20' \sim 45'$	聚碳酸酯	$35' \sim 1°$	$30' \sim 50'$
聚苯乙烯	$35' \sim 1° 30'$	$30' \sim 1°$	热固性塑料	$25' \sim 1°$	$20' \sim 50'$

注：1.脱模斜度的取向根据塑件的内外形状尺寸而定：塑件内孔，以型芯小端为准，尺寸符合图纸要求，脱模斜度由扩大方向取得；塑件外形，以型腔（凹模）大端为准，脱模斜度由缩小方向取得。一般情况下，表中脱模斜度不包括在塑件的公差范围内。

2.当要求开模后塑件留在型腔内时，塑件内表面的脱模斜度应大于外表面的脱模斜度，即表中型腔和型芯取值互换。

一些常见的塑料制品，脱模斜度也可以按下列经验公式确定。

① 箱体箱盖等（图 3-12）：

$$\frac{S}{H} = \frac{1}{35} \sim \frac{1}{30} \quad (H < 50\,\text{mm}) \tag{3-1a}$$

$$\frac{S}{H} < \frac{1}{60} \quad (H > 100\,\text{mm}) \tag{3-1b}$$

$$\frac{S}{H} = \frac{1}{10} \sim \frac{1}{5} \quad (\text{浅花纹}) \tag{3-1c}$$

② 格板（图 3-13）：格栅总长度 C 越大，脱模斜度越大；格栅间距 P 在 4mm 以下时脱模斜度取 $\frac{1}{10}$。满足：

$$\frac{0.5(A-B)}{H} = \frac{1}{14} \sim \frac{1}{12} \qquad （3-2）$$

若格栅高度 H 超过 8mm，可如图 3-13（b）所示，加工出高度为 $\frac{H}{2}$ 的下半格栅。

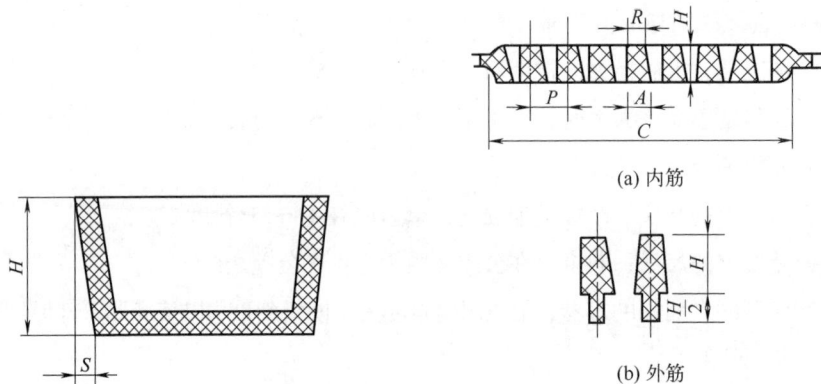

(a) 内筋

(b) 外筋

图 3-12　箱类容器脱模斜度　　　　图 3-13　格板脱模斜度

③ 加强筋（图 3-14）：

$$\frac{0.5(A-B)}{H} = \frac{1}{500} \sim \frac{1}{200} \qquad （3-3）$$

其中

$$A = (0.5 \sim 0.7)t \qquad （3-4a）$$

当允许稍有缩孔时

$$A = (0.8 \sim 1.0)t \qquad （3-4b）$$

由于制造限制

$$B = (1.0 \sim 1.8)\text{mm} \qquad （3-4c）$$

④ 底筋（图 3-15）：常用底筋脱模斜度计算公式为

$$\frac{0.5(A-B)}{H} = \frac{1}{150} \sim \frac{1}{100} \qquad （3-5）$$

A、B 的计算公式同式（3-4a）、式（3-4b）、式（3-4c）。

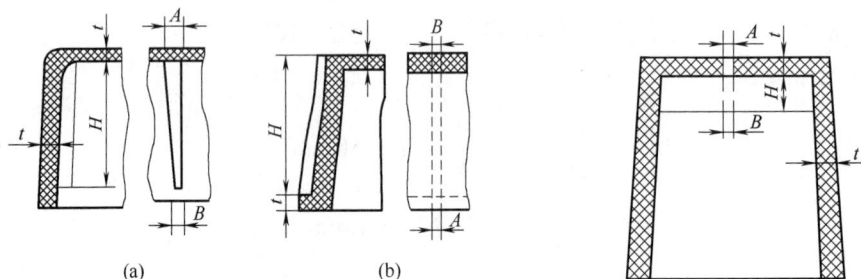

(a)　　　　　　　　(b)

图 3-14　加强筋脱模斜度

图 3-15　底筋脱模斜度

⑤ 凸台（图 3-16）：普通凸台脱模斜度为

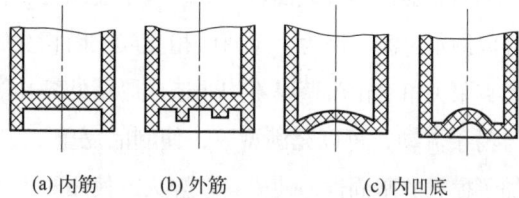

$$\frac{0.5(d-d')}{H}=\frac{1}{30}\sim\frac{1}{20} \tag{3-6}$$

对于高度 $H>30\text{mm}$ 的高凸台，脱模斜度为

$$\begin{cases}\dfrac{0.5(d-d')}{H}=\dfrac{1}{50}\sim\dfrac{1}{30}\text{(型芯)}\\[3mm]\dfrac{0.5(D-D')}{H}=\dfrac{1}{100}\sim\dfrac{1}{50}\text{(型腔)}\end{cases} \tag{3-7}$$

（3）支承面

当采用塑料容器的整个底面作支承时，如果底面翘曲变形，就会失稳。因此，应将塑料容器底面中央设计成向上凸起，或用底脚支承。另外，上凸平底也可设加强筋，此筋应低于底脚的高度约 0.5mm，这样不仅提高了容器的底面稳定性，且可延长使用寿命。

谨小慎微，凹凸有致——模压与注射成型容器的局部结构设计

图 3-17 给出了既有利于支承稳定又有利于成型流动的容器底部常见形式。

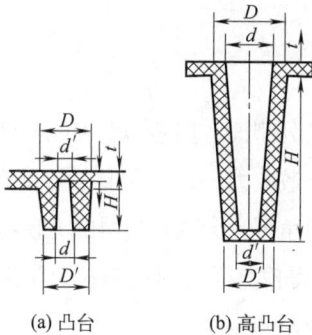

(a) 凸台　　(b) 高凸台

图 3-16　凸台脱模斜度

(a) 内筋　　(b) 外筋　　(c) 内凹底

图 3-17　常见支承形式

（4）加强筋

加强筋的作用是在不增加容器厚度的条件下，增强力学强度。尤其对于箱式、盘式等较大容积的塑料包装容器，适当设置加强筋，可有效防止翘曲变形。

设计加强筋应注意：①避免和减少塑料的局部堆积，多条加强筋应互相错开排列，否则易产生缩孔、气泡、裂纹（图 3-18）。②加强筋要有足够斜度，筋与容器主体连接部应以圆弧过渡。加强筋设计得矮一些、多一些为好。两加强筋之间中心距应大于筋厚度的 2 倍。图 3-19 为加强筋结构尺寸。③加强筋方向应与塑料流动方向一致，否则会搅乱料流，降低容器的韧性（图 3-20）。④加强筋厚度不应大于容器壁厚，否则会产生凹陷。此时，可

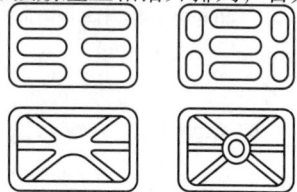

(a) 不良　　(b) 良

图 3-18　容器底部加强筋设置

将壁厚 t 向加强筋根部逐渐加厚，使其大于或等于筋厚；或者在容易产生缩孔的部位设计凹凸花纹，以掩盖缩孔（图 3-21）。

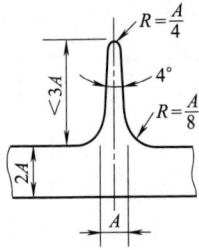

图 3-19　加强筋结构尺寸

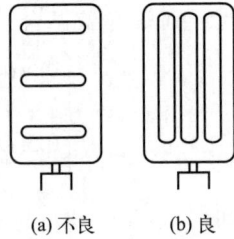

图 3-20　加强筋与料流方向

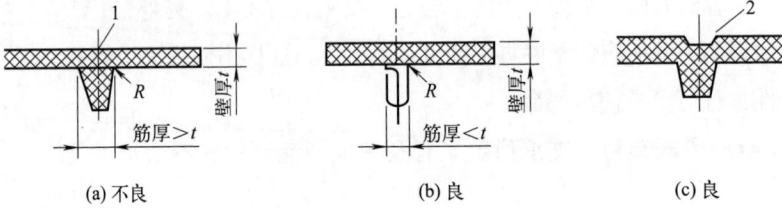

图 3-21　加强筋与壁厚

1—缩孔；2—花纹

（5）圆角

塑料容器的内外表面转角处，除了使用上有特殊需要或在分型面、型芯与型腔配合处外，都应以圆角过渡。因为：①两面相交或三面相交处的圆角可分散应力，减少变形；②圆角有利于克服尖角时由于壁厚不均而造成厚壁处缩孔等缺陷；③圆角可大大改善塑料的充模特性，料流易于流动，可以充满型腔，使制品完整；④容器圆角使得模具型腔对应部位也呈圆角，增加了模具的坚固性，使模具在淬火或使用时不致因应力集中而开裂。

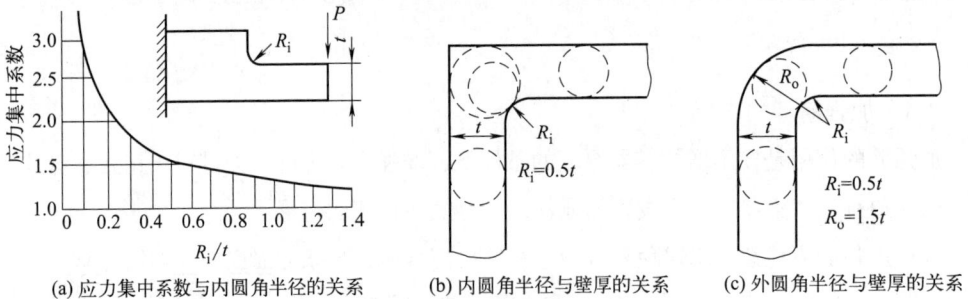

(a) 应力集中系数与内圆角半径的关系　　(b) 内圆角半径与壁厚的关系　　(c) 外圆角半径与壁厚的关系

图 3-22　圆角结构

图 3-22（a）为塑料受力时应力集中系数与内圆角半径的关系。从图中可以看出，当 R_i/t 的比值增加时，应力集中系数降低。当 $R_i/t < 0.3$ 时，降低幅度较大。当 $R_i/t > 0.8$ 时，降低幅度较小。为此，选定 $R_i/t=0.5$，即 $R_i=0.5t$，如图 3-22（b），这样可以减少应力集中，但此时转角处壁厚为

$$\sqrt{2}(R_i + t) - R_i = \frac{(3\sqrt{2}-1)t}{2} \approx 1.6t$$

即壁厚增加了 (1.6-1.4) t=0.2t，容易产生缩孔。但如果容器外转角也设计成圆角，转角处壁厚保持不变，则

$$R_o = R_i + t = \frac{1}{2}t + t = 1.5t$$

这是最佳角隅结构，如图 3-22（c）。

（6）孔

塑料容器的各种孔，如通孔、盲孔、螺纹孔、异形孔等应尽可能开在不会减弱容器强度的位置，孔的形状也应力求不使模具结构复杂化。

孔的设计应注意：

① 孔的直径（孔径）和孔边壁最小厚度之间有一限定关系（表 3-10）。两孔边的间距应大于孔径，固定用孔和其他受力孔周围可设计出凸台来加强（图 3-23）。

表 3-10　孔的边壁最小厚度　　　　　　　　　　单位：mm

孔径	孔与边壁间最小厚度
2	1.6
3.2	2.4
5.6	3.2
12.7	4.6

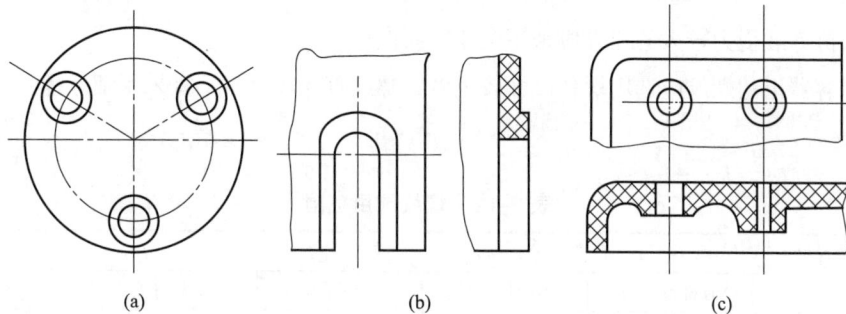

图 3-23　孔的加强

② 盲孔是用一端固定的成型杆来成型的，由于物料流动而冲击成型材，易使杆折断或弯曲，所以盲孔的深度（成型材长度）有限制，这取决于孔的直径（见表 3-11）。

表 3-11　盲孔深度与孔径　　　　　　　　　　单位：mm

盲孔直径 D	盲孔深度	
	压制	注射或压铸
＜1.5	1D	2D
1.5～5	1.5D	3D
＞5～10	2D	4D

③ 各种异形孔往往使用较复杂的拼合型芯来成型，较少采用（如图 3-24）。

④ 侧孔设计要考虑简化模具结构，提高容器强度。图 3-25（a）所示带侧孔容器，需要采用侧向型芯成型，由于侧向型芯与容器脱模方向垂直，因此脱模前要先从成型容器中抽出侧向型芯，这就要求增加侧向抽芯机构，使得模具结构复杂化。如果改成图 3-25（b）的侧孔，则孔与脱模方向平行，这样可简化模具结构。

⑤ 对接通孔应将其中之一孔径加大，以免因上下孔偏心而带来麻烦。

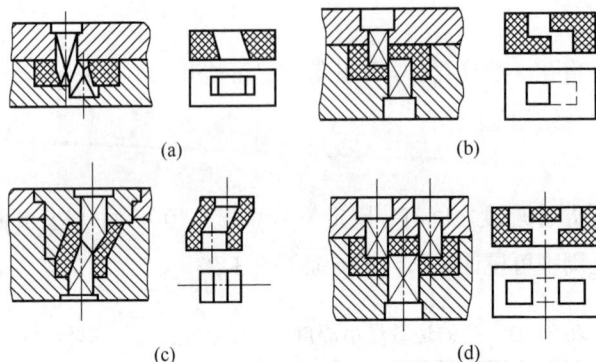

图 3-24　异形孔成型　　　　　　　　　图 3-25　侧孔的成型

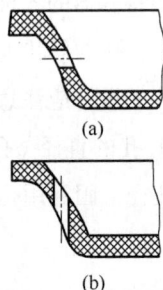

（7）螺纹

塑料容器上的螺纹可直接模塑成型，也可模塑后经加工而成。模塑螺纹的精度低于 GB3 级，螺纹外径不小于 2mm，螺纹长度一般不大于螺纹直径的 1.5 倍。

经常拆卸或受力较大的地方应采用金属螺纹嵌件。

塑料容器上的螺纹应选用螺牙尺寸较大者，螺纹直径较小时不宜采用细牙螺纹，可参考表 3-12 选择。

表 3-12　螺纹选用范围

螺纹公称直径 /mm	螺纹种类				
	公制标准螺纹	1 级细牙螺纹	2 级细牙螺纹	3 级细牙螺纹	4 级细牙螺纹
≤ 3	+	-	-	-	-
> 3 ～ 6	+	-	-	-	-
> 6 ～ 10	+	+	-	-	-
> 10 ～ 18	+	+	+	-	-
> 18 ～ 30	+	+	+	+	-
> 30 ～ 50	+	+	+	+	+

注：表中"+"为宜采用，"-"为不宜采用。

要求不高的阴螺纹（如瓶盖），用软塑料成型时，可强制脱模，这时螺牙断面应设计成圆形或锯齿形，且浅一些。

为防止螺纹始端和末端崩裂或变形，应使阴螺纹始端有一台阶孔，孔深 0.2 ～ 0.8mm，螺牙应渐渐凸起（图 3-26）。同样，阳螺纹始端也应下降 0.2mm 以上，末端不宜延长到与垂直面相接（图 3-27）。同时，螺纹的始末端均不应突然开始和结束，而应有过渡部分长度 l，其值由表 3-13 选取。

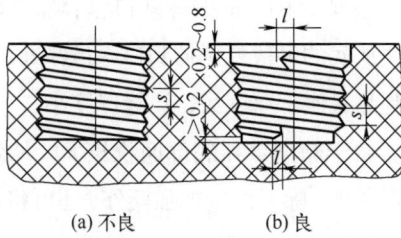

图 3-26 阴螺纹形状

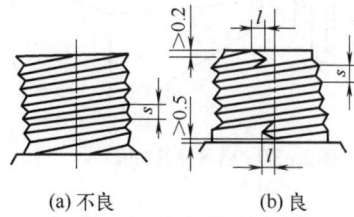

图 3-27 阳螺纹形状

表 3-13 塑料螺纹始末部分尺寸 单位：mm

螺纹直径	螺距 s			螺纹直径	螺距 s		
	< 0.5	0.5 ～ 1	> 1		< 0.5	0.5 ～ 1	> 1
	始末部分长度 l				始末部分长度 l		
≤ 10	1	2	3	> 34 ～ 52	3	6	8
> 10 ～ 20	2	2	4	> 52	3	8	10
> 20 ～ 34	2	4	6				

（8）形状

塑料容器的内外表面形状设计总原则是使其模塑容易、脱模方便、不易变形。设计时尽可能避免侧向凹陷或凸出部分，以避免使用侧向抽芯或侧向分型的模具机构。侧向分型抽芯机构增加了模具成本，降低了生产率，且使分型面处多毛边。

对有些塑料，如聚乙烯、聚丙烯等，若侧向凹凸尺度不超过 5%，则可强制脱模，如图 3-28 所示。

矩形薄壁大型容器，如果预先将容器外形设计成稍外凸，可补偿成型冷却后向内的收缩，正好使外形平直，如图 3-29 所示。

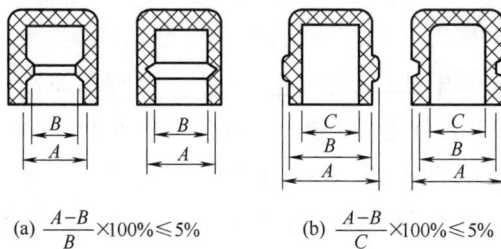

(a) $\dfrac{A-B}{B} \times 100\% \leqslant 5\%$ (b) $\dfrac{A-B}{C} \times 100\% \leqslant 5\%$

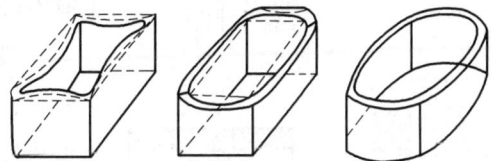

图 3-28 可强制脱模的侧向凹凸

(a) 不良 (b) 良 (c) 最佳

图 3-29 薄壁容器防变形结构

箱形容器为防止向内翘曲，可在侧壁设置带状加强筋（图 3-30）。

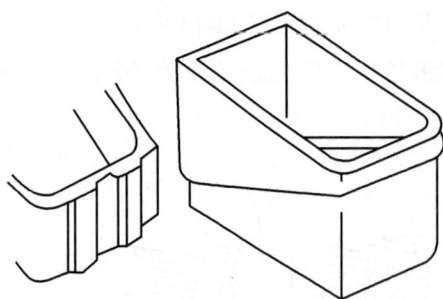

图 3-30　容器侧壁加强

敞口容器的口缘应做增强设计。口缘形状影响到薄壁容器的刚度和柔度。其口缘断面可为方形、圆形等（图 3-31）。

壁厚 ≤ 0.6mm 的球状口缘容器，侧壁斜度必须从底的最薄处延伸到口缘最厚处。无须保压的制品最底部厚度大，口缘厚度小。

由于箱型容器底部面积较大，从强度及防变形考虑，除了设置加强筋外，还可将箱底设计成波形、棱锥形或圆角凸起形，均可分散应力，如图 3-32 所示。

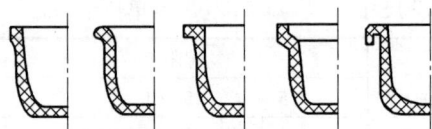

图 3-31　容器口缘增强图

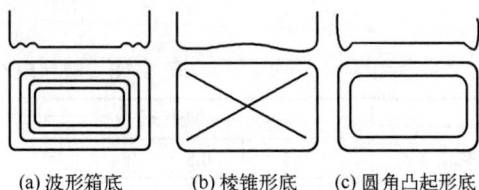

(a) 波形箱底　　(b) 棱锥形底　　(c) 圆角凸起形底

图 3-32　塑料容器箱底增强

当箱底面积很大时，增大转折处圆角的半径值或设计成阶梯形，均能有效防止变形，如图 3-33 所示。

薄壁容器的底或盖，如制成图 3-34 所示拱球面或曲拱面，也可获得增强效果。

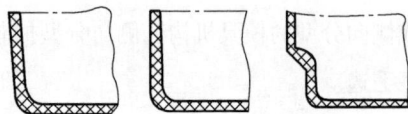

图 3-33　容器底部周边增强

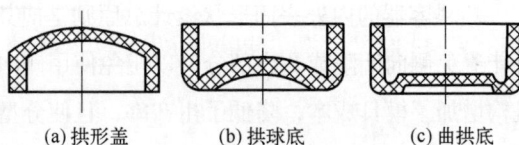

(a) 拱形盖　　(b) 拱球底　　(c) 曲拱底

图 3-34　容器盖或底部曲拱增强

（9）嵌件

在成型过程中，可以直接将金属件或非金属件嵌入塑件，使其与塑件固定为一个整体，该件称为嵌件，具有不可拆卸性。

塑料容器中可能会加入各种嵌件，目的是增加装饰效果、改变局部性能（如硬度、刚度、耐磨性等）、提高形状与尺寸的精度、减少塑料用量等。采用嵌件也会带来某些不利因素，如提高了生产成本、使模具结构复杂化、降低了生产自动化程度等。嵌件的材料有金属、玻璃、木材和其他非金属。图 3-35 为带有金属嵌件的塑料制品。

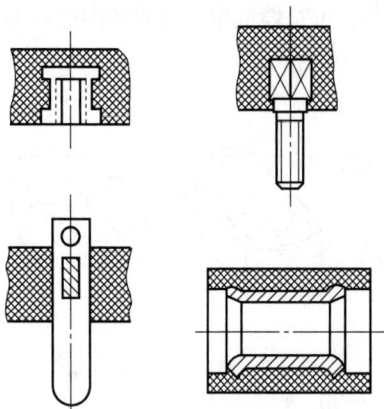

图 3-35　带金属嵌件的塑料制品

因嵌件材料与塑料的冷却收缩率不同，会造成很大的开裂内应力，故设计时应注意采取以下措施：

①使嵌件材料与塑料制品的热膨胀率相近，防止收缩不均产生应力；

②增加嵌件周围塑料的厚度，表3-14为金属嵌件周围塑料层的最小壁厚；

③嵌件尽可能采用对称外形，使其均匀收缩；

④嵌件各转角部位尽量成圆角，避免与塑料接合处开裂；

⑤小型圆柱形嵌件可开槽或滚花以保证嵌件在塑料层中的牢固性。

表 3-14　金属嵌件周围塑料层最小厚度　　　　　　单位：mm

	金属嵌件直径 D	周围塑料层最小厚度 C	顶部塑料层最小厚度 H
	≤ 4	1.5	0.8
	> 4 ~ 8	2.0	1.5
	> 8 ~ 12	3.0	2.0
	> 12 ~ 16	4.0	2.5
	> 16 ~ 25	5.0	3.0

（10）标志、文字和符号

由于装潢或标识的需要，塑料容器上常塑有文字、图案或标志。标志有阳文和阴文两类。由于模具上阴文容易加工，因此塑件标志多用阳文。有时为了更换标志，可将标志的成型部件制成嵌件，镶嵌于凹模或凸模上。文字与符号的凸出高度应大于0.2mm，通常0.3 ~ 0.5mm为宜。线条宽度在0.3mm以上，一般0.8mm为宜，并使两线条的间距不小于0.4mm。当凸起的文字或符号设计在浅框内时，其边框可比字体高出0.3mm以上，文字符号的脱模斜度可大于10°（图3-36）。

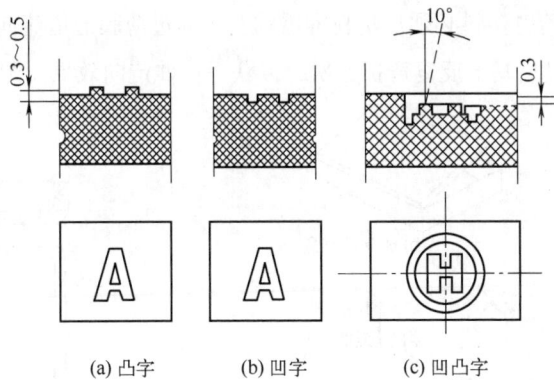

(a) 凸字　　　　(b) 凹字　　　　(c) 凹凸字

图 3-36　塑件文字或符号

塑料瓶盖周边上的凹凸纹或半圆凸纹方向应与脱模方向一致，其推荐尺寸见表3-15和表3-16。

表 3-15　瓶盖凹凸纹尺寸　　　　　　　　　　　　　单位：mm

瓶盖直径 D	凹凸纹尺寸			D/H
	齿距 t	半径 R	齿高 h	
≤ 18	1.2 ～ 1.5	0.2 ～ 0.3		1.0
> 18 ～ 50	1.5 ～ 2.5	0.3 ～ 0.5		1.2
> 50 ～ 80	2.5 ～ 3.5	0.5 ～ 0.7	0.86t	1.5
> 80 ～ 120	3.5 ～ 4.5	0.7 ～ 1.0		1.5

表 3-16　瓶盖半圆凸纹尺寸　　　　　　　　　　　　单位：mm

瓶盖直径 D	半圆凸纹尺寸		
	半径 R	齿距 t	高度 h
≤ 18	0.3 ～ 1		
> 18 ～ 50	0.5 ～ 4	4R	0.8R
> 50 ～ 80	1 ～ 5		
> 80 ～ 120	2 ～ 6		

（11）铰链

带盖包装容器如化妆品盒，有两种结构形式：一种用 PS 或其他塑料，盒盖、盒体单独成型，后用金属或塑料铰链连接而成，如图 3-37（a）、（b）；另一种利用聚丙烯独有性质做成连体结构，即盒体、盒盖及薄膜状铰链一次注塑成型，如图 3-37（c）。这种塑料铰链没有金属生锈问题，可使用达几十万次不断裂。需单手开启的婴儿化妆品盒也常用这种结构。图 3-37（d）为几种聚丙烯铰链结构。

铰链设计应注意：

① 铰链厚度，小型容器可薄，大型容器可厚，但不得超过 0.5mm，否则易断裂；

② 铰链处厚度要均匀；

③ 成型过程中，熔融塑料必须从塑料容器的一边通过薄膜通道流向另一边，使塑料在铰链处高度定向，且脱模后马上反复弯折数次，以获得拉伸定向效果（图 3-38）。

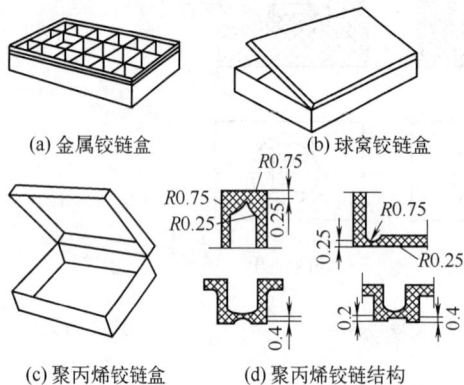

(a) 金属铰链盒　　　(b) 球窝铰链盒

(c) 聚丙烯铰链盒　　(d) 聚丙烯铰链结构

图 3-37　铰链盒及铰链结构

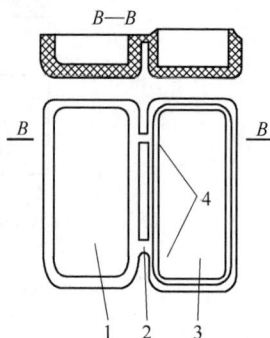

图 3-38　聚丙烯铰链处的定向

1—盒盖；2—铰链；3—盒底；4—进浇点

（12）凸台

凸台是突出的短圆柱，为结构性或装饰性嵌件以及螺钉等紧固件提供座位。一般应考虑如下原则：

①凸台应有一定的脱模斜度；

②凸台根部与壁面接合处应圆角过渡；

③凸台厚度应小于壁厚，如大于壁厚，则可能在背面出现凹陷，此时可将壁厚 t 向凸台根部逐渐加厚，大于或等于凸台厚度，如图 3-39（a）、（b）；

④凸台背面可设计装饰花纹，以遮掩凹痕，如图 3-39（b）；

⑤凸台直径应等于 3 倍孔径，高度小于 2 倍凸台直径（图 3-40）。

(a) 不良	(b) 良		

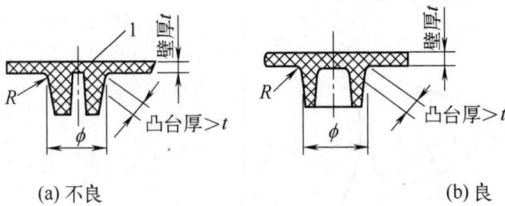

图 3-39　凸台与壁厚
1—缩孔；2—花纹

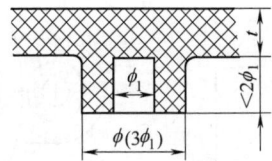

图 3-40　凸台尺寸

3.2.4　容器结构优化案例解析

表 3-17 列举了常见塑料容器结构依据以上设计原理所作的结构工艺性分析。

表 3-17　塑件结构工艺性分析

项目	不符合工艺性	符合工艺性	说明
壁厚			塑件壁厚不匀，往往因冷却或固化速度不同而产生附加内应力，在较厚部位产生缩孔或翘曲变形
			实心体易产生缩孔或表面凹坑

项目	不符合工艺性	符合工艺性	说明
斜度			塑件带有适当的斜度有利于脱模
支承面			安装紧固螺钉处的凸耳、凸台应有足够的强度，避免突然过渡和整个底面作支承面
			采用平面作支承面难以保证整个平面平整，一般应用凸边或凸起作支承面，凸边、凸起的高度 s 取 $0.3\sim0.5$mm
加强筋			采用加强筋后，既不影响塑件强度，又可避免因壁厚不均匀而产生的缩孔
			平板状塑件，加强筋应与料流方向平行，以免造成充模阻力大和降低塑件韧性
圆角	未充满	充满	塑件转角处采取圆弧过渡，可减小充模阻力，改善填充条件
孔			塑件上设计侧孔，应尽量避免侧面抽芯，以简化模具结构

项目	不符合工艺性	符合工艺性	说明
孔			用于固定塑件的孔,采用锥形沉头孔时易使塑件边缘崩裂
螺纹		$d_2=(d-0.15d)\sim(d-0.2d)$	塑件螺栓的顶部和台阶处各留一段光滑长度,可避免螺纹崩落
		$d_1=(d+0.15d)\sim(d+0.2d)$	塑件螺孔的顶部和底部各留一段光滑长度,可避免螺纹崩裂
形状			塑件内表面的凸台难以从型芯上脱出
			塑件外形有侧凹曲面,必须采用拼合凹模,不但模具结构复杂,而且塑件表面有接缝
嵌件			嵌入塑件内的金属嵌件,其外形采用光滑、直通形式时,嵌件受力后容易转动或从塑件内拔出
			金属嵌件的非嵌入部分,其形状为六角形时,难以保证与模具的定位精度

项目	不符合工艺性	符合工艺性	说明
嵌件			螺杆金属嵌件的螺纹伸入塑件时。易使塑料渗入模内
凹凸纹			塑件采用与脱模方向平行的直纹,有利于模具制造和脱模

吹拉膨胀,有容乃大——中空吹塑容器的成型方法

外柔内刚,冷暖自明——注拉吹容器(饮料瓶)结构设计

3.3 中空吹塑容器及其结构设计

3.3.1 中空吹塑容器

中空吹塑是小口型瓶类、壶、桶类塑料容器的主要成型方式。小口主要是相对壶身而言,口径较小。从容量几毫升的眼药水瓶,到容量几千升以上的储运容器及许多工业制件,均可采用中空吹塑成型方法生产。

挤出吹塑和注射吹塑在型坯(管坯)的成型方面有明显的不同,成型容器在结构上有明显的区分,挤出吹塑可以获得内外多层不同材料的容器,或者是不同部位用不同材料的容器,容器的顶部和底部有明显的余料去除痕迹,可以生产带一体成型把手的容器。

拉伸和吹塑的过程,伴随着大分子的定向排列,有利于提高塑料容器的透明性、阻隔性、抗压强度等多方面的性能。塑料容器尤其是即抛型塑料包装,应尽量减少材料消耗,提高产品的环保性;在轻量化的同时要保证容器结构性能,一是选择合理的工艺或工艺参数,二是进行结构优化。

3.3.2 中空吹塑容器结构设计

设计吹塑包装容器时要考虑以下几个方面:吹胀比、拉伸比、瓶型、瓶体结构、瓶口、瓶颈与瓶肩、瓶底等。

(1)吹胀比

在中空吹塑时,吹胀比是吹塑模腔横向最大直径和管状型坯外径之比。吹胀比是吹塑工艺的控制要点之一。在管坯的尺寸和重量一定的情况下,制件尺寸越大,吹胀比越大。较大的吹胀比可以节约材料,但制件的刚度和强度会降低。吹胀比的选择应根据材料种类、制件形状、尺寸和管坯尺寸等因素决定。

吹胀比的计算公式为

$$\lambda_r = D_2/D_1 \qquad\qquad (3-8)$$

式中，D_1 为型坯外径；D_2 为制品外径（图 3-41）。这个比值的选择要适当，过大或过小都会影响制品的质量。常用的吹胀比范围为 2～4，具体选择应根据实际情况确定。例如，低密度聚乙烯（LDPE）的吹胀比一般控制在 2.5～3.0 为宜。

为使型坯各部分塑料的吹胀情况能趋向一致，无过薄和过厚部分，型坯断面形状一般与塑料容器外形轮廓大致相同，即方形型坯吹成方形容器，圆形型坯吹成圆形容器。如果用圆管型坯吹制方形容器，则会出现角隅处壁厚＜宽边壁厚＜长边壁厚的不良情况。所以当异形瓶上各部位径向拉伸比各不相同时，在挤出吹塑设备上可通过控制器对型坯各部位厚度进行控制（图 3-42），使树脂厚度在吹塑中均匀分布。

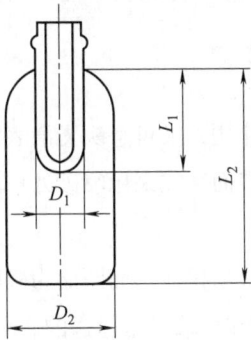

图 3-41　型坯与拉伸吹塑瓶

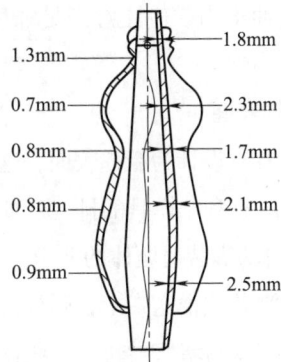

图 3-42　异形型坯的厚度控制

（2）拉伸比

拉伸比是指拉伸吹塑时型坯在轴向上的尺寸变化：

$$\lambda_1 = L_2/L_1 \qquad\qquad (3-9)$$

式中，L_1 为型坯上要开始拉伸处至型坯底部的距离；L_2 为瓶体开始拉伸处至瓶底的距离（图 3-41）。这个比值的选择要适当，拉伸吹塑制品不同部位的拉伸比不同。一般制品肩部与底部拉伸比较小，而制品中部的拉伸比较大。

根据拉伸比和吹胀比，结合制品的高度和径向尺寸，能计算确定型坯的基本尺寸。吹胀和拉伸都能有效地提高大分子的取向程度，合理的吹胀比和拉伸比，能有效提高制品的拉伸强度、抗冲击强度、跌落强度以及阻隔性。

（3）瓶型

中空吹塑包装容器的外表面形状有回转体形、棱柱形和组合体形。

① 回转体形。回转体形包括球形、圆柱形、双曲圆桶形、椭圆形。

a. 球形。该形状的包装容器成型容易，受力均匀，且面积容积比最小，但颈部较短，不宜倾倒内装物；与底面的接触面积小，稳定性差，因此实用性较差。若在球形瓶底部增加瓣状或锯齿状结构充当底部，可解决稳定性问题。

b. 圆柱形。该形状的包装容器最易吹制成型。功能齐全，适于旋转印刷，成本低廉，在一个较大的长径范围内具有稳定性，便于灌装、运输、装箱、堆码，但产品产生凹陷的可能性较大。

c. 双曲圆桶形。类似于木制酒桶，执握方便，具有美感，但成型稍困难，经济性差。

d. 椭圆形。外观尺寸印象佳，要保证瓶壁厚度均匀难度较大。此形状在一个方向上的稳定性小于圆柱形，为此常将形体在径向稍加变形，以降低重心，增加稳定性。

② 棱柱形。棱柱形瓶主要有方形瓶和矩形瓶。容器储存时有效面积的利用率较大，稳定性较好。考虑到强度和刚度，转角处需要圆角过渡，三界面处需球面过渡，瓶身也可采用流线型。

③ 组合体形。根据立体构成原理，可将多种几何体或非几何体组合造型，以增加趣味性和视觉冲击力。应注意满足强度和刚度的要求，考虑经济性和实用性，以免制造过于复杂。

（4）外表面

吹塑瓶有时设计为粗糙表面，这样既可以起到美观的作用，又可解决光滑表面易被划伤的问题，同时有利于模具的排气，如聚乙烯瓶的模具型腔表面往往采用喷砂处理的粗糙表面。

（5）自动灌装对瓶体的要求

在自动灌装线输送带上，圆柱形及矩形瓶（带圆角）最易操作，而断面为椭圆形、三角形及菱形时容器易堵塞导轨。当瓶体上部直径大于下部直径时，输送带运送的瓶子会倒伏，所以瓶体侧面应呈平面接触或线接触或两点接触，如图 3-43 所示。

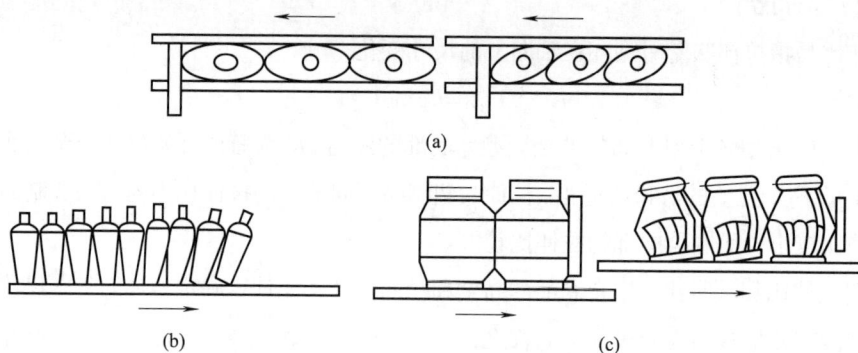

图 3-43　自动灌装线对瓶体的要求

为防止变形和增加支承稳定性，吹塑瓶底也应设计向上（内）凸，但瓶底至少要留有6mm 宽的水平部分，以免瓶底被卡在运输带间隙处或固定板上，如图 3-44 所示。

矩形瓶和方形瓶角隅处必须有圆角，才不会被卡在导轨和星形轮上，也便于机械手插入两瓶之间。

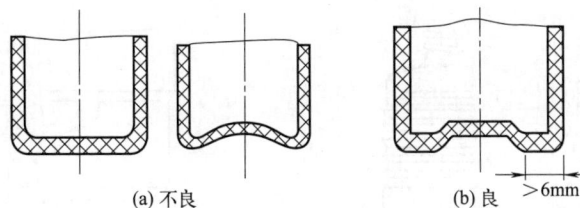

(a) 不良　　　　　　(b) 良
　　　　　　　　　　　　>6mm

图 3-44 瓶底形状

容器侧壁上靠近瓶底、瓶肩处各应有一段平直部位，给转台的操作提供一个控制面。当必须从一转台送到另一转台时，就能方便地使两个平面紧靠在一起。当然，控制面不应过于接近瓶底，以免影响转台板或星形轮的清理动作。

（6）瓶体结构

薄壁容器最容易发生瓶体凹陷，为提高其刚度，一般常在容器身部设计装饰性花纹或波纹，或者圆形沟槽、锯齿纹、刚性棱边等，这样既可增加瓶形的美感，又能保证具有一定的刚度，如图 3-45 所示。

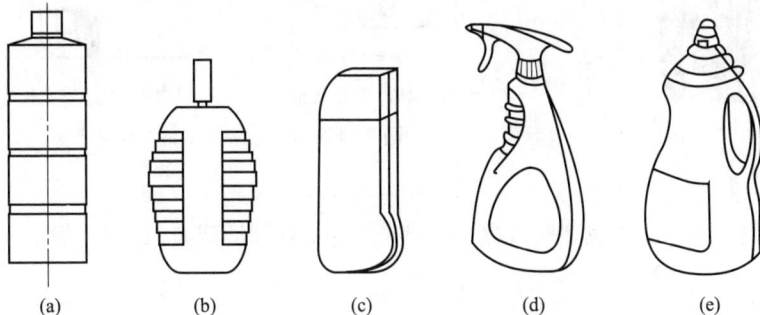

(a)　　　(b)　　　(c)　　　(d)　　　(e)

图 3-45 改善刚性的瓶身设计

但是这些结构在一定程度上削弱了瓶身的纵向强度，因此，在设计时要注意周向槽的深度要小一些，要呈圆弧形，不要太靠近容器的肩部或底部，以避免应力集中或纵向强度降低，如图 3-46 所示。

为了形成商标区，有的瓶身要设计下凹或凸出文字。从可视性考虑，以商标区棱线分明、凹凸有别为好；但从瓶体强度考虑，瓶身上这些不同大小的平面过分突出，会导致嵌缝和应力开裂等缺陷，所以应平缓过渡，如图 3-47 所示。

商标区设计成瓶身内凹时，可以有效防止印刷标签在运输过程中磨损。瓶体为了便于消费者执握、倾倒内容物，也可设计出类似商标区的凹槽。

对于耐热塑料瓶，由于内容物冷却时所产生的真空收缩会造成瓶体变形，因此，瓶体应设计成栅框结构或者肋状结构，如图 3-48 所示，可以有效地加强瓶体强度，有效防止内凹变形。

消费品包装容器的结构，应当以满足顾客的需要为出发点。如图 3-49 所示，一些特殊的瓶体结构可以有效地满足特殊使用需求，使设计更加人性化。

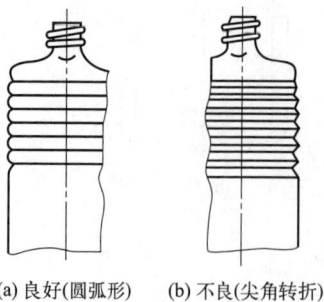

(a) 良好(圆弧形)　　(b) 不良(尖角转折)

图 3-46 瓶身波纹

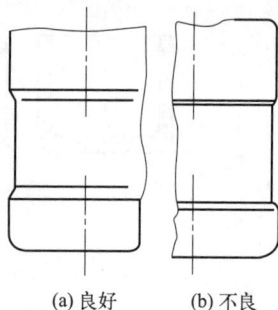

(a) 良好　　(b) 不良

图 3-47 商标区

图 3-48 耐热瓶的设计

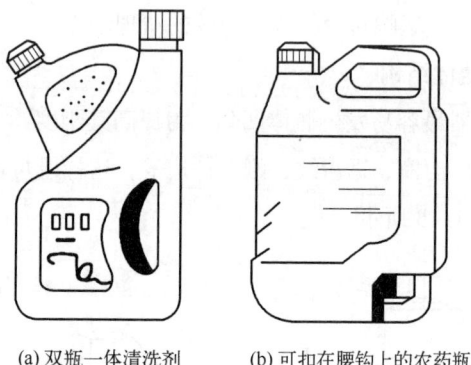

(a) 双瓶一体清洗剂　　(b) 可扣在腰钩上的农药瓶

图 3-49 满足特殊需要的瓶身设计

（7）瓶口

① 瓶口的螺纹。吹塑成型瓶口螺纹一般采用梯形或圆形截面，因为一般金属制件式的螺纹及细牙螺纹难以成型。

为了便于清除模缝飞边，螺纹可制成间歇状，即在接近模具分型面附近的一段塑件上不带螺纹，如图 3-50 所示，此结构既易于清除飞边，又不影响旋合。

吹塑成型的瓶盖和瓶口也可采用凸缘或凸环接合，如图 3-51 所示。

塑料瓶口的螺纹设计可参考国际标准和国家标准。

② 密封面。液体用包装吹塑瓶，为防止瓶口渗漏，其密封面有以下四种基本结构：

a. 瓶口上缘密封面。配用密封圈型盖或内盖，盖下缘水平面与瓶口上平面密封形成密封圈，如图 3-52（a）所示。

b. 瓶口内壁密封面。配用塞型盖或内盖，盖外缘曲面与瓶口内壁配合，内盖外径比瓶口直径一般大 0.1 ～ 0.5mm，有的内盖稍带斜度，有的带环裙，如图 3-52（b）所示。

c. 瓶口内转角密封面。配用退拔盖或内盖，如图 3-52（c）、图 3-52（d）所示。内盖斜度较大，可借助外盖压力使内盖外斜面与瓶口转角处密封。目前常见的 PET 饮料瓶瓶盖通常是直接在瓶盖内顶面设置密封面，一体化成型。

d. 组合型密封面。即瓶口上缘密封面与内壁密封面的组合。瓶盖同时起两种作用，但效果不佳。

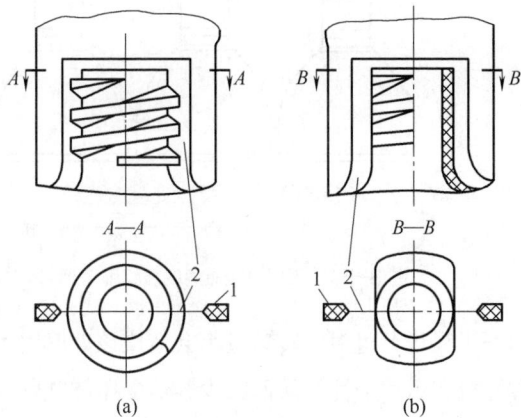

图 3-50 螺纹形状
1—余料；2—切口

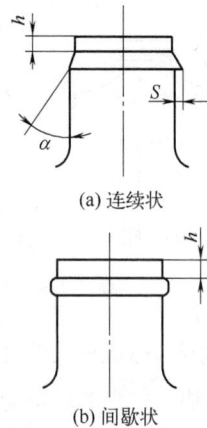

图 3-51 凸缘和凸环瓶口的形状
$h=1 \sim 3mm$, $S=1 \sim 2mm$, $\alpha=30° \sim 45°$

(a) 连续状

(b) 间歇状

(a) 上缘密封面　(b) 内壁密封面　(c) 退拔盖尺寸　(d) 内转角密封面

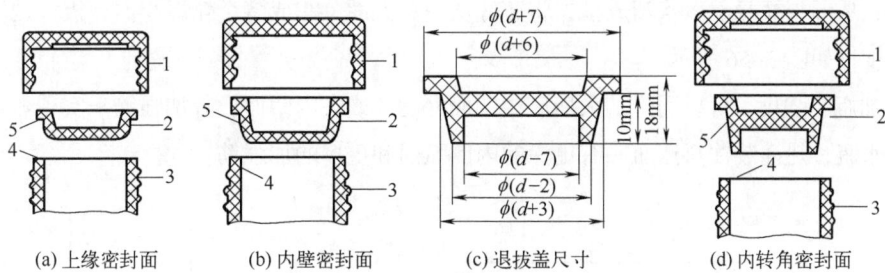

图 3-52 瓶口密封面
1—外盖；2—内盖；3—瓶口；4—瓶口密封面；5—瓶盖密封面

（8）瓶颈与瓶肩

塑料瓶的瓶颈与瓶肩是承受瓶体垂直负荷强度的关键部位。作为一个瓶体，必须能经得住来自几个不同方面的垂直载荷，如承受加料嘴、压盖机构的垂直压力，同时，垂直抗压强度较高的瓶体，可以在堆码时有效承重，避免外包装瓦楞纸箱受压损坏。

如图 3-53 所示，瓶颈与瓶肩在垂直负荷作用下易发生变形，其变形的大小与瓶肩倾斜角（α）、瓶肩长度（L）或瓶肩高度（H）有关。合理增加瓶肩倾斜角可使瓶口所受垂直负荷部分地分担到直立的瓶子上。只要允许，应尽量采用较大的过渡半径（r）以降低该处的应力。α 最小取 12°，当 L 为 50mm 时 α 应取 30°。

瓶肩的弧线曲率半径不同，垂直方向上的压缩强度也会有所不同。其压缩强度随弧线曲率半径的增大而增加，如图 3-54 所示。

（9）瓶底

容器的底部一般不设计成平面，而是设计成内凹型，可以增加放置的稳定性，增强底部的强度，使瓶体可以承受更大的内装物重量或内压强度，如图 3-55 所示为一种内凹陷的容器底部。尤其是对于挤出吹塑容器，底部余料会存在比较明显的凸起，平板底会导致容器立不稳。

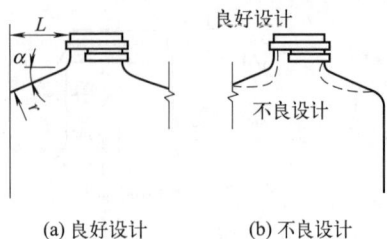

(a) 良好设计　　　(b) 不良设计

图 3-53　瓶肩结构

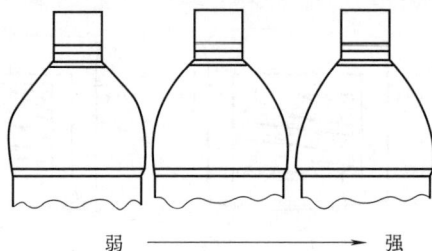

弱　　　→　　　强

图 3-54　不同弧线瓶肩的压缩强度相对大小

　　瓶身与瓶底的交接处应设计成以大曲率半径进行过渡，转角过小会造成该处厚度不足和应力集中，较大的转角能有效提高耐应力开裂和耐冲击性，从而减少容器受压和跌落时的凹陷和破裂现象。

　　普通碳酸饮料使用拉伸吹塑的 PET 瓶，一般采用爪形瓶底，以多个爪形立足增强瓶底的稳定性，爪形与瓶身一次吹塑成型，将瓶底从一个大面分割成多个弧形小面，极大地增加了底部强度，如图 3-56 所示。

　　增加瓶底强度，可以通过加大瓶底内凹面深度，或在内凹面设置加强筋来实现。相比普通矿泉水瓶，热灌装饮料瓶瓶底有更深的内凹弧面和更多的加强筋。

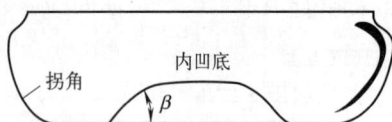

图 3-55　内凹陷的容器底部

图 3-56　瓶底结构

（10）容器壁厚

在设计中空容器的壁厚时，需考虑以下几方面因素：

　　① 吹塑取向对壁厚强度的影响。塑料材料的拉伸强度和弹性模量不等于容器壁厚材料的力学性能。容器壁的垂直纵向与横向的力学性能有差异。吹塑取向程度是由纵向拉伸比和径向吹胀比综合决定的。因此，壁厚强度计算的极限应力，应该在制品上从两个方向割取试样后测得。材料相同、吹胀比大于拉伸比的较薄中空制品，其壁厚材料的横向力学性能优于垂直纵向力学性能。

　　② 渗透对壁厚的影响。在一定的温度和压力下测得的渗透率，代表塑料材料抵抗各种气、液物质渗透的能力。不但塑料容器壁厚影响渗透效果，而且容器的表面积和容积也决定着渗透过程。

　　食用碳酸饮料中，二氧化碳的包装渗透效果是重要的技术指标。例如，聚酯 PET 瓶壁过厚，CO_2 会被瓶壁材料吸收；瓶壁过薄，CO_2 会渗透逸散到瓶外。

　　③ 成型壁厚的不均匀性。对吹塑成型制品，以平均壁厚和最小壁厚来制定检验标准。在

制品设计中以平均壁厚来进行用料和型坯体积计算。容器越大，壁厚越不均匀。大型容器如平均壁厚 5mm，最小壁厚 2mm，最小壁厚为平均壁厚的 40%，已经是合格的吹塑制品。为使吹塑制品壁厚一致，应用型坯壁厚的异化补偿和挤出型坯时壁厚的程序控制最为有效。

在实际设计中，具体产品要考虑的因素和限制条件往往各不相同，并不仅仅局限于上述方面，需要根据不同设计对象进行深入调查研究，使容器在工艺性、结构强度、易用性、经济性、环保性等方面达到综合评价的优化。具体可扫描查看机油壶设计案例。

圈于工艺，成于细节——挤出吹塑容器（机油壶）设计实例

材薄身轻，口阔底浅——真空热成型容器设计

3.4 热成型容器及其结构设计

3.4.1 热成型容器

热成型是利用热塑性塑料片材作为加工对象来制造壳状（立体）塑料制品的一种常用方法。对热塑性片材，先进行加热使其软化到近熔融状态，借助片材两面的压力差使其贴覆在模具型面上，制得与模具相仿的形状，经冷却后定型，形成热成型制品。热成型有真空吸塑、压缩空气加压和机械拉伸等三种基本方法。其中真空吸塑成型最为常见，工业上常将此种成型方法称为吸塑。

热成型制品在包装应用中占据相当大的比例，尤其是一次性壳状（如泡罩或贴体）包装物。塑料热成型可以制成杯、盘、碗、盒、桶等食品和冷冻食品的包装及工业制品的泡罩包装等。当前，国内外热成型容器产品耗用量较大的为快餐具、饮料杯、食品与医药和小日用品的泡罩或贴体包装等。塑料片材热成型除了广泛用于制造半壳状包装容器制品外，还可以用于制造冰箱内衬、仪器设备罩盖、仪表外壳、洗涤槽、洗浴槽、灯具配件、汽车操作台和广告牌等。

热成型容器的生产工艺比较简单，设备造价低，生产效率高，成本低，合格率高，而且几何尺寸和精度要求不高，因此此类容器产量迅猛增长。

真空热成型有凹模真空成型、凸模真空成型、凸凹模先后真空成型、吹泡成型等多种方法，可以根据不同的容器内外表面精度要求、容器壁厚的均匀度要求以及容器的深度要求，选择合理的成型方法。

3.4.2 热成型容器结构设计

（1）深宽比（*H/D*）

热成型最适合制作的是口宽、底浅、形状简单的容器，塑料制件的深度与宽度（或直径）之比称深宽比，如图 3-57，它反映了塑件成型的难易程度，深宽比越大成型越难。深

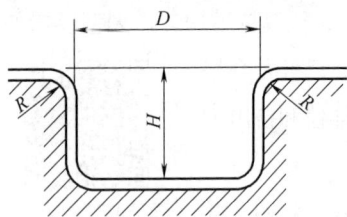

图 3-57 深宽比

宽比和塑件的最小壁厚直接相关，如图 3-58 所示：深宽比越小，成型塑件最小壁厚就越大，可采用薄一些的板材；反之，深宽比越大，最小壁厚就越小，需用厚一些的板材。另外，深宽比越大，要求脱模斜度也越大，此时则要求塑料的可拉伸性要好，否则会出现皱纹或破裂等问题。

一般选用深宽比为 0.5 ～ 1，最大一般不超过 1.5。制作大深宽比容器时，需要综合考虑片材厚度与拉伸强度、容器结构，以及成型工艺条件。

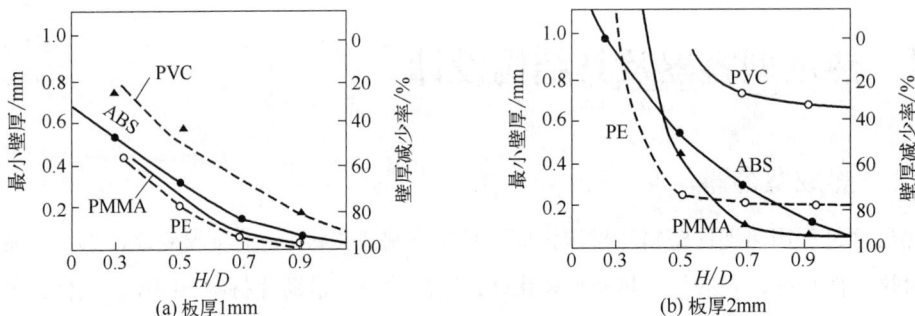

图 3-58 深宽比与塑件最小壁厚的关系

（2）壁厚

热成型塑料片材的厚度一般较薄，常用片材厚度在 0.1 ～ 0.8mm，延伸加工会使得壁厚厚薄不均。凸模成型和凹模成型，制品厚薄变化的部位也不一样，凸模成型法兰部厚度变化大，凹模成型底的角部变薄明显。真空成型制品的壁厚不均匀度随深宽比增加而增加。图 3-59 为当 $H/D=0.7$ 时，厚度为 2mm 的聚乙烯板材真空成型的壁厚分布情况。一次性发泡塑料盒、垫板等是由发泡塑料板吸塑成型，壁厚相对较厚，具有较好的隔热性能和刚度。

容器壁厚变更，只需要改变所用塑料片材的厚度即可。在决定所选用的片材厚度时，一般先确定制品所需的平均厚度，然后根据体积不变原理计算塑料片材所需要的最小厚度。

（3）圆角

为避免角隅处厚度过于减薄和应力集中，制品的转角处不允许为锐角，圆弧半径 R 应尽可能大些，至少大于所用板材厚度。不同圆角对角隅处厚度有不同影响（图 3-60）。

（4）模壁斜度

真空成型制品模具需要 1°～ 4°脱模斜度，对阴模成型可取下限，因为塑料件收缩，制品与模具之间形成间隙，更容易脱模。很多塑料容器中间设有间壁或内凸，制品收缩会咬住凹模上凸起的部分而不易脱落。

另外，增大模壁斜度，有利于减小容器角部的薄化程度，因此，最好采取尽可能大的斜度。斜度大同时也有利于提高生产率。

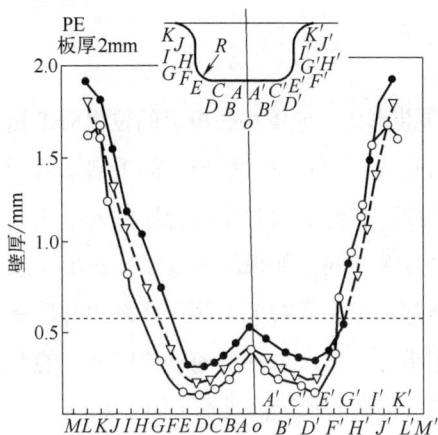

图 3-59 塑件壁厚分布

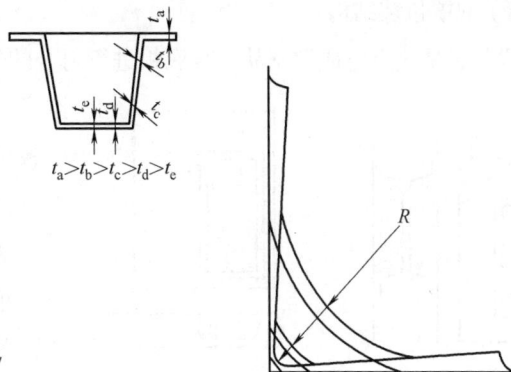

图 3-60 不同圆角半径对壁厚的影响示意图

（5）加强筋

真空成型通常以大面积敞口薄壁容器为多，为保证容器刚性，应在适当部位设置加强筋。尤其是对于一次性包装容器，设置加强筋对于轻量化具有积极意义，一般通过在侧壁、角部或底部设计凸凹槽作为加强筋，侧壁凸凹槽排列方向应为脱模方向（图 3-61）。大平面容器通常都需要设置加强筋。

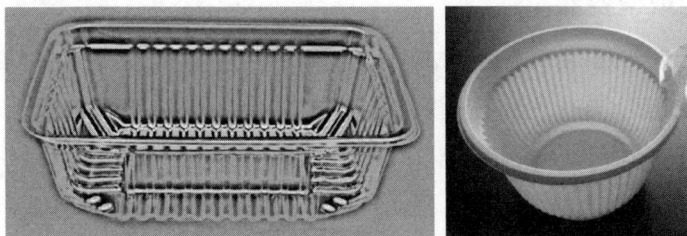

图 3-61 加强筋设置

（6）口沿

真空成型时，制品的外缘片材是被固定住的，需要成型之后进行切边落料，将成型容器从整块片材中分离出来，常用的切边方法有三种：水平切边、斜面切边和垂直切边。大批量生产时使用冲裁工艺。大批量生产时，一般是在一大块片材上，一次成型数个甚至数十个制品，因此制品的口沿设计应尽可能符合冲裁工艺落料作业特点，便于机械化修边，提高生产效率。

（7）表面装饰

热成型容器表面没有注射口和合模线的痕迹，与金属模接触的表面虽然尺寸精度高，但不接触面会较为粗糙。将模具表面加工成毛面或皮纹等，会给制品带来一定的装饰效果。需要表面有色彩或图案的容器，可以选用着色板材或提前印刷好图案的板材，也可以成型后进行印刷。因板材在成型过程中会产生延伸而导致预印图案变形，所以装饰图案以简单抽象形态设计为好。

（8）泡罩包装结构

泡罩包装是热真空成型制品配合底板进行封合的包装形式。泡罩在底板上的位置对纸箱空间的有效利用有较大影响，如果泡罩处于底板正中，则泡罩面对面扣合后放入纸箱必然占去过多空间。如果泡罩置于底板上（或下）半部、左（或右）半部，那么扣合后泡罩互相错开，只占去一层泡罩的厚度，能节省较多纸箱空间和运输成本（图 3-62）。

吊挂孔直径一般为 $\phi 4 \sim 8mm$，视商店货架挂钩尺寸而定。吊孔一般应位于底板上部中央，但在图 3-62（b）中，为保证平衡，吊孔可适当偏置。

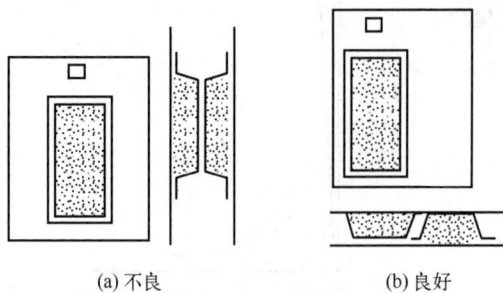

(a) 不良   (b) 良好

图 3-62　泡罩包装位置

3.5　发泡成型容器及其结构设计

3.5.1　发泡成型容器

发泡塑料，又称泡沫塑料、微孔塑料或多孔塑料。是以树脂为基础制成的内部含有无数微小泡孔的塑料制品，现代技术几乎能把所有的热固性和热塑性树脂加工制成发泡塑料及其制品。目前，主要品种有 PVC、PE、PS、PP、EVA（乙烯 - 乙酸乙烯酯共聚物）、PU 等发泡塑料。在包装业中泡沫塑料被广泛用于制作缓冲防振和保温容器，如图 3-63 所示。发泡塑料已经成为国民经济各个行业不可缺少的重要材料和制品。

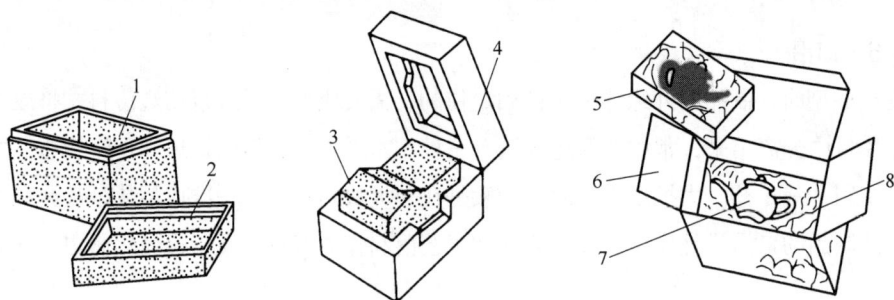

图 3-63　泡罩包装位置

1—保温箱体；2—保温箱盖；3—产品；4—发泡成型箱；5—现场发泡上块；
6—瓦楞箱；7—被包装物；8—现场发泡下块

泡沫塑料按其发泡倍率的不同，可分为低发泡、中发泡和高发泡泡沫塑料，如表 3-18 所示。

表 3-18　泡沫塑料发泡类型及密度表

泡沫塑料类型	密度 /(g/cm²)	发泡 / 压缩固体体积比
低发泡泡沫塑料	> 0.4	< 1.5
中发泡泡沫塑料	0.1 ～ 0.4	1.5 ～ 9
高发泡泡沫塑料	< 0.1	> 9

发泡塑料容器及其他发泡制品的成型工艺实质上是一类塑料成型技术与发泡技术的组合工艺。前面所述的塑料模压、注射、挤出、中空吹塑和旋转成型等成型工艺分别与塑料的发泡技术相结合（组合），即可分别形成相应的发泡塑料容器、制品的制造技术，如模压发泡成型、注射发泡成型和挤出发泡成型等。可以制造多种发泡塑料制品与多种结构类型的发泡塑料容器，在此不再详述。

3.5.2　发泡成型容器结构设计

在这类塑件的设计中，应按成型工艺的要求考虑其使用要求、决定其几何形状及各部分尺寸，以期获得完美的制品。

（1）壁厚

壁厚应保持基本一致。壁厚如果不均匀，壁薄的部位冷却快，和壁厚相连接部位易产生熔合不良的现象。如果由于几何形状的限制而无法保持壁厚一致时，应当考虑把壁相对较厚的部分从背面挖去一部分，即在壁的背面做成凹槽。

要注意防止壁厚的突变，相邻两个不同壁厚之比不能大于 3 ∶ 1，而且交接处要用圆弧过渡，否则该部位熔合不良，如图 3-64 所示。

值得注意的是，在模具的最薄部位，发泡粒子必须有三粒以上并列，这是壁形成的必要条件，如图 3-65 所示，据此可规定最低壁厚。

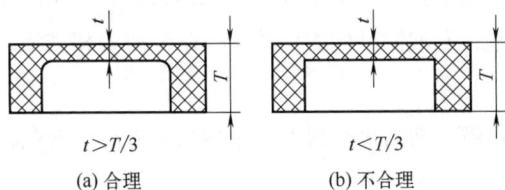

(a) 合理　　　　　　(b) 不合理

图 3-64　发泡塑料制品壁厚

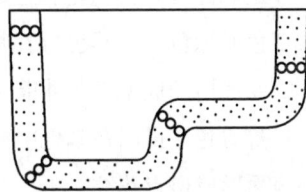

图 3-65　发泡塑料制品壁形成的必要条件

（2）圆角

由于泡沫塑料件是由各个颗粒膨胀熔合成型的，锐角处熔合不好，密度低。因此，要力求避免锐角，以做成半径 R 为 3 ～ 12mm 的圆角为理想。如采用的颗粒尺寸较小，也可以做成 R 为 1.5mm 的圆角。

（3）形状

应尽量避免在开模方向的侧面设计有凹坑的几何形状。因为成型这些凹坑要在模具上设计侧抽芯，该抽芯上也要通蒸汽和冷却水，造成模具结构复杂，容易泄漏蒸汽，使生产时间延长。

（4）脱模斜度

制件最少应有 2° 的脱模斜度，一方面是为了容易脱模，另一方面也是为了避免侧面在脱模时划伤，影响表面质量。

（5）分型面

分型面应放在直壁相接处，不可放在直壁与平面相接处，因为直壁与另一平面相接时，在模具上那个平面容易跑气，造成熔合不良等。如图 3-66 所示。

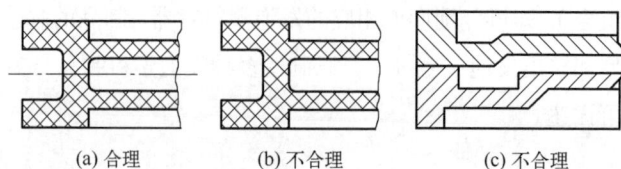

(a) 合理　　　(b) 不合理　　　(c) 不合理

图 3-66　合理设计分型面

（6）发泡倍率

发泡倍率因原料种类而异，一般在 70 倍以内。薄壁制品由于强度上的原因而达不到太高的发泡倍率。小型、厚壁的制品的发泡倍率可以高些。

从原料的经济性方面考虑，需要充分研究发泡倍率。以几种制品的平均发泡倍率为例，食品容器中发泡制品的发泡倍率是 5～10 倍，薄壁杯皿类是 10～20 倍，中型食品容器类是 20～40 倍；集装箱保温材料是 30～50 倍。

原料珠粒的粒径范围为 0.3～3mm，小的珠粒发泡倍率低，往往用来制作食品碟和杯类；珠粒大的，其发泡倍率高，可用来制作保温箱等大型制品。

（7）着色

发泡制品通常为白色，这是因为发泡而呈白色，而不是添加了白色颜料。着色制品往往是浅蓝色或绿色，当然也可着其他颜色。但是，发泡制品的着色浓度有限，要着相当浓的颜色，需要严格的成型工艺才能达到。

特殊着色：可以在基色中混入少许色料珠粒，然后进行成型。采用这种方法，着色粒子便在表面形成斑点花纹。

着色时必须注意的是食品卫生标准，对盛装食品的制品着色时，必须进行食品卫生检验。

（8）发泡片材的二次加工

采用与吹塑成型模管相同的方式进行挤出成型，可制得发泡 PS 和 PE 等片材。这种片材大量用于食品包装容器。如采用真空成型二次加工，可制得快餐盒等多种容器。

思考与研讨

3-1　观察热灌装塑料瓶和普通塑料瓶，有哪些结构差异？原因是什么？

3-2 对于挤出吹塑容器，挤出坯体重力作用，会导致坯体上下端壁厚有一定的差异，如何有效控制？

3-3 减小塑料制品的壁厚是绿色低碳环保容器发展的必然要求，请选择某一成型工艺的塑料容器，在减小壁厚的情况下，提出改善容器结构性能的方法。

3-4 搜集不少于 10 幅 4L 机油 / 润滑油壶型图，分析其结构特征和工艺之间的关系，工艺包括且不限于成型工艺、灌装工艺、旋盖工艺、贴标工艺等。

3-5 创业奶茶店，该使用注塑杯还是吸塑杯？请根据不同奶茶店的定位给出详细建议方案。

扫码进入本章练习

第4章　金属包装容器结构设计

4.1　金属包装容器概述

历久弥新，轻向未来——金属包装容器发展

金属容器的生产历史悠久，工艺成熟，自动化程度高，生产效率高。金属容器具有力学性能好、耐用性好、阻隔性优异、装潢精美、易回收利用的优点，不但可用于小型销售包装，而且是大型运输包装的主要容器。

按照绿色循环经济的要求，金属包装容器呈现出以下的发展趋势。

（1）向轻量化发展，可有效节约资源、降低成本

通过改进罐型结构设计和生产工艺，进一步减薄壁厚，是实现轻量化和节约资源的重要措施之一。从20世纪40年代至80年代，铝质金属罐的质量不断下降，已由原来的20～22g降到了13.6g。此外，通过改变制罐的原材料，将铝质罐变为钢罐，并在罐体上缘采取缩颈结构，以减小铝质盖的尺寸，不仅能提高罐的强度，节约较贵重的铝合金，而且能降低金属罐的成本。

（2）向标准化、规格化和系列化发展，以适应现代高速、高效、自动化生产的要求

一个国家的工业标准化程度，反映了该国工业发展水平。随着金属罐和钢桶自动生产线的相继问世，金属包装容器已实现了机械化和自动化生产，铝质二片罐生产线的生产能力达到3600罐/min，钢制二片罐生产线的生产能力已达1800罐/min。为了适应现代高速、高效、自动化生产形势，则要求容器的结构、尺寸必须实行标准化、规格化和系列化，以保证产品的质量并提高生产效率。目前，我国针对金属包装容器的原材料、结构、规格尺寸以及相关的技术条件已经制定了包括《包装容器 两片罐》（GB/T 9106.1～9106.2—2019）、《铝易开盖三片罐》（GB/T 17590—2008）、《包装容器 钢桶》（GB/T 325.1—2018、CB/T 325.2～325.3—2010、CB/T 325.4～325.5—2015、CB/T 325.6—2021）在内的40多个国家标准和8个行业标准。这些标准在金属包装的发展中发挥了重要的作用。随着现代包装科技的深入发展，新的金属包装国家标准将会陆续出台。

（3）不断创新和调整金属包装容器造型和功能结构，扩大使用范围

突出产品包装的功能化设计，创新产品包装的功能结构，一直是金属包装发展的主题。例如专为闭口钢桶设计制作的呼吸阀，是盛装液态产品钢桶的安全装置。其内部装有压力阀和真空阀，通常能保证钢桶的密封，当装入或倒出液体、使桶内的气体空间发生变化时，可自动控制气体的进出，调节桶内压力，防止钢桶爆裂或压瘪变形而渗漏。以其取代钢桶上的透气孔，可减少操作上的麻烦。再如日本生产的铝质自热罐头，其上部盛装食品，底部设置加热装置，通过打开机械开关，使水和生石灰混合，产生放热反应来实现加热。另外，作为运输包装金属容器，必须考虑节约空间、容易堆码以及安全、方便等问题。为此，方形桶要比圆形桶经济，锥形开口桶、缩颈桶、集装专用桶已成为近年发展的主流。还有钢桶上设置的环筋和波纹结构可用来增加容器强度，用形式美观的凹凸图案可达到装饰和防火防爆双重目的。类似这样的功能结构可以列举很多。

突出产品包装的个性化设计，关注消费者在心理和生理上的需求，促进产品的销售和流通，是金属包装设计的另一发展主题。作为销售包装的金属盒，则向小型、方便、美观化发展。例如图 4-1 所示的两种异形金属盒中，（a）采用柔性成型技术，打破传统金属奶粉罐的刚直、圆柱形认知，赋予罐体温柔寓意；（b）为婚礼专用心形金属糖盒，其造型设计则打破"非圆即方"的常规，采用新颖的造型，配以精美图案，极易达到吸引观众的目的。

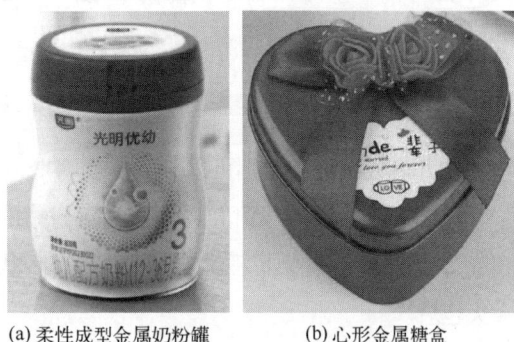

(a) 柔性成型金属奶粉罐　　　　(b) 心形金属糖盒

图 4-1　异形金属盒

金属包装容器的发展，其目的都是降低成本、节约资源、方便流通和促进消费，从而提高其在包装领域中的竞争能力。为此，提高生产效率和产品质量、降低消耗，以及突出特色、增加品种、扩大应用范围，都是金属包装容器今后发展的方向。

4.1.1　金属包装容器的基本类型

金属包装容器的种类较多，主要有以下几种：

（1）金属盒

金属盒是容量较小、具有一定刚性的金属包装容器，形状多样，如圆筒盒、方筒盒、扁方盒、椭圆柱盒及其他异形盒。盒体和盒底由两片材料焊接而成的为焊接盒，由一片材料冲压拉伸而成的为拉制盒。盒盖有压扣盖、折边盖等，可自由开闭。多用于饼干、茶叶、咖啡、香烟等产品的包装。

（2）金属箱

金属箱是具有一定刚性且容量较大的金属包装容器，通常为长方体，多用于枪械弹药等军品的包装。

（3）金属罐

我国在 GB/T 4122.4—2010 中对金属罐的定义为：用金属薄板加工成型的罐状容器。金属罐按照结构分类，可以分为二片罐（两片罐）和三片罐。

① 三片罐。由罐盖、罐底和罐身连接而成的金属罐。

② 二片罐。罐底和罐身用整片金属薄板冲压成型制成一体，然后与罐盖连接而成的金属罐。

实际应用中，可以按材质分类，如镀锡薄钢板（马口铁）罐、镀铬薄钢板罐、黑铁皮罐、铝罐、铅罐等。或者按横截面形状分类，如圆形罐（圆罐）、方形（含矩形）罐、椭圆形罐、扁圆形罐、梯形罐、马蹄形罐等（图4-2）。

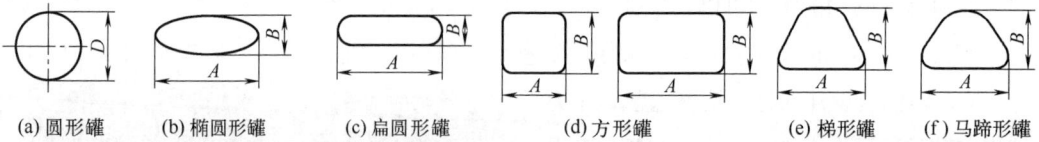

(a) 圆形罐　(b) 椭圆形罐　(c) 扁圆形罐　(d) 方形罐　(e) 梯形罐　(f) 马蹄形罐

图4-2 金属罐罐身横截面形状

按开启方法分类，则可以分为：

① 开顶罐。一端全开口，灌装后再封罐的金属罐。

② 卷开罐。罐身上部预先刻痕并带有舌状小片，用开罐钥匙卷开的金属罐。多用于肉食罐头包装。

③ 杠杆开启罐。带有杠杆开启盖的马口铁罐。

④ 罩盖罐。带有浅罩盖的金属罐。

⑤ 易拉罐。带有易拉盖的密封罐。

（4）金属桶

金属桶是容量较大（大于20L）并用厚度大于0.5mm的较厚金属板制成的圆柱形、长方体形或椭圆柱形等的金属包装容器，用于大中型运输包装。按照制桶材料分类，主要有铝桶、钢桶和不锈钢桶等。在结构上主要有以下几种形式：

① 全开口桶。即装有可拆卸桶顶（桶盖）的金属桶。桶盖通常由封闭箍、夹扣或其他装置固定在桶身上［图4-3（a）］。

② 闭口桶。即装有不可拆卸桶顶的金属桶。其桶顶和桶底用卷边接缝或其他方法永久固定于桶身上。其中桶顶开口直径小于或等于70mm的为小开口桶［图4-3（b）］，大于70mm的为中开口桶［图4-3（c）］。

③ 圆锥颈桶。桶体下部为圆柱体，上部为圆锥体的金属桶。

④ 方锥颈桶。桶体下部为近似正方体，上部成角锥体的金属桶。

⑤ 异形顶桶。没有常规的顶端，但桶的顶部有一个隆起部分，桶顶轮廓由一个凹陷部分断开，以便紧靠顶部边缘安装灌装和排空装置［图4-3（d）］。

⑥ 缩颈桶。桶径在顶部或底部明显缩小，以便于堆码的金属桶［图4-3（e）］。

⑦ 提桶。即带有提手的金属桶，有开口和闭口两种形式。图4-3（f）所示为全开口提桶。

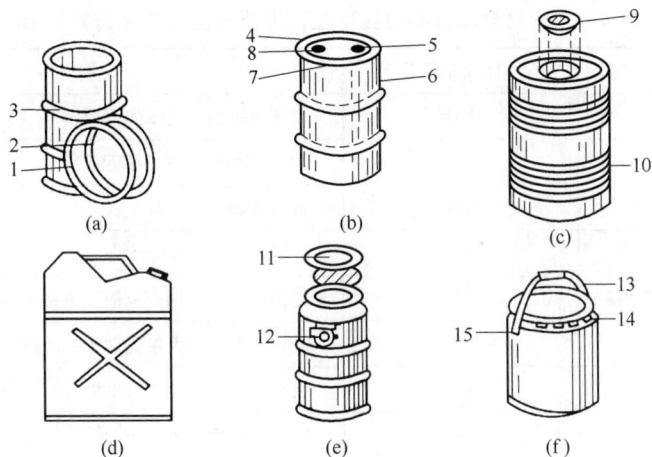

图 4-3 金属桶

1—封闭箍；2—桶盖；3—环筋；4—桶顶；5—透气孔；6—桶身；7—凸边；8—注入孔；9—螺塞盖；10—波纹；
11—杠杆式封闭箍；12—提环；13—提手；14—紧耳盖；15—挂耳

（5）金属软管

金属软管是用挠性金属材料制成的圆管状包装容器（图4-4）。一端折合压封或焊封，另一端形成管肩和管嘴。使用时挤压管壁，则内装物自管嘴流出，常用于包装鞋油、牙膏、颜料、化妆品、眼药膏等膏状产品。

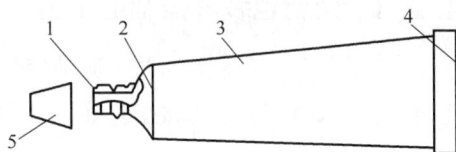

图 4-4 金属软管

1—管嘴；2—管肩；3—管壁；4—管折；5—管盖

（6）其他金属包装容器

除了上述几种金属包装容器外，还有铝箔制成的无盖金属浅盘、铝箔袋等铝箔容器，铁塑复合桶、纸铁复合罐以及用金属丝制成的金属筐等。

4.1.2　金属包装容器的材料选择

金属包装容器的发展离不开金属材料，只有当新的金属材料发展成熟，而且能大量获得后，才会进入普通家庭作为生活日用品。金属容器最早可以追溯到青铜器，中国青铜器制作精美，在世界青铜器中享有极高的声誉，具有很高的艺术价值。进入21世纪，随着钢铁材料、铝质材料的先后发展成熟，各类合金材料的出现为现代金属包装容器的发展打开了新的发展天地。

金属包装容器材料的选用要对包装容器的强度要求、结构特点、加工工艺等进行综合考虑。箱、盒、罐、桶等金属容器，必须具有一定的刚度，一般选择刚性较大的金属材料。一些容器的工艺和结构则需要所选材料具有良好的可塑性。金属软管管体要求成型材料具有优良的可塑性和延展性。

表4-1列举了常见金属包装容器类型、主要成型工艺及选用材料。

表 4-1　常见金属包装容器类型、主要成型工艺及选用材料

容器类型		主体成型工艺	选用材料
金属箱		焊接	低碳薄钢板、无锡薄钢板
金属盒		焊接	镀锡薄钢板、无锡薄钢板
		拉制	镀锡薄钢板、铝合金板
金属罐	三片罐	压接	镀锡薄钢板、无锡薄钢板
		粘接	无锡薄钢板、铝合金板、镀铬薄钢板
		电阻焊接	镀锡薄钢板、无锡薄钢板、低碳薄钢板
	二片罐	浅拉深	镀锡薄钢板、无锡薄钢板、铝镁合金板
		深拉深	镀锡薄钢板、无锡薄钢板、铝锰合金板
		变薄拉深	镀锡薄钢板、铝锰合金板
金属桶		弯曲	镀铬薄钢板、镀锌薄钢板
金属软管		冲压挤出	高纯度铝、铝箔、锡、铅锡合金

4.1.3　金属包装容器制造工艺

金属包装容器的制造过程本质是金属的加工过程，涉及多种金属加工工艺，如冲裁工艺、弯曲工艺、拉深工艺、焊接工艺等。本节简单介绍以下十种工艺在容器制造过程中的应用。

（1）冲裁工艺

冲裁工艺

弯曲工艺

冲裁是利用冲模使材料分离的一种冲压工艺，在一般情况下往往指落料和冲孔。此工艺既可以直接把材料制成零件，又可以为弯曲、拉深和成型等工序做准备。从板材上冲下所需形状的零件或毛坯，称为落料；在工件上冲出所需形状的孔，叫作冲孔。

冲裁主要用于金属容器坯料生产。冲裁用凸、凹模之间的间隙对冲裁件质量、冲裁力和模具寿命等影响很大，冲模间隙过大时，工件光亮带减小，圆角与断裂斜度都增加，毛刺大而厚，不易去除。当对冲压件的尺寸精度、断面光洁度和垂直度等有较高的要求时，应采用精密冲裁、半精冲或整修等工艺方法。

（2）弯曲工艺

金属板料的弯曲加工形式如图 4-5 所示。金属板料弯曲经历弹性弯曲阶段和塑性弯曲阶段，塑性变形总是伴随着弹性变形。加工件会产生回弹，要完全消除是极其困难的，可以采用合理的手段减小或补偿回弹，如在弯曲处设置加强筋、选择回弹小的材料、对模具或工艺弯曲角进行补偿、采用拉弯工艺等。弯曲半径过小，或者弯曲中心角过小，会使弯曲件的外层出现裂纹或破裂。

弯曲工艺常用于各种罐体的制造。三片罐的圆形罐体用滚弯工艺，方形罐体常用折弯工艺，也可以先滚弯成圆形罐体，再通过胀形加工成方形罐体。

(a) 模具弯曲   (b) 折弯   (c) 滚弯

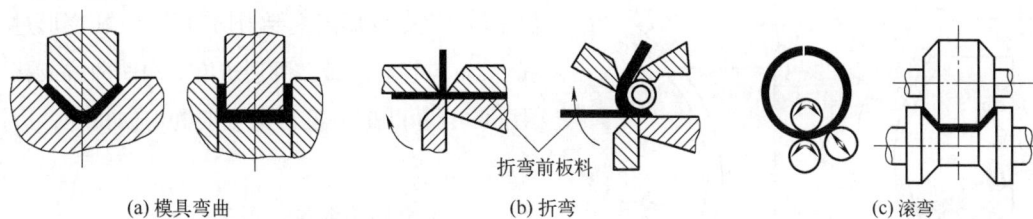

图 4-5　金属的弯曲加工形式

（3）拉深工艺

　　将平板毛坯通过拉深模具制成开口筒形或其他断面形状的零件，或将筒形或其他断面开口毛坯再制成筒形或其他断面形状的零件，这种工序称为拉深（或拉延）。用拉深工艺，不但可以制成多种形状薄壁件，还可以与其他冲压工艺配合制成形状十分复杂的冲压件。在包装工业上，二片罐结构件几乎都是拉深出来的，因此，拉深工艺在金属容器生产中占据着很重要的地位。

　　拉深过程中，金属板料内各个小单元体内产生内应力，即在径向产生拉伸应力，而在切向产生压缩应力。在这两种应力的共同作用下，拉深件外部凸缘区的材料发生塑性变形而不断地被拉入凹模内，成为圆筒形零件，如图 4-6 所示。

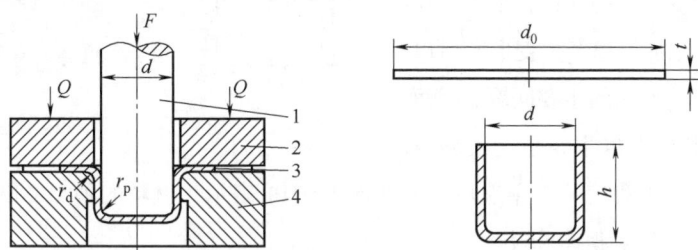

图 4-6　拉深成型
1—凸模；2—压边圈；3—毛坯；4—凹模

　　径向拉应力和切向压应力的共同作用下，材料发生塑性变形而逐渐进入凹模，在毛坯凸缘部分，特别是在外缘部分，在切向压应力作用下材料会失稳起拱，称为"起皱现象"。在拉深过程中，在筒壁与底部转角稍上处变薄最严重，通常称此处的断面为"危险断面"。如果此处的拉伸应力超过材料的强度极限，则在此处就会发生拉裂，或者造成材料严重变薄而报废。筒底部分在拉深过程中保持平坦，不产生大的变形，只是由于凸模拉伸力的作用，材料承受双向拉应力而略微变薄。在拉深过程中，拉深件的质量问题突出地表现在破裂和起皱两方面，据生产实践统计，由于破裂与起皱而造成的废品数量约占整个拉深废品总数的 80% 以上。

（4）翻边工艺

　　翻边是将制件的孔边缘或外边缘在模具的作用下翻出竖立或一定角度的直边。根据制件边缘的性质和应力状态的不同，翻边可以分为内孔翻边（凹缘翻边）和凸缘翻边。在金属包装容器加工时，后者较多。翻边边沿为外凸曲线［图 4-7（a）］时，翻折区材料变形情况近

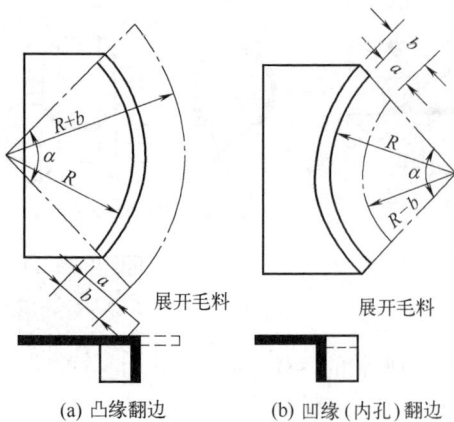

图 4-7 翻边工艺

(a) 凸缘翻边　　(b) 凹缘（内孔）翻边

似于浅拉深，变形区主要为切向受压，在变形过程中，材料容易起皱。翻边边沿为内凹曲线或孔[图 4-7（b）]时，变形区主要为切向拉伸，边缘容易拉裂。

（5）缩口（缩颈）工艺

缩口是将预先拉深好的圆筒形件或管件坯料通过缩口模具将其口部直径缩小的一种成型工艺。它广泛地用于金属包装容器中，尤其是金属瓶、罐，很多都具有缩口结构形式，三片罐缩口有增加罐体强度、节省罐盖材料等优点。

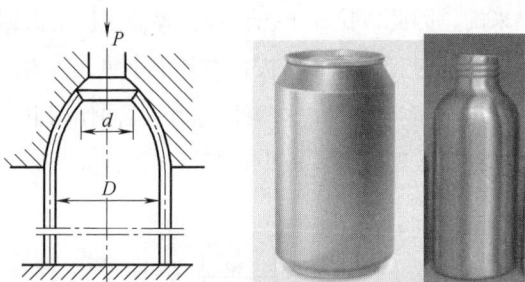

缩口工艺的变形特点如图 4-8 所示。在缩口变形过程中，材料主要受切向压应力，使直径减小，壁厚和高度增加。在切向压应力作用下，缩口时坯料易于失稳起皱。同时，在非变形区的筒壁，由于承受全部缩口压力，也易失稳产生变形。所以防失稳是缩口工艺面临的主要问题，因而缩口的极限变形程度也主要是受失稳条

图 4-8　缩口工艺及应用

件的限制。缩口变形程度可以用缩口变形系数（d/D）表示，材料的种类、厚度、表面质量、模具特点等都对变形系数有影响。

（6）胀形工艺

胀形是通过模具使空心件或管状坯料向外扩张，胀出所需的凸起曲面。在各种金属包装容器结构设计中，环筋或波纹结构多采用胀形工艺方法加工而成。

胀形可以采用不同的方法来实现，一般有机械胀形、橡胶胀形和液压胀形三种。机械胀形是利用分块的凸模，由锥形心块将其顶开，以使坯料胀出所需形状。橡胶胀形是以橡胶等作为凸模，通过在压力作用下橡胶的膨胀变形而使工件沿模胀出所需的形状。近年采用胀形的橡胶，具有强度高、弹性好和耐油性好的特点。液压胀形是事先在坯料内注入液体，压住制品的口沿后通过使液体产生高压将坯料在模具内胀成所需形状，目前已发展出气压胀形。

（7）旋压工艺

旋压是将毛坯固定在旋压机的胎具上，使毛坯随同旋压机的主轴旋转，同时操作赶棒，用赶棒对毛坯加压，毛坯便逐渐紧贴胎具，从而获得所要求的形状和尺寸的制件。用旋压方法可以完成多种形状旋转体的拉深、翻边、缩口、胀形和卷边等工序。

胀形工艺

旋压工艺

旋压常用于铝制容器或器皿的生产，如铝锅、锅盖，也广泛用于二片罐和三片罐的翻边和封口。

（8）局部成型工艺

局部成型主要是指压筋、压包、压字、压花等，常用于容器表面立体化商标和装饰性花纹的成型。对于需要加强的容器表面，尤其是大平面，在生产中广泛应用压筋成型。压筋后制件惯性矩的改变和材料加工硬化的作用，能够有效地提高制件的刚度和强度。

局部成型工艺

（9）焊接工艺

焊接工艺的加工技术很多，在金属包装容器的成型过程中，主要应用钎焊、电阻焊及激光焊技术。钎焊在金属包装容器加工中常指锡焊，由于食品包装对于卫生安全方面的要求越来越高，所以这种工艺在金属容器成型中的使用趋于减少。目前使用较多的是电阻焊和激光焊。

电阻焊是利用电流通过焊件时所产生的电阻热加热搭接处，在金属达到塑性状态或熔化状态时，施加一定的压力使焊件牢固连接在一起，其广泛用于三片罐和金属桶的制造。激光焊是利用聚焦的激光束作为能量源轰击焊件所产生的热量进行焊接，在金属罐制造中已经有所应用。激光焊制罐与电阻焊制罐在制造工艺上主要区别在于焊缝的形成方法不同，电阻焊是搭接点焊及滚焊，而激光焊是对接连续熔焊。

（10）粘接工艺

粘接就是利用胶结剂把两种性质相同或不相同的材料牢固地粘合在一起的连接方法。在早期，粘接一直都是使用天然胶结剂，直到20世纪初出现合成胶结剂以后，胶结剂和粘接技术才开始进入了一个崭新的发展阶段。

粘接工艺在金属罐制造中应用较多，是对待粘接部分的两表面进行必要处理后，涂敷适当的胶结剂，待其扩散、流变、渗透后使两表面相互合拢，在一定条件下固化。当胶结剂的大分子与被粘物体表面分子充分接近时，就会彼此相互吸引，产生分子间作用力，加上渗入表面孔隙中的胶结剂固化后形成的许多微小钩状结构胶结剂分子的共同作用，从而完成同类或不同材料之间的粘接过程。

4.2 三片罐

4.2.1 三片罐罐型与规格

三片罐的罐身、罐盖和罐底三部分独立加工，先由罐底或者罐盖之一和罐身结合，填入内装物之后再和最后一部分封合，基本组成如图4-9所示。三片罐应用历史悠久。

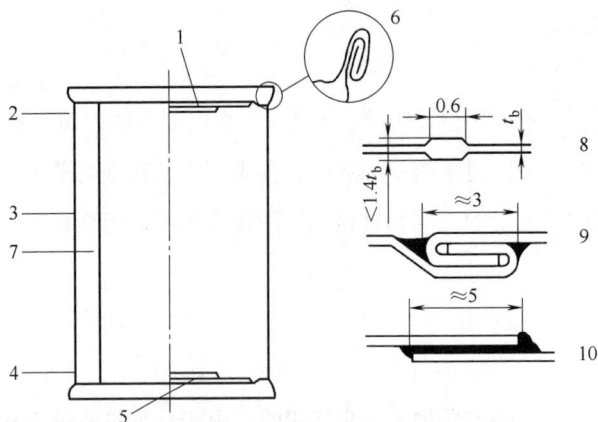

图 4-9 三片罐罐体结构示意图
1—罐盖；2—上缘部分；3—罐身；4—下缘部分；5—罐底；6—卷边；7—罐身缝；
8—熔焊式罐身缝；9—锡焊式罐身缝；
10—焊接式罐身缝

GB/T 14251—2017 摘要

GB/T 36003—2018 摘要

我国是国际标准化成员国，罐型规格采用国际通用标准。现行有效的三片罐相关国家标准有：GB/T 10785—1989《开顶金属圆罐规格系列》、GB/T 17590—2008《铝易开盖三片罐》、GB/T 14251—2017《罐头食品金属容器通用技术要求》、GB/T 36003—2018《镀锡或镀铬薄钢板罐头空罐》、GB/T 42010—2022《包装容器 奶粉罐质量要求》。按照上述国标，金属三片罐的造型有圆罐和异形罐两类，常见的异形罐有方形罐、椭圆形罐、梯形罐与马蹄形罐等（图 4-10）。也可以按照罐身加工特点，对罐型加以分类，如图 4-11。

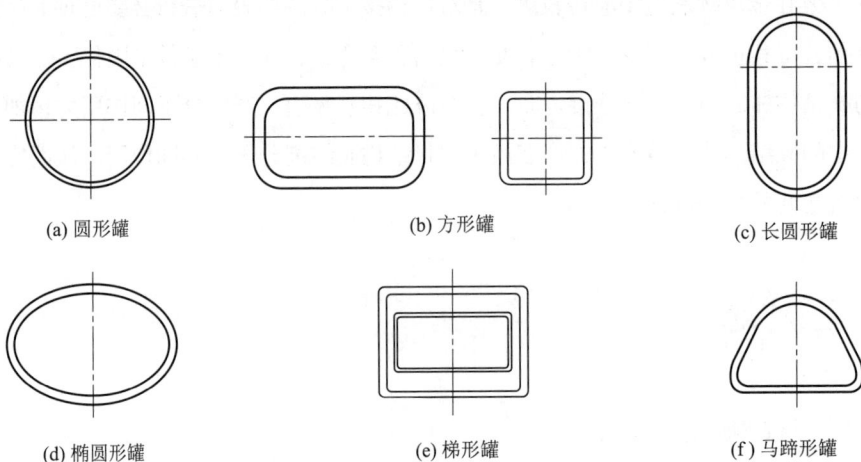

(a) 圆形罐

(b) 方形罐

(c) 长圆形罐

(d) 椭圆形罐

(e) 梯形罐

(f) 马蹄形罐

图 4-10 圆罐和异形罐示意图

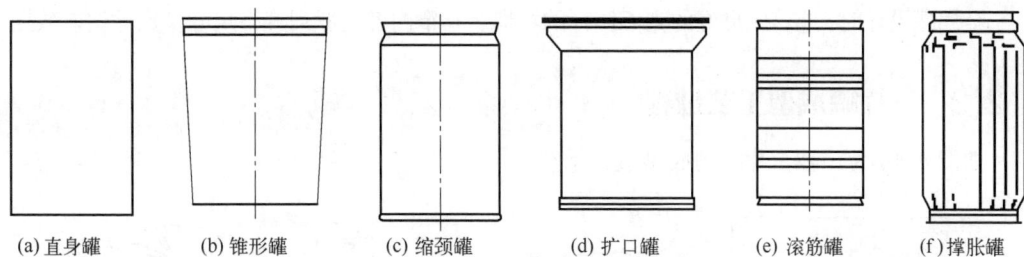

(a) 直身罐　　(b) 锥形罐　　(c) 缩颈罐　　(d) 扩口罐　　(e) 滚筋罐　　(f) 撑胀罐

图 4-11 按罐身加工特点的罐型分类

以上罐型可以进一步细分，如缩颈罐在 GB/T 17590—2008《铝易开盖三片罐》中被分为单缩颈罐、二缩颈罐和三缩颈罐（图 4-12）。

GB/T 17590—2008 摘要

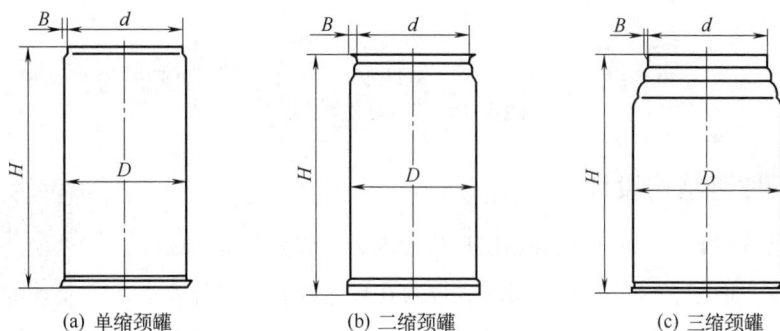

(a) 单缩颈罐　　　　(b) 二缩颈罐　　　　(c) 三缩颈罐

图 4-12 缩颈罐分类

本节仅对国家标准中部分罐型进行介绍，重点介绍圆罐（圆形罐）。金属罐设计的重要工作之一就是根据相应国家标准，合理选择罐型和规格。

圆罐的外形为圆柱体，是最常见的罐型，广泛用于罐头、八宝粥等食品包装。圆罐规格系列以其内径和外高表示。罐体规格用代号表示，缩颈（或底）后顶盖或底盖尺寸和罐体不一样大，则会给出多个代号进行表达。以 206/211/209×309 规格罐型铝易开盖三片罐型号为例，规格代号含义如下，见图 4-13。

其中，数字代号 206 表示 2 又 6/16 英寸❶，其他代号依次类推。代号仅为和国际惯例接轨，代号的英

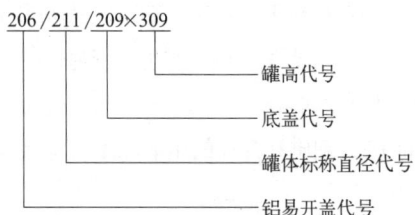

206/211/209×309

罐高代号
底盖代号
罐体标称直径代号
铝易开盖代号

图 4-13 铝易开盖三片罐型号示例

寸尺寸及其换算得到的公制尺寸不等于国标规定的该项参数值。设计时，应根据所设计对象，正确选用相应国标中规定的尺寸参数，代号仅用于快速经验估算时参考。

---

❶ 英寸：长度非法定计量单位，1 英寸（in）=2.54 厘米（cm）。

金属罐设计时，应养成良好的查阅国标的习惯。本章内容不罗列规格尺寸及尺寸偏差数据。

4.2.2　三片罐成型工艺过程

如图 4-14 为一种三片罐的成型过程示意。

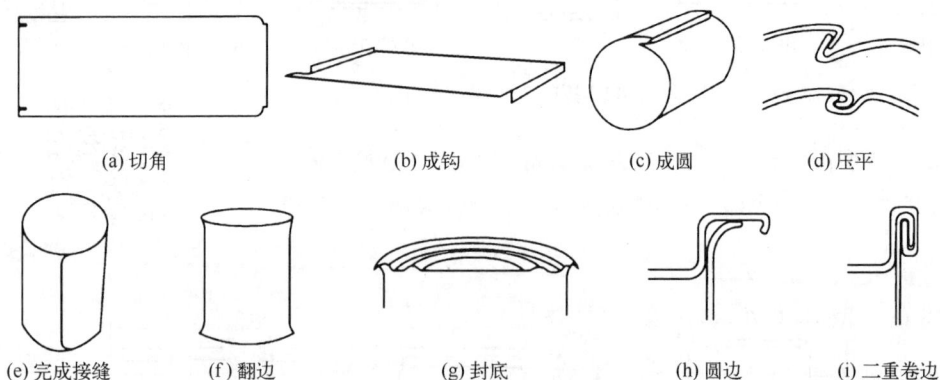

| (a) 切角 | (b) 成钩 | (c) 成圆 | (d) 压平 |

| (e) 完成接缝 | (f) 翻边 | (g) 封底 | (h) 圆边 | (i) 二重卷边 |

图 4-14　三片罐成型过程

4.2.3　三片罐结构设计

金属容器的设计，一般只是根据用户或者内装物包装要求，选定容器的结构、造型、材料和卷封结构，以及在罐体外表面进行装潢设计。但三片罐有较多的个性化设计需求，下面将介绍三片罐的主要结构特征及设计注意事项。

（1）罐盖

罐盖主要有顶底盖和易开盖，易开盖按结构可分为拉环式、留片式和全开式，图 4-15 所示为圆罐易开盖三种形式。钢质易开盖性能应符合 GB/T 29603—2024《食品容器用镀锡或镀铬薄钢板全式易开盖质量通则》要求，铝质易开盖性能应符合 GB/T 17590—2008《铝易开盖三片罐》要求。性能指标涉及启破力、全开力、耐压强度、密封性等。一般铝质易开盖的压痕深度为板材厚度的 40%～50%，口径大的压痕可浅些，口径小的一般为板厚的 1/2，钢质易开盖的压痕深度可为板厚的 2/3。

三片罐成型过程

各依规矩，自成方圆——
金属三片罐

GB/T 29603—2013
摘要

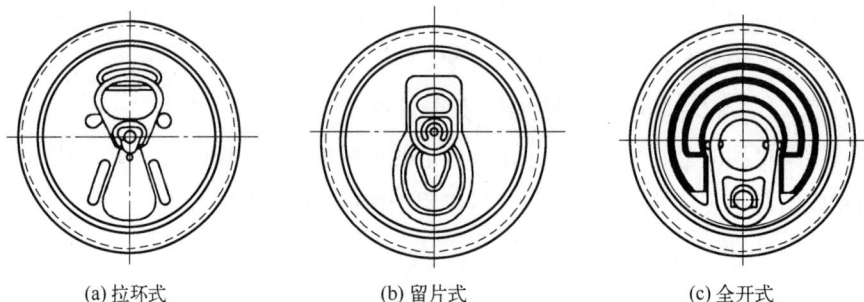

| (a) 拉环式 | (b) 留片式 | (c) 全开式 |

图 4-15　易开盖

① 膨胀圈设计。罐盖（底）上一般冲制膨胀圈，提高其必要的强度。膨胀圈结构如图 4-16 所示，一般由一道或二道外凸筋和若干级 30° 的环状斜坡组成，具体取几道外凸筋和几级斜坡，视罐盖直径的大小而定。

表 4-2 列出了对应尺寸圆罐罐盖（底）膨胀圈纹的结构形状。

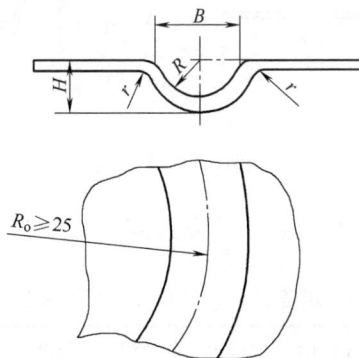

图 4-16 罐盖（底）的膨胀圈结构
$R \approx 20t$, $H \leqslant 0.25B$, $r \geqslant 2t$, $R_o > 25mm$

表 4-2 圆罐盖（底）膨胀圈的结构形状

内径 /mm	罐盖（底）的膨胀圈结构形状	内径 /mm	罐盖（底）的膨胀圈结构形状
52.5	一个外凸筋，或一个外凸筋与一级斜坡，或无凸筋无斜坡	83.5	一个外凸筋与二级斜坡
		99	一个外凸筋与二级斜坡
65	一个外凸筋与一级斜坡	108	一个外凸筋与二级斜坡
74	一个外凸筋与一级斜坡	153	两个外凸筋与三级斜坡

罐头内部在常温下处于负压状态，罐头在加热或冷却过程中，罐身因内装物与本身的热胀冷缩会发生永久变形。设置膨胀圈后，若罐内受热膨胀，内压增大，则罐盖（底）拱起；若罐内受冷收缩，在负压作用下，则罐盖（底）内凹；当罐内温度恢复正常时，罐盖（底）又恢复到原来状态。由此膨胀圈的作用可概括为以下三点：第一，能避免罐身因温度变化而引起的永久变形，提高罐盖（底）的机械强度；第二，可使罐的卷边结构免遭破坏，保护封口结构的密封性能；第三，便于识别变质食品，罐头食品一旦腐败变质，即使罐内产生少量气体，也会引起内压的变化，在外形上极易表现出来。

② 勾边设计。勾边是罐盖（底）边缘向内弯曲形成的边钩，以便与罐身的翻边卷边封合。经冲压膨胀圈和圆边后的罐盖（底）结构如图 4-17 所示，主要结构尺寸有勾边外径（D_1）、勾边高度（h）、埋头度（c）和勾边开度（b）。

③ 罐盖（底）板料尺寸计算。设计罐盖（底）时，其板料尺寸计算方法如下：

$$D_1 = D + K \qquad (4-1)$$

式中　D_1——罐盖（底）板的直径，mm；

D ——罐内径，mm；

K ——修正系数，mm。

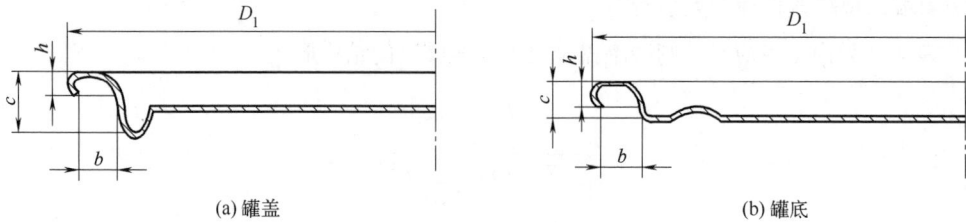

(a) 罐盖   (b) 罐底

图 4-17　易开盖

K 值与罐径大小、设备条件、钢板及胶膜厚度有关，可参照表 4-3 选取。

表 4-3　罐盖（底）计算尺寸修正系数 K 　　　　　　　单位：mm

罐内径	52.3	65.3 ～ 72.9	83.3 ～ 98.9	105	153.4
K	15.5	16.0	16.5	17.0	18.0

（2）罐身

罐身的形状多为柱体，罐身上通常设置下列一些结构：

①罐身接缝。罐身接缝是罐身板成型后所形成的焊（粘）接接缝。因加工工艺不同，罐身接缝有下列四种：

a. 锁边接缝。即罐身板两端互相钩合所形成的四层折叠接缝［图 4-18（a）］，用于锡焊罐罐身成型，接缝重叠宽度为 2.4mm。

b. 搭接接缝。即罐身板两端堆叠在一起，以钎焊或熔焊封合所形成的接缝［图 4-18（b）］。目前广泛采用电阻焊结构，接缝重叠宽度为 0.4 ～ 0.6mm。

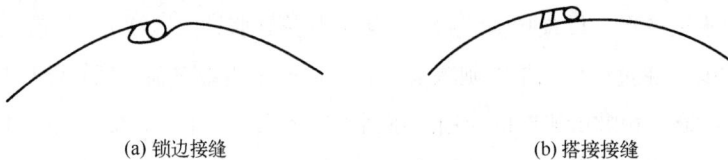

(a) 锁边接缝   (b) 搭接接缝

图 4-18　罐身接缝

c. 对接焊缝。即罐身板两端边缘对接在一起，通过焊接形成的焊缝，用于激光焊接罐。

d. 粘接接缝。美国采用的粘接接缝如图 4-19（a）、（b）所示，图 4-19（c）为日本采用的粘接接缝。这种接缝用熔融的尼龙作为粘接剂，以挤出法充填于罐身接缝，同时罐身板被加热使粘接剂填满缝隙，然后经冷却固化而成。粘接罐耐内压力性能好，耐热性差，可用于包装食品。

②切角与切缺。锡焊罐制作过程中，为使罐身两端的接缝处只有两层钢板重叠，以便翻边和封口，需在罐身板的一端切去上、下两角，另一端切制两个锐角或两个 U 形豁口，前者

称为切角，后者叫切缺。

切角形式有：三角形切角、钝角形切角和宝塔形切角。如图 4-20 所示。

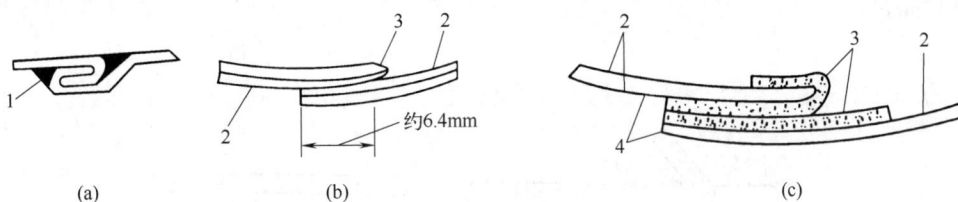

图 4-19　粘接接缝
1,3—粘接剂；2—涂膜；4—罐身

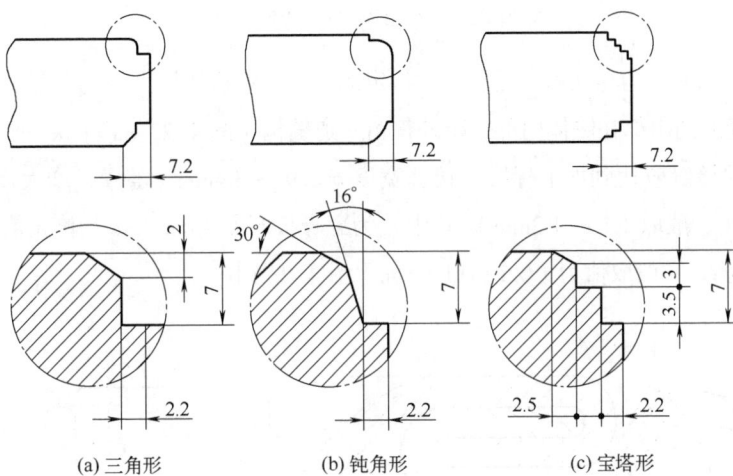

(a) 三角形　　　　　(b) 钝角形　　　　　(c) 宝塔形

图 4-20　切角结构（尺寸单位：mm）

切缺形式有：V 形切缺、U 形切缺。如图 4-21 所示。

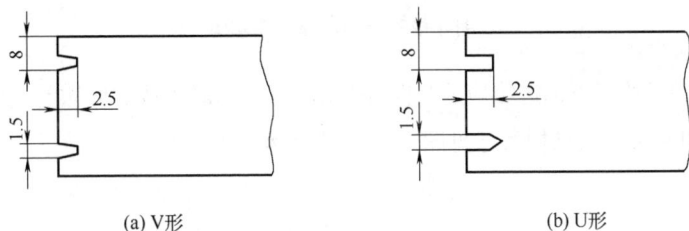

(a) V形　　　　　　　　　　　　(b) U形

图 4-21　切缺结构（尺寸单位：mm）

切角与切缺的技术要求：切角与切缺两端留出的部位距离必须相等；切角的切口要平齐无毛刺，尺寸正确一致，切口不得过深、过浅或歪斜；切角与切缺深度相当于端折宽度减去钢板厚度；切角与切缺深度为 2.1 ～ 2.5mm，随罐径增大而增大，允许偏差为 ±0.15mm。

③ 成钩（端折）。如图 4-22 所示，罐身板经过切角和切缺后，再用折边机将其两端各自向相反的方向弯折，所形成的钩状工艺结构叫成钩（端折）。成钩既便于罐身的锁接，又可避免焊锡过多地渗入罐内。

罐身两端成钩与罐身构成相反的 35°～45° 的角，保证罐身板弯曲后锁边良好；成钩宽度应均匀一致，不得大小不一；成钩宽度为 2.3～2.8mm，随罐径增大而增大，允许偏差 ±0.15mm。

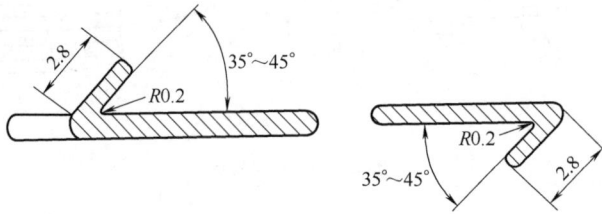

图 4-22　成钩结构（尺寸单位：mm）

罐身板两端的成钩相互钩合后，通过特定的模具利用机械压力将钩合部位压平，形成罐身接缝。接缝的凸出部在罐体内部，罐外仅留一道缝沟［图 4-23（a）］。

压平后的接缝应达到如下标准：接缝宽度 b=2.9～3.4mm（随罐径增大而增大）；接缝厚度 h=$4t_b$+e（一般取 1.1～1.2mm），式中 t_b 为罐身板厚度（mm），e 为修正值（≤0.2mm）；叠接缺口深度 t，一般取值为（0.5±0.1）mm［图 4-23（b）］。

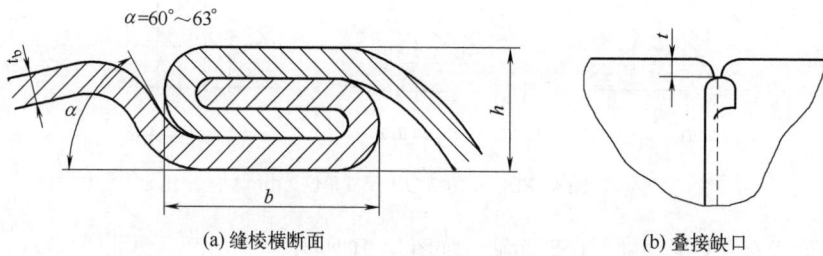

(a) 缝棱横断面　　　　　　　　　　　(b) 叠接缺口

图 4-23　锁边接缝成型结构

④ 翻边。罐身的上下部边缘应适当向外翻出，以便与罐盖或罐底做卷边密封。罐身两端被翻出的部分叫翻边，其结构尺寸见图 4-24、表 4-4。

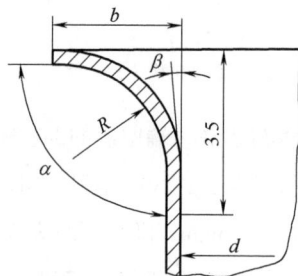

图 4-24　罐身翻边的结构

d—空罐内径；b—翻边宽度；R—翻边圆弧半径；$α$—翻边角度；$β$—罐身翻边端角度

表 4-4 三片罐罐身翻边结构尺寸

名称	代号	结构尺寸
翻边宽度	b	[（2.8～3.4）±0.2]mm（按孔径大小取值）
翻边圆弧半径	R	2.0～2.5mm
翻边角度	α	95°～97.5°（撞击翻边）
		90°（闸刀翻边）
罐身翻边端角度	β	4°
翻边后罐身高度		（H-3.0）mm（H 为罐身板高度）

⑤ 环筋。当罐身直径和高度较大时，为防止罐身发生内凹与外凸，应在其圆周方向滚压环筋。为此须在罐身接缝处用凹凸模压出预压筋（图 4-25），以便在罐身上滚压环筋（图 4-26）。有的国家，也在一些小型圆罐上滚压环筋以增加其强度，这样可采用较薄的材料，节约成本。

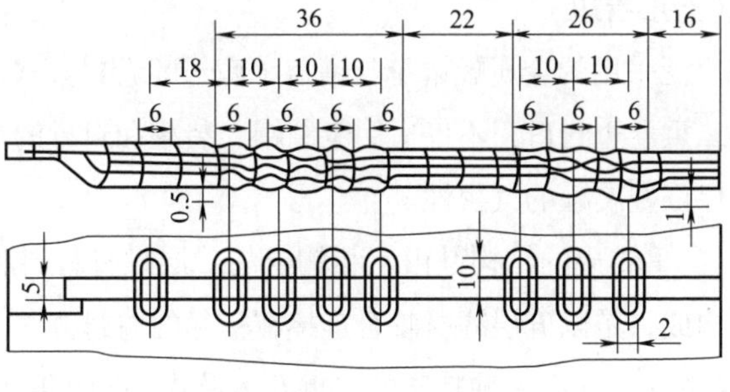

图 4-25 罐身接缝预压筋（尺寸单位：mm）

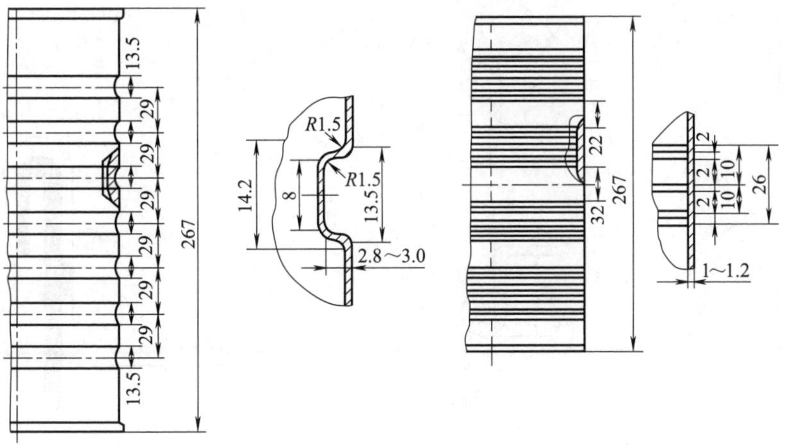

(a) 甲种环筋   (b) 乙种环筋

图 4-26 环筋（尺寸单位：mm）

（3）罐身板

现以圆罐为例，罐身板的尺寸计算方法如下：

① 罐身板长度：

锡焊罐：
$$L=\left[\pi\left(d+t_\mathrm{b}\right)+3A\right]\pm0.25\mathrm{mm} \tag{4-2a}$$

电阻焊罐：
$$L=\left[\pi\left(d+t_\mathrm{b}\right)+0.3\mathrm{mm}\right]\pm0.25\mathrm{mm} \tag{4-2b}$$

式中　L ——罐身板计算长度，mm；

d ——圆罐内径，mm；

t_b ——罐身板材厚度，mm；

A ——成钩宽度，一般取 2.53mm。

② 罐身板宽度：

$$B=\left(h+3.5\mathrm{mm}\right)\pm0.05\mathrm{mm} \tag{4-3}$$

式中　B ——罐身板计算宽度，mm；

h ——罐外高，mm。

若圆罐设置环筋时，罐身板计算宽度可适当增加 1 ~ 1.5mm，切斜误差不得大于 0.25%。

（4）二重卷边（五层卷边）

二重卷边是目前广泛采用的金属罐罐身与罐盖（底）的卷封方式，其质量优劣，对罐的性能影响极大。采用二重卷边封口，不仅适用于制罐、装罐和封罐的高速度、大批量、自动化生产，而且也容易保证金属罐的气密性。

如图 4-27 所示，二重卷边的结构是由互相钩合的二层罐身材料和三层罐盖材料以及嵌入它们之间的密封胶构成，是以五层罐材咬合连接在一起的卷封方法。二重卷边的形式除了二重平卷边、二重圆卷边外，还有一种特殊的二重卷边形式，即图 4-28 所示的加焊双搭接缝。

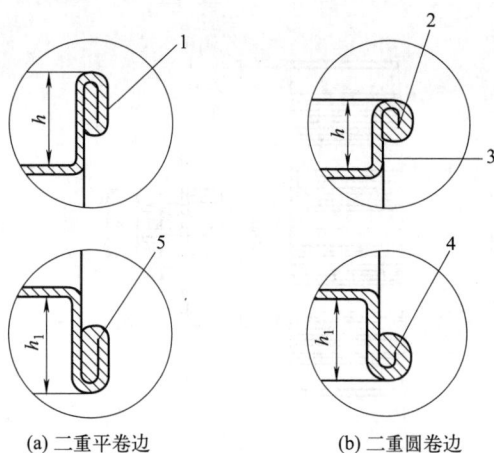

(a) 二重平卷边　　　　(b) 二重圆卷边

图 4-27　二重卷边

1，5—密封填料；2—罐盖；3—罐身；4—罐底；
h—罐顶深；h_1—罐底深

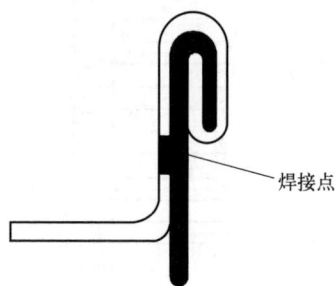

图 4-28　特殊二重卷边结构

罐身与罐盖（底）的卷封需使用专用的封罐机来完成。图 4-29 表示二重卷边在罐盖置于罐身后，经过一级卷合、二级卷合，最后实现成型的全过程。构成二重卷边的结构如下：

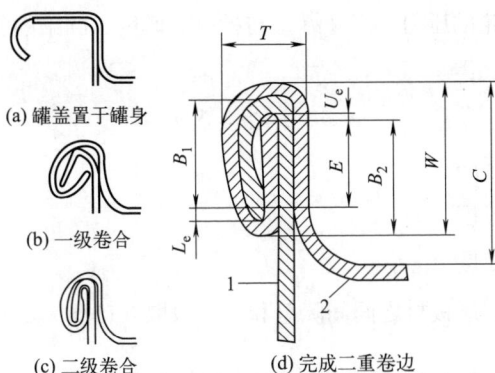

图 4-29 二重卷边成型过程及结构
1—罐身；2—罐盖

① 身钩（B_1）。是指二重卷边形成时罐身的翻边部分弯曲成钩状的长度，其值为 $1.8 \sim 2.2$mm。

② 盖钩（B_2）。是指二重卷边形成时把罐盖圆边翻向卷边内部弯曲部分的长度，其值应与身钩基本一致。

③ 叠接长度（E）。是指卷边内部盖钩与身钩相互叠接部分的长度，可按下式近似计算：

$$E = B_1 + B_2 + 1.1t_e - W \qquad (4\text{-}4)$$

式中　E——叠接长度，mm；

　　　B_1——身钩尺寸，mm；

　　　B_2——盖钩尺寸，mm；

　　　t_e——罐盖板材厚度，mm；

　　　W——卷边宽度，mm。

④ 叠接率（K）。是指卷边内部盖钩和身钩互相叠接的程度。其大小等于叠接长度与叠接长度加两端空隙长度之比，叠接率越高，卷边的密封性越好。

$$K = \frac{E}{W - (2.6t_e + 1.1t_b)} \times 100\% \qquad (4\text{-}5)$$

式中　K——叠接率，%；

　　　E——叠接长度，mm；

　　　t_b——罐身板材厚度，mm；

　　　t_e——罐盖板材厚度，mm；

　　　W——卷边宽度，mm。

对圆罐而言，叠接率 K 要大于 50%，从式（4-4）、式（4-5）可知，欲提高叠接率 K，必须增大身钩、盖钩尺寸或减小卷边宽度。

⑤ 盖钩空隙（U_e）和身钩空隙（L_e）。U_e 和 L_e 要求越小越好，这样可提高卷边的叠接率。

⑥ 卷边厚度（T'）。是指卷边后五层材料的总厚度和材料之间间隙之和。该尺寸取决于

加工成型时两道卷边滚轮的压力，以及罐型与板材的厚度。圆罐的卷边厚度可从表4-5查出，亦可按下式计算：

$$T=3t_e+2t_b+\sum g \tag{4-6}$$

式中　T——卷边厚度，mm；

　　　t_e——罐盖板材厚度，mm；

　　　t_b——罐身板材厚度，mm；

　$\sum g$——卷边内部五层板材之间间隙总和，一般取 0.15～0.25mm。

表 4-5　圆罐卷边厚度与板材厚度关系

单位：mm

板材厚度	0.20	0.23	0.25	0.28
卷边厚度	1.15～1.30	1.30～1.50	1.40～1.60	1.55～1.70

⑦ 卷边宽度（W）。是指从卷边外部沿罐体轴向测得的平行于卷边叠层的最大尺寸。该尺寸取决于加工卷边滚轮的沟槽形状、卷边压力、身钩尺寸以及板材厚度。卷边宽度可按下式计算：

$$W=2.6t_e+B_1+L_e \tag{4-7}$$

式中　W——卷边宽度，mm；

　　　t_e——罐盖板材厚度，mm；

　　　B_1——身钩尺寸，mm；

　　　L_e——身钩空隙，mm。

⑧ 埋头度（C）。是指卷边顶部至靠近卷边内壁罐盖肩平面的高度。一般由封罐机上压头凸缘的厚度来决定，可按下式计算：

$$C=W+\alpha \tag{4-8}$$

式中　C——埋头度，mm；

　　　W——卷边宽度，mm；

　　　α——修正值，一般取 0.15～0.30mm。

表 4-6 给出了马口铁罐二重卷边的有关尺寸。

表 4-6　马口铁罐的二重卷边尺寸

单位：mm

指标	罐径					
	50.5, 59.5	72.8	83.1	91.0, 99.0	153.1	223.0, 215.0
	马口铁编号					
	20.22	22.25	22.25	25.28	28.32	32.36
T	1.20～1.30	1.30～1.40	1.30～1.40	1.35～1.50	1.60～1.75	1.75～2.00
W	2.80～3.00	3.00～3.10	3.00～3.15	3.10～3.20	3.30～3.50	3.30～3.60
B_1	1.80～1.90	1.90～2.00	1.90～2.00	1.95～2.05	2.00～2.10	2.10～2.20
B_2	1.90～2.00	2.00～2.10	2.00～2.10	2.05～2.15	2.10～2.20	2.20～2.30

4.3 二片罐

4.3.1 二片罐罐型与规格

按成型工艺的不同，二片罐可分为如表4-7所列的几种类型。

表 4-7 二片罐的分类

	拉深罐	浅拉深罐	一次拉深
二片罐		深拉深罐（DRD 罐）	多次拉深
	变薄拉深罐（D&I 罐）		多次拉深

① 浅拉深罐。又称作浅冲罐，这种罐一般只经一次拉深（冲压）即可成型，成型后罐高与罐身直径之比不超过 1 ：2。浅拉深罐造型各异，有圆形、椭圆形、心形、长方形等。

② 深拉深罐（国外称 DRD 罐）。罐高与罐身直径之比大于1，通常经过多次拉深后成型，也可以说是经过拉深—再拉深后成型的。

③ 变薄拉深罐（国外称 D&I 罐或 DI 罐，欧洲称为 DWI 罐）。分别采用常规拉深工艺和变薄拉深工艺成型，即先采用一次或二次常规拉深工艺，随后改用变薄拉深工艺使容器成型。

二片罐突出特点主要体现在：

① 二片罐成型后的杯形或其他形状的罐身，其侧壁完整、光洁、无接缝，全周装潢无留白。

② 底部和罐体整体成型，没有传统三片罐的侧壁与底部的卷封接缝。

③ 二片冲压罐很容易加工成各种圆形或异形的容器，即使是圆柱形结构的二片罐，也可以很方便地在柱体（罐身）的上缘部分和下缘部分进行适当的加工修饰，既可以使二片罐结构强度得到改善，也可以使圆柱形结构容器的造型更加美观。

④ 变薄拉深成型二片罐，罐体轻薄，可以节约大量金属材料，但变薄拉深罐只能用于含气液体灌装。

GB/T 9106.1—2019《包装容器 两片罐 第 1 部分：铝易开盖铝罐》、GB/T 9106.2—2019《包装容器 两片罐 第 2 部分：铝易开盖钢罐》中，按罐口的尺寸将罐型规格划分为 200 系列、202 系列、206 系列，规定了圆罐规格尺寸。型号的表示如图 4-30 所示，具体规格尺寸可查看相应国标。

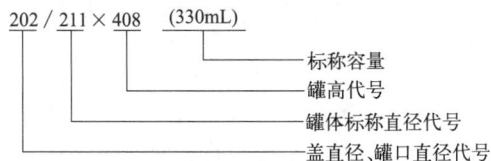

202 / 211 × 408 （330mL）
标称容量
罐高代号
罐体标称直径代号
盖直径、罐口直径代号

GB/T 9106.1—2019 摘要

GB/T 9106.2—2019 摘要

图 4-30 铝易开盖二片罐型号示例

4.3.2　二片罐成型工艺过程

瓶酒罐、可乐罐是常见的变薄拉深罐，一般使用铝合金或镀锡薄钢板加工，铝合金使用较多的是美国铝业协会标准（AA 标准）的 3000 系列铝合金。罐体主要成型工艺过程如图 4-31 所示，成型完毕的罐体会经过多重检测。

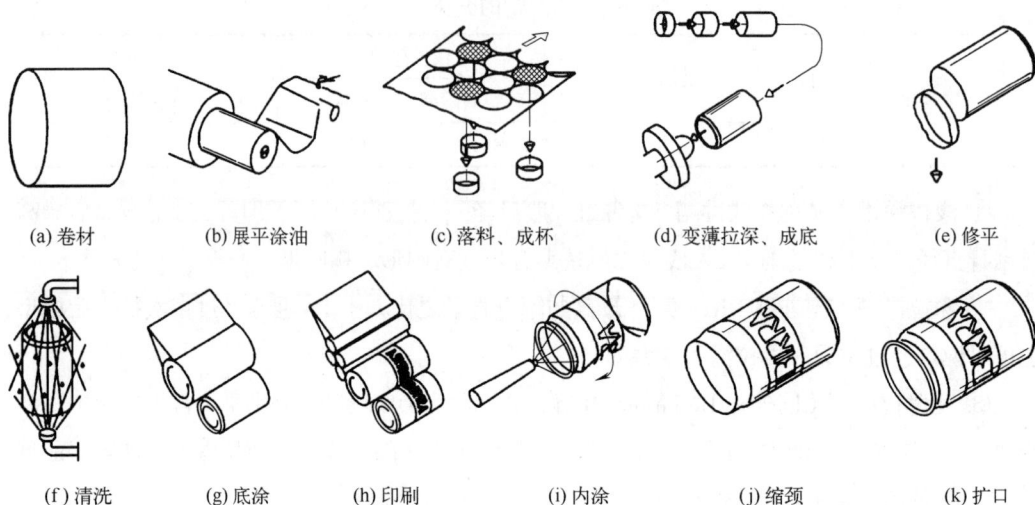

(a) 卷材　　(b) 展平涂油　　(c) 落料、成杯　　(d) 变薄拉深、成底　　(e) 修平

(f) 清洗　　(g) 底涂　　(h) 印刷　　(i) 内涂　　(j) 缩颈　　(k) 扩口

图 4-31　二片罐主要成型工艺过程

4.3.3　铝易开盖二片罐结构设计

二片罐制罐技术成熟，生产高度标准化、高速化，罐型、尺寸及封口形式都受到制罐设备的限制。因此，二片罐的结构设计实质上主要是选定罐型、材料及封口形式，以及在罐的外表面进行装潢设计。二片罐以及制罐设备的设计，都要充分考虑金属罐相关标准的要求。

（1）罐身结构

二片罐的结构如图 4-32 所示，罐身的重点结构是罐身上缘、罐身侧壁、罐身下缘和罐底。

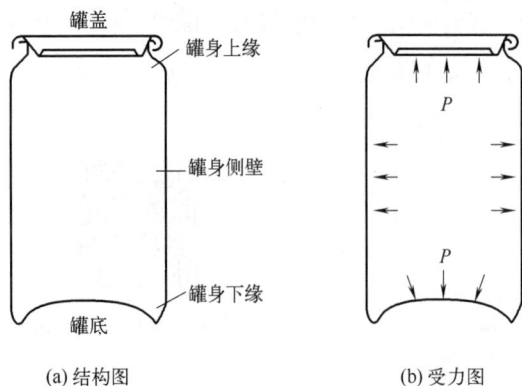

(a) 结构图　　(b) 受力图

图 4-32　二片罐的结构及受力示意图

① 罐身上缘。即侧壁与罐盖的封合部位。为了节约原材料，二片罐的罐盖直径都较小。因此，罐身上缘部分必须采取缩颈结构（图 4-33）。早期的二片罐上缘采用简单的缩颈形式，随着罐盖直径进一步缩小，从 20 世纪 80 年代起，出现了双缩颈、三缩颈等罐型，英国 Metal Box 公司发明的旋压缩颈罐，其结构在加工上有很大

优势，近年来采用这种结构的二片罐越来越多。

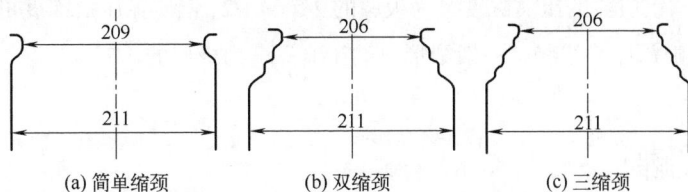

(a) 简单缩颈　　　　　　(b) 双缩颈　　　　　　(c) 三缩颈

图 4-33　二片罐的结构及受力示意图

② 罐身下缘。即侧壁和罐底的连接部。该部分外形要合理，常配合罐底一起设计，既要保证二片罐有足够的结构强度，又要使其造型美观。

③ 罐身侧壁。该部分是二片罐的主体，表面光洁平整。侧壁的结构设计，须保证其具有足够的纵向抗压能力。

④ 罐底。即罐身的底部，主要起支承整个容器的作用，其外形通常设计成圆拱形。

（2）罐底结构

二片罐的罐底结构如图 4-34 所示。一般啤酒、可乐等二片罐包装的内部压力较大，要求罐底的最小抗弯强度为 $586 \sim 620\text{kPa}$。为了满足底部的抗弯强度要求，早期使用厚度为 $406 \sim 409\mu\text{m}$ 的板材，底部设计成图 4-34（b）中 A 的外形；现行的啤酒罐普遍采用阿尔考 B-53V 字形罐底，其外形见图 4-34（b）中的 B，板厚减至 $330\mu\text{m}$；而阿尔考 B-80 型罐底，其外形如图 4-34（b）中 C 所示，板厚可降到 $320\mu\text{m}$。

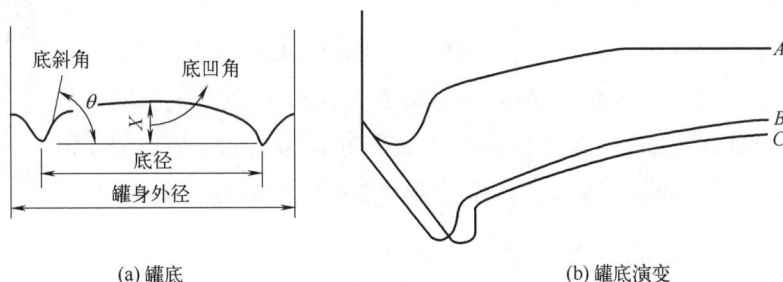

(a) 罐底　　　　　　　　　　　　　(b) 罐底演变

图 4-34　二片罐的罐底结构

（3）罐盖

无论是三片罐还是二片罐都需用罐盖封顶。啤酒等饮料罐一般都采用统一规格的铝质易开盖，和普通三片罐罐盖相比，二片罐罐盖顶面会设计成弧面凸起。

安全折叠结构：对于大口易开盖，为使撕脱盖子、罐顶沿压痕线撕裂处的锋利切口不致伤人，可使罐盖形成折叠，以防止人体与撕裂口接触。这种以安全为目的所设置的折叠叫安全折叠，其结构见图 4-35。

图 4-35　易开盖的安全折叠结构

压痕线的深度：压痕线的深度既要考虑撕开时不太费力，又要有足够的强度以抗击振动和承受罐内压力。铝质盖的压痕深度可为板厚的 2/5 ～ 1/2，钢质盖压痕深度可控制在板厚的 2/5，开口大的压痕深度可浅些，一般梨形口的压痕深度为板厚的 1/2。

4.4 气雾罐

气雾罐是用于盛装气雾剂产品的一次性使用的金属容器，从结构来看，依然是三片罐或二片罐。按耐压性能分为普通罐、高压罐，铁质气雾罐耐压性能要求见表 4-8，铝气雾罐耐压要求参考普通罐。

表 4-8　铁质气雾罐耐压性能　　　　　　　　　　　　　单位：MPa

项目	普通罐	高压罐	要求
气密性能	0.8	0.8	不泄漏
变形压力	1.2	1.8	不变形
爆破压力	1.4	2.0	不破裂

注：封装产品对气雾罐耐压性能有特殊要求的按相关产品标准规定。

4.4.1　气雾罐罐型与规格

气雾罐为高度标准化产品，现行相关标准有 GB 13042—2008《包装容器 铁质气雾罐》和 GB/T 25164—2010《包装容器 25.4mm 口径铝气雾罐》。

气雾罐按结构特征，可分为三片罐和二片罐（图 4–36）。按形态特征分为直身罐（图 4–37）和缩颈罐（图 4–38）。铝气雾罐的肩型见图 4–39。两种气雾罐常见的不同罐径规格见表 4–9。

GB 13042—2008 摘要

GB/T 25164—2010 摘要

(a) 三片罐　　　　(b) 二片罐1　　　　(c) 二片罐2

图 4-36　气雾罐

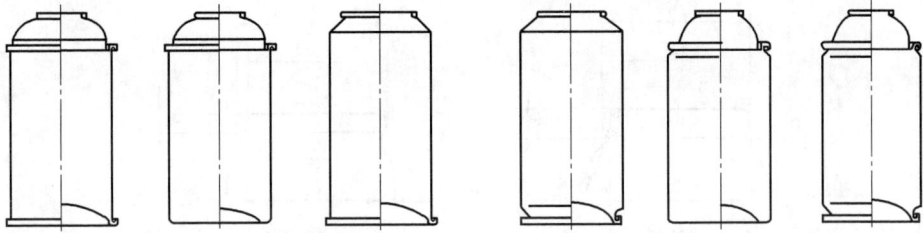

图 4-37 直身罐

图 4-38 缩颈罐

(a) 拱肩型   (b) 圆肩型   (c) 斜肩型   (d) 台肩型

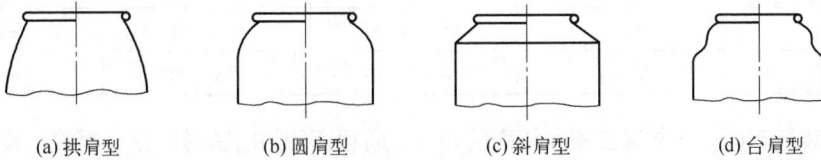

图 4-39 铝气雾罐的肩型

表 4-9 两种气雾罐常见的罐径规格   单位：mm

镀锡薄钢板气雾罐	$\phi45$，$\phi49$，$\phi52$，$\phi57$，$\phi65$
铝气雾罐	$\phi35$，$\phi38$，$\phi40$，$\phi50$，$\phi53$，$\phi55$，$\phi59$，$\phi65$

4.4.2 气雾罐成型工艺过程

气雾罐成型工艺参考二片罐和三片罐成型工艺。

所用材料有镀锡薄钢板、镀铬薄钢板、双层镀铬钢板（ECCS）、铝板和不锈钢板。用于罐顶的钢板厚度大于罐体。

4.4.3 气雾罐结构设计

（1）罐体

气雾罐罐体要涂上单层、双层或三层内涂料，以增加容器对腐蚀性内装物的耐蚀性。内涂料有环氧 - 酚醛树脂、脲 - 甲醛 - 环氧树脂、改性乙烯基树脂等。内涂料必须与内装物及喷雾推动剂具有相容性。有些内装物会使涂层片状脱落，进入溶液，最终堵塞阀门；有些内装物则会使涂层出现麻坑，最终造成容器穿孔。铝罐的耐腐蚀性较差，尤其对于强碱或强酸。

（2）气雾罐开口结构

由于气雾罐开口公称内径为 25.40mm，同相应的阀门密封配合，故又称"一英寸开口"。

常用口径 $\phi20$mm 铝气雾罐的直径和高度按用户要求确定，高度公差为 ±0.20mm，容量不大于 125mL。罐口型式分为 A 型、B 型两种，主要尺寸见图 4-40、表 4-10。

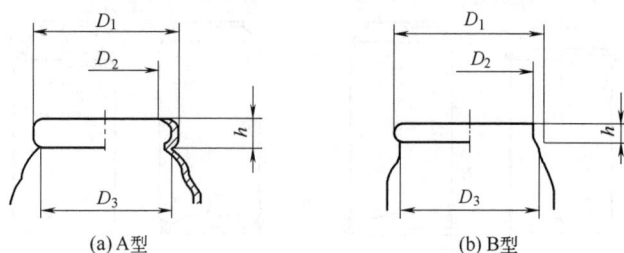

(a) A型   (b) B型

图4-40 口径 ϕ20mm 铝气雾罐结构

表4-10 口径 ϕ20mm 铝气雾罐主要尺寸   单位：mm

罐口型式	外口径 D_1	内口径 D_2	颈径 D_3	卷边高度 h
A 型	$20_{-0.39}^{0}$	15.5 ± 0.20	17 ± 0.20	5 ± 0.20
B 型	$20_{-0.30}^{0}$	16.5 ± 0.20	17 ± 0.20	4 ± 0.20

为安装气雾阀，气雾罐必须有特殊的开口，同相应的阀门密封配合。阀的安装结构在国际上基本统一为两种方式。

①U形盖安装方式。这种方式在金属容器中应用最广泛，即在容器盖的中央部分设25.4mm的开口，在它的周围形成一个圆形卷边，如图4-41所示，然后把U形盖固定在上面，卷边是保持气密性的重要部位，对其形状尺寸要严格控制。阀门卷边内部会有内衬材料，以确保安装后的气密性。

②GV盖（气阀盖）安装方式。这种方式主要用于在玻璃、塑料之类的非金属容器上安装阀门，容器的开口处如图4-42所示，用GV盖从外侧固定。

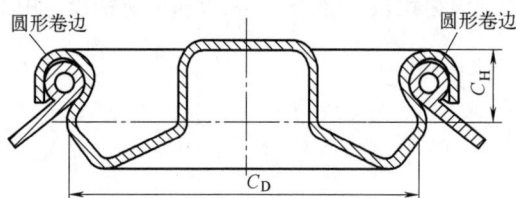

图4-41 U形盖安装方式

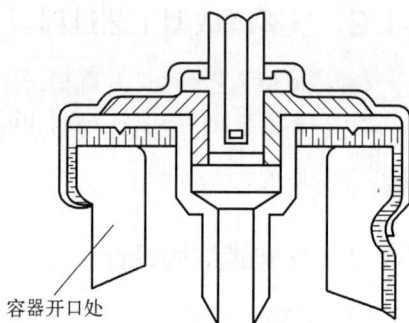

图4-42 GV盖安装方式

（3）罐底

大多数气雾罐的底部是内凹的（图4-43），它主要起到两种作用：

图4-43 气雾罐内凹底

①增大罐的强度。如果罐使用一个平底，作为喷雾推动剂的压缩气体会使罐体外凸；曲面底有较好的结构整体性，就像一座建筑拱门或圆屋顶，作用在曲面顶部的力会被分配到强度大的罐体边缘。

②曲面结构可以使喷雾推动剂使用完全。从一

个平底罐汲取液体就像用一个吸管从一个玻璃瓶中吸取液体一样，想要吸干内部最后一滴液体，不得不倾斜至一边以使内装物进入吸管；而应用曲面底设计，内装物就会汇集至罐体周边较小的区域，很容易排空液体。

4.5 金属桶

总体来说，金属桶结构和三片罐类似，因此本章不再详细介绍，仅对钢桶、方桶和钢提桶作简要说明，具体结构尺寸参考相应的国家标准。

4.5.1 钢桶

钢桶带有纵缝的桶身翻边后与桶底和桶盖以二重卷边或三重卷边的卷封形式连接在一起。卷边内要注入密封胶，一般采用聚乙烯醇缩醛或橡胶类合成高分子材料封缝胶。

GB/T
325.1 ~ 325.6 标
准汇编摘要

钢桶按开口形式可分为闭口钢桶和开口钢桶，闭口钢桶结构形式如图4-44所示，全开口钢桶结构如图4-45所示。具体结构尺寸和技术要求可参阅 GB/T 325.1—2018《包装容器 钢桶 第1部分：通用技术要求》、GB/T 325.2—2010《包装容器 钢桶 第2部分：最小总容量208L、210L和216.5L 全开口钢桶》、GB/T 325.3—2010《包装容器 钢桶 第3部分：最小总容量212L、216.5L和230L 闭口钢桶》、GB/T 325.4—2015《包装容器 钢桶 第4部分：200L及以下全开口钢桶》、GB/T 325.5—2015《包装容器 钢桶 第5部分：200L及以下闭口钢桶》、GB/T 325.6—2021《包装容器 钢桶 第6部分：锥形开口钢桶》系列标准。

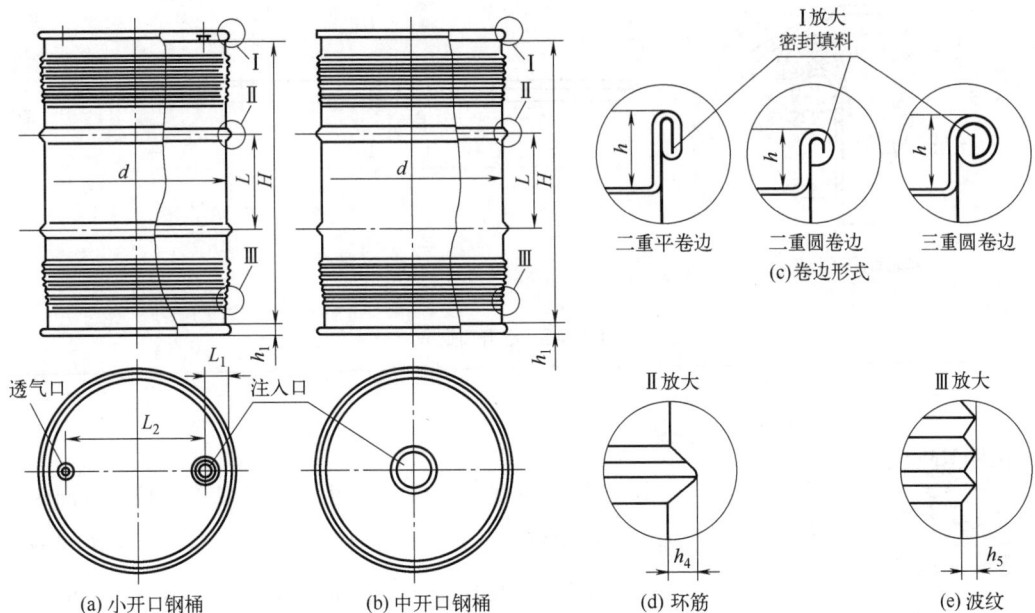

图4-44 闭口钢桶

直口全开口钢桶　　　　　　　　上缩颈全开口钢桶　　　　　　　下缩颈全开口钢桶

I放大　　　　　　　　　　Ⅱ放大　　　　　　　　　Ⅲ放大

二重平卷边　　三重圆卷边　　　　普通筋　　　W筋　　　　　　波纹

卷边形式　　　　　　　　　　　　环筋　　　　　　　　　　波纹

Ⅳ放大

桶箍配合结构剖视图　　　　　　　　　　　　桶盖

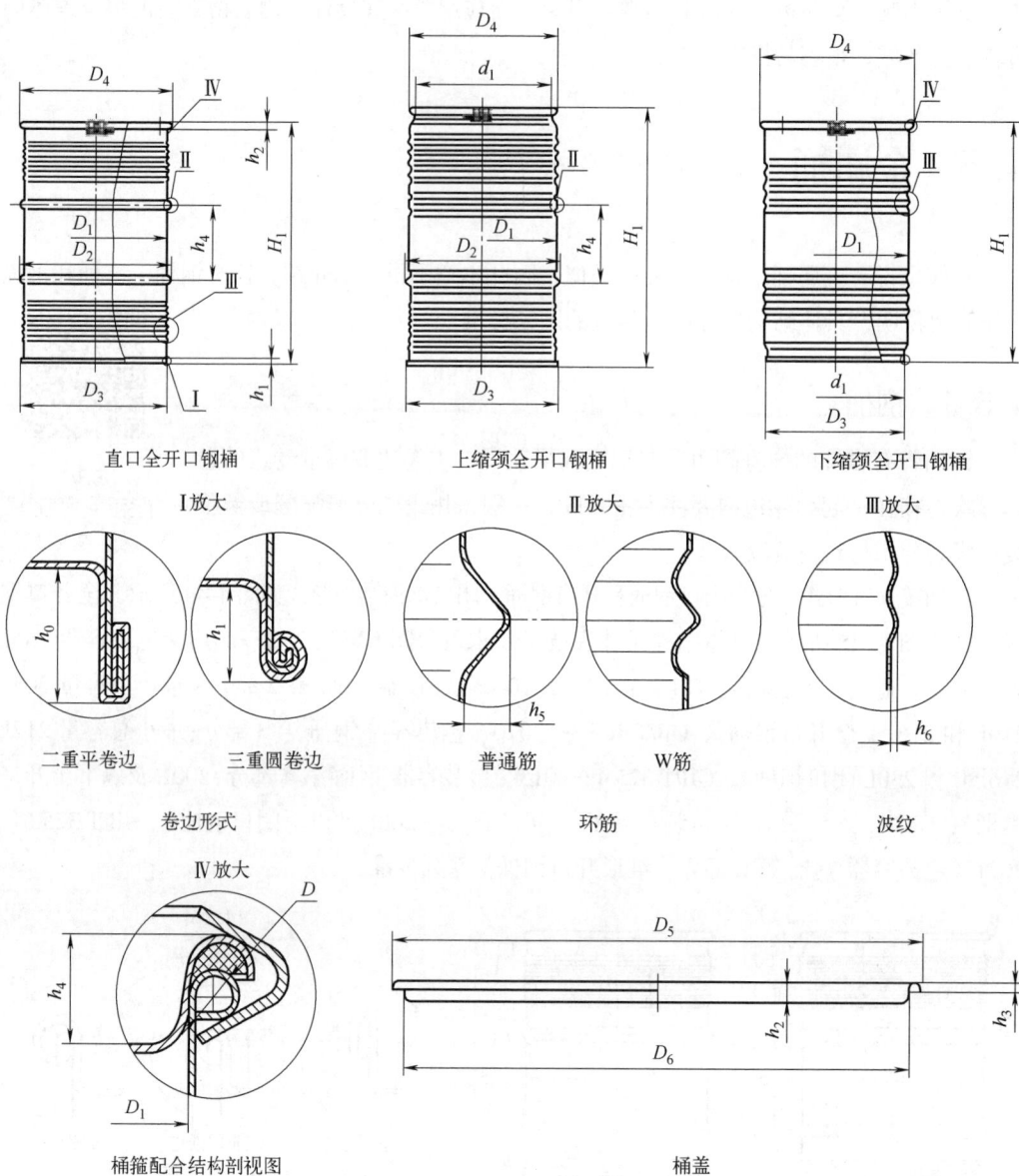

图 4-45　全开口钢桶

4.5.2　方桶

　　方桶按外形分为两类，1 类方桶横截面为正方形，2 类方桶横截面为长方形，两类方桶的结构示意图分别如图 4-46 和图 4-47 所示。基本规格尺寸参考 GB/T 17343—2023《包装容器 金属方桶》。以注入口孔径 70mm 标准为分界线，划分为小开口方桶和大开口方桶。

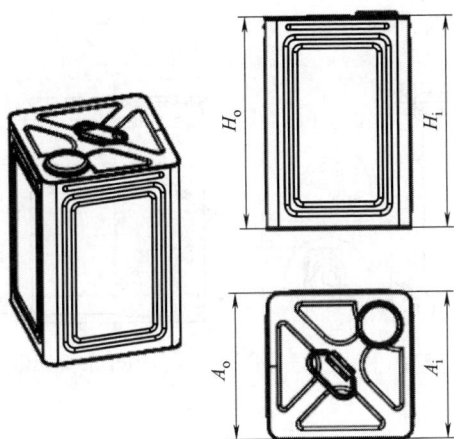

图 4-46　1 类方桶

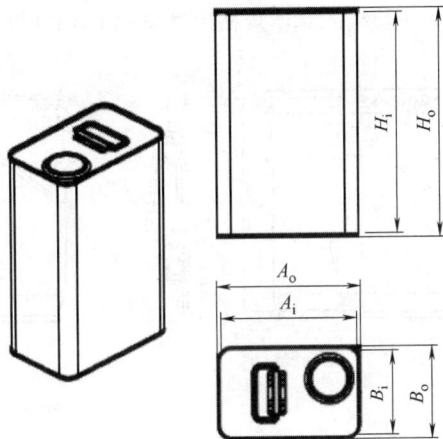

图 4-47　2 类方桶

4.5.3　钢提桶

钢提桶按照桶盖或盖板的形状可分为全开口紧耳盖提桶、全开口密封圈盖提桶、闭口缩颈提桶和闭口提桶四类（图 4-48）；若按桶身的形状可分为带锥度的 T 型桶和不带锥度的 S 型桶。钢提桶的用途十分广泛，如油漆、黏合剂、食用油等都可以采用钢提桶作为包装容器。选用钢提桶时，不仅要考虑内装物的形状、包装要求，而且要考虑保证安全性等因素。

(a) 全开口紧耳盖提桶　　(b) 全开口密封圈盖提桶　　(c) 闭口缩颈提桶　　　(d) 闭口提桶

图 4-48　钢提桶类型

四种类型钢提桶均有 T 型和 S 型之分。T 型钢提桶桶身带有 1° 的斜度，无盖空桶可相互套入，以节省空间和提高空桶堆码稳定性，尤其是贮存一些需要通风换气的内装物时，可把提桶排列起来通过锥度之间的空隙进行通风换气，从而提高冷冻、保温等效果。图 4-49 所示为三类 T 型钢提桶的结构。S 型钢提桶分四类（图 4-50），其中第 1、2 类 S 型钢提桶的结构和对应类型的 T 型钢提桶基本相同，只是桶体没有锥度，上下桶径一样，最适合特殊用途如边搅拌边取出高黏度内装物的容器。第 3 类和第 4 类分别为缩颈和不缩颈的闭口钢提桶。不管是 T 型还是 S 型钢提桶，都能在桶身的适当部位设置环筋或波纹，以提高其强度和刚度。

在各种钢提桶中，第 3 类 S 型钢提桶具有结构坚固且气密性好的特点，通常作为液态产品的包装容器，最适合包装危险品和渗透性强的内装物，也适合作为气候条件恶劣以及有各种运输要求的出口产品包装容器。

GB/T 13252—
2008 摘要

钢提桶的基本规格尺寸参照 GB/T 13252—2008 的规定。

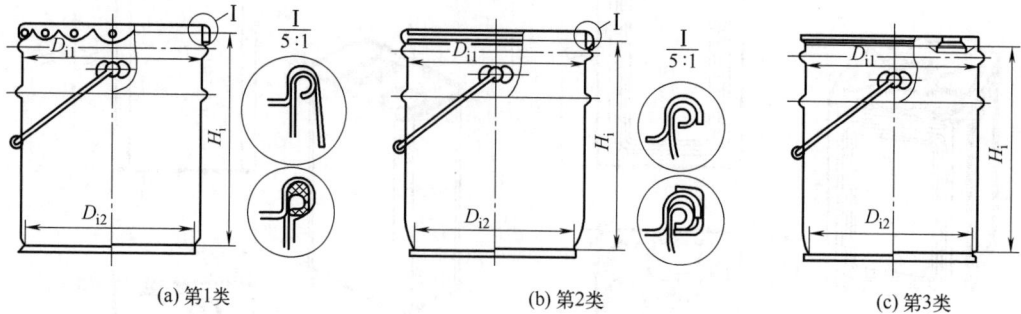

(a) 第1类　　　　　　　　(b) 第2类　　　　　　　　(c) 第3类

图 4-49 T 型钢提桶

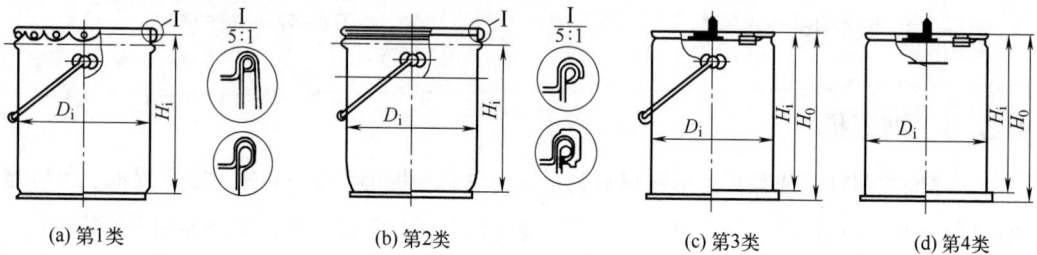

(a) 第1类　　　(b) 第2类　　　(c) 第3类　　　(d) 第4类

图 4-50 S 型钢提桶

4.5.4　桶的封盖

（1）三重卷边

制造钢桶时，桶身和桶顶、桶身和底盖的结合需要通过卷合实现固定密封，这一关键工序称为卷边工序。卷边好坏，直接影响钢桶品质的优劣。卷合部要有一定的强度和良好的密封性能，以承受成品灌装、储运过程中发生撞击、重压、跌落等恶劣条件下所引起的外部作用力。

为了增加钢桶的密封性和抗冲击强度，通常采用三重卷边结构。图 4-51 是表示三重卷边结构的剖视图，过桶身与桶顶（底）的钩接中心部位画一横线，一个板厚按一层计，从桶顶（底）最内侧到最外侧共有七层，故又称为七层卷边，主要用于闭口钢桶。

三重卷边常见的结构类型如图 4-52 所示。

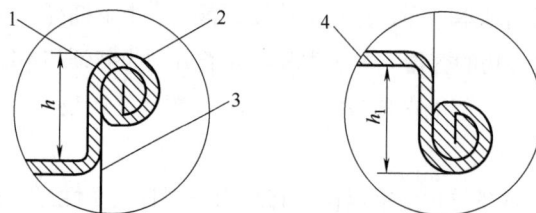

图 4-51　三重圆卷边

1—密封材料；2—桶顶；3—桶身；4—桶底；h—桶顶深；h_1—桶底深

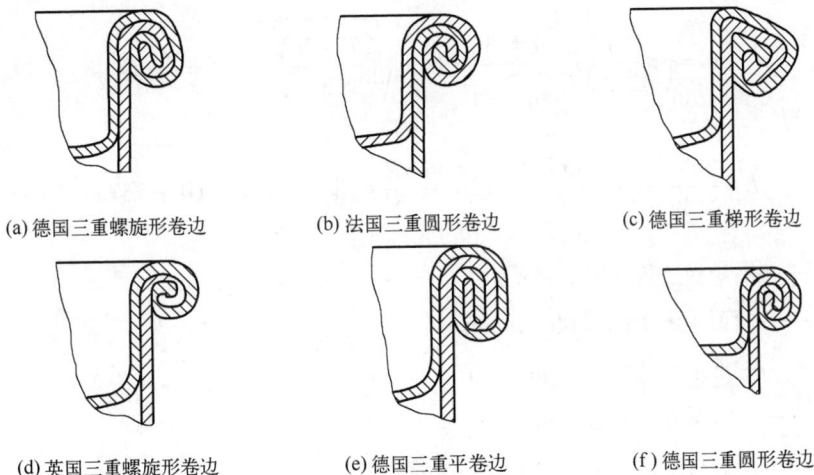

(a) 德国三重螺旋形卷边　　(b) 法国三重圆形卷边　　(c) 德国三重梯形卷边

(d) 英国三重螺旋形卷边　　(e) 德国三重平卷边　　(f) 德国三重圆形卷边

图 4-52　三重卷边结构类型

三重卷边的特点：

① 密封性较好。三重卷边与二重卷边相比，多了两层卷边，使钢桶卷边处又增加一道防渗漏的防线，从而提高了金属桶的密封性能。

② 抗冲击强度较高。钢桶受到跌落冲击时，钢桶局部卷边要承受很大的冲击力，容易产生破坏性变形。从图 4-53 可以看出，三重卷边金属桶经跌落后还具有五层卷边金属桶的性能，而二重卷边金属桶一经跌落，则只剩三层卷边且卷边易裂开。所以七层卷边钢桶具有较好的密封性和较高的抗冲击强度。采用七层圆卷边可从根本上提高卷边质量。图 4-54 为 500kPa 水压下两种卷边的破坏情况。

图 4-53　三重卷边跌落后剖视图

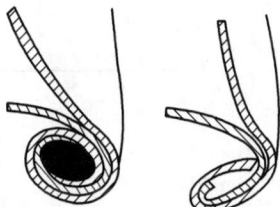

(a) 七层圆卷边　　(b) 五层平卷边

图 4-54　500kPa 水压下两种卷边的破坏情况

③ 对工艺要求较高。三重卷边要求严格控制桶身与桶顶（底）半成品接合边缘的组合尺寸和压轮沟槽的曲线形状。半成品接合边缘的组合尺寸是否合适是卷边能否完成卷合层数的基础，压轮沟槽的曲线形状是否合适则是卷边的结构及尺寸能否顺利达到设计要求的保证。因此，三重卷边与二重卷边相比，工艺要求相对较高。

为了保证三重卷边结构的成型质量，正确设计桶身与桶顶（底）接合边缘的组合尺寸尤为重要。三重圆卷边组合尺寸如图 4-55 所示，若全桶选用的板材厚度相等，则三重圆卷边组合尺寸的计算公式如下：

$$L' = \left(\pi - \frac{1}{2} \right) T - \frac{8\pi+3}{2}t + W + \sqrt{\left(\frac{T-7t}{2} \right)^2 + (W-T+t)^2} \qquad (4-9)$$

$$L = \frac{3\pi-2}{2}T - \frac{19\pi+8}{4}t + 2W - \frac{\pi R}{2} + \sqrt{\left(\frac{T-7t}{2} \right)^2 + (W-T+t)^2} \qquad (4-10)$$

式中　　L' ——桶身板边缘尺寸，mm；

　　　　L ——桶顶（底）凸缘尺寸，mm；

　　　　T ——三重圆卷边厚度，mm；

　　　　W ——三重圆卷边宽度，mm；

　　　　t ——桶板材厚度，mm；

　　　　R ——桶顶（底）转角半径，mm。

　　T、W 计算公式如下：

$$W = T = 7t + b \qquad (4-11)$$

式中　　T——三重圆卷边厚度，mm；

　　　　W——三重圆卷边宽度，mm；

　　　　t ——桶板材厚度，mm；

　　　　b ——修正值，一般取 $0.25 \sim 0.5$mm。

从上式可以看出，真正的三重圆卷边，T、W 两值应相等，无论在其纵剖还是横剖视图中，卷边层数都应为七层。

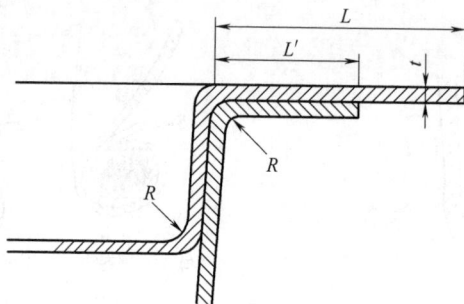

图 4-55　三重圆卷边组合尺寸

（2）钢桶封闭器

桶顶（盖）和桶底是钢桶的重要组成部分，桶顶和桶底相比，后者结构简单，而前者相对复杂，两者不同之处在于桶顶开口处多了一些用于灌装、密封等场合的封闭器。钢桶封闭器又称为桶口件，按其结构形式可分为四类，见表 4-11，各类封闭器的具体结构参数详见 GB/T 13251—2018《包装 钢桶封闭器》。

GB/T 13251—
2018 摘要

表 4-11　封闭器结构类型

类别	形式	应用范围	类别	形式	应用范围
螺旋式	旋塞型	小开口钢桶	顶压式	螺栓型	中开口钢桶
	旋盖型	小开口钢桶、钢提桶		压盖型	
揿压式	压塞型		封闭箍式	螺杆型	全开口钢桶、缩颈钢桶
	揿盖型			杠杆型	

① 螺旋式封闭器。又分为旋塞型（图 4-56）、旋盖型（图 4-57）两种形式。其中，旋盖型螺旋式封闭器是由内螺纹盖与带有外螺纹的颈口旋合实现密封的装置，适用于小开口钢桶以及钢提桶。

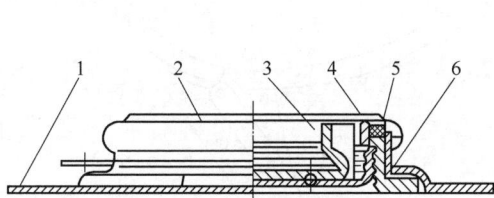

图 4-56　旋塞型螺旋式封闭器
1—桶顶；2—封盖；3—桶塞；4—垫圈；
5—螺圈；6—衬圈

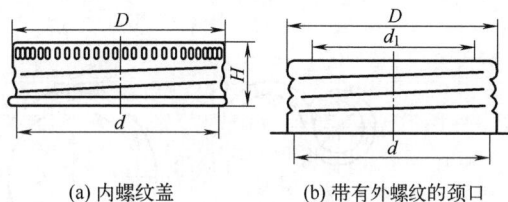

(a) 内螺纹盖　　(b) 带有外螺纹的颈口

图 4-57　旋盖型螺旋式封闭器

② 揿压式封闭器。分为压塞型和揿盖型（图 4-58），适用于小开口钢桶与钢提桶。

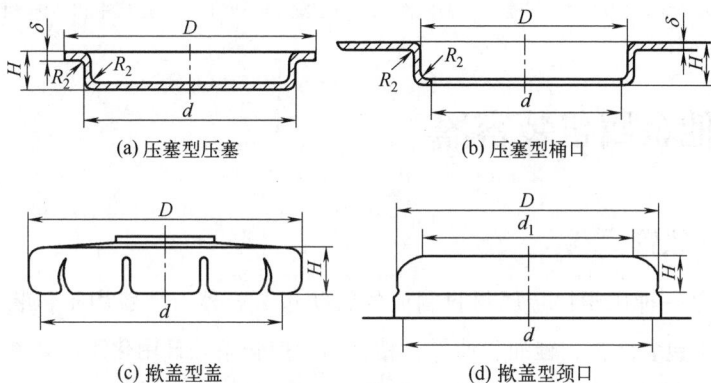

(a) 压塞型压塞　　　　　　(b) 压塞型桶口

(c) 揿盖型盖　　　　　　(d) 揿盖型颈口

图 4-58　揿压式封闭器

③ 顶压式封闭器。适用于中开口钢桶，有螺栓型（图 4-59）和压盖型（图 4-60）两种型式。

④ 封闭箍式封闭器。封闭箍是一种成型环带，用以固定全开口钢桶和缩颈钢桶的活动桶盖，按固定装置的不同，封闭箍可分为螺杆型和杠杆型两种形式（图 4-61）。

钢桶封闭器的类型选择应根据钢桶顶部的开口形式和内装物的种类来确定，方便开启，方便使用，并保证内装物不泄漏。一般情况下钢桶的开口形式不同，封闭器的类型也不同。然而同一开口形式的钢桶也可以采用不同种类和型号的封闭器，这要根据内装物的性质来决定。

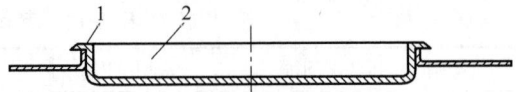

(a) 压盖与桶口结构

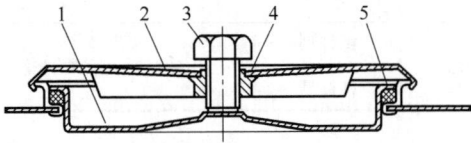

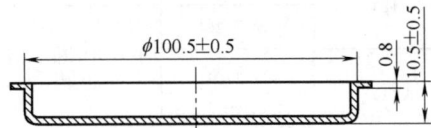

(b) 压盖尺寸

图 4-59 螺栓型顶压式封闭器

1—盖；2—三角圈；3—螺栓；
4—螺母；5—垫圈

图 4-60 压盖型顶压式封闭器

1—桶口；2—压盖

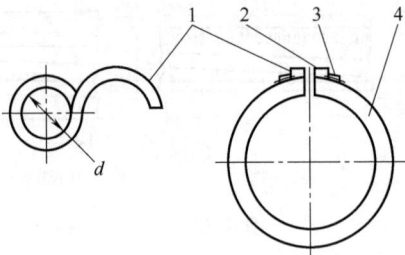

(a) 螺杆型

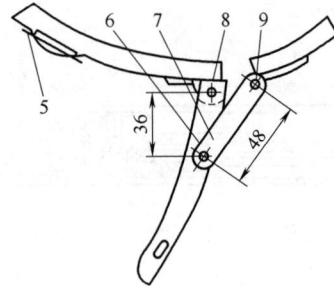

(b) 杠杆型

图 4-61 封闭箍式封闭器（单位尺寸：mm）

1—紧耳；2—螺母；3—螺栓；4—封闭箍；5—安全板；6—拉手；7—连接片；8，9—铆钉

4.6 其他金属包装容器

4.6.1 金属软管

金属软管是一种用塑性金属材料制成的管状包装容器，一般用于包装膏状产品。目前主要用于：①包装牙膏、鞋油、油彩、黏合剂、护肤霜等日用化工品之类产品；②包装眼药类、皮肤外用药类等膏状医药品；③包装果酱、果冻、肉酱以及调味品等半流体状食品。

（1）金属软管的特点

① 对内装物具有良好的保护性能。金属软管的阻隔性能优于塑料软管和复合软管，能防水、防潮、防尘、防污染、防紫外线，还能进行高温杀菌。

② 表面光洁并有金属光泽，经装潢印刷，产品外观美观大方。

③ 采用挠性金属挤压成型，加工相对容易且生产效率高。

④ 通过选用不同涂料对软管内壁进行涂布，可适应不同的内装物，从而扩大金属软管的

使用范围。

⑤ 对内装物多次取用时，使用方便、容易再封，每次挤出内装物后无回吸现象，管内物品不易污染。

⑥ 金属软管质量小、强度高，允许容量范围较大，为 4 ～ 500mL。

（2）材料与工艺

金属软管的材料应有下列要求：塑性好，易成型；机械强度较高；化学性能稳定，耐腐蚀；材料本身对内装物不会产生污染。一般说来，任何可延性金属均可以用来制作软管，但最常用的软管材料是铅、锡、铝或锡铅合金等。

① 铅。早期的金属软管都用铅制作，铅虽有良好的塑性，易加工，化学稳定性好，但对人体有害，现已较少使用。

② 锡。锡的加工性能、化学稳定性都好。尤其是铜含量（质量分数）0.5% 的锡铜合金还具有较好的刚性，并有良好的外观。由于锡价格高，目前锡管仅用于包装一些易反应的医药品。

③ 铝。铝是目前使用最普遍的金属软管材料，与铅、锡相比，具有硬度大、强度高、外观有光泽、密度小、价格低、加工性好等优点。铝的化学性能不稳定，易腐蚀，不过可通过管内喷涂树脂形成保护膜予以解决。常用的内涂料有环氧树脂、酚醛树脂、聚氨酯等。目前铝管主要用于高级牙膏、化妆品、医药品和食品的包装。

④ 锡铅合金或镀锡铅管。这类软管的性能介于锡管和铅管之间，相对锡管的成本低。

（3）结构

金属软管主要由管身、管肩、管嘴、管盖和管底封折组成（图 4-62）。其中管身、管肩的结构比较简单。管身（即管壁）是盛装内装物的主体部分，呈圆柱状；管肩是管身和管嘴间的过渡部分，通常为锥体。其余结构详述如下：

① 管嘴。金属软管管嘴又叫管颈，是内装物的输出部位，用于控制内装物的输出量，通过螺纹连接与管盖配合形成可靠的密封。常见的管颈型式有下列几种（图 4-63）。

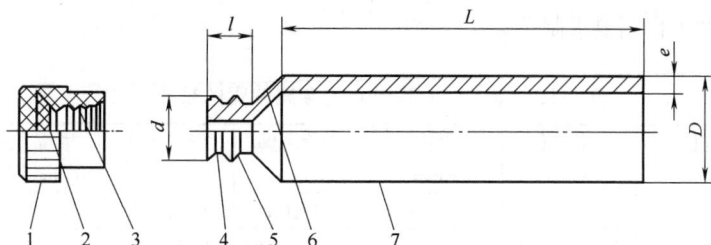

图 4-62　金属软管结构

1—旋钮；2—密封件；3—管盖内螺纹；4—管颈外螺纹；5—管颈；6—管肩；7—管身；

d—管嘴外径；l—管颈长度；L—管身长度；e—管身厚度；D—管身外径

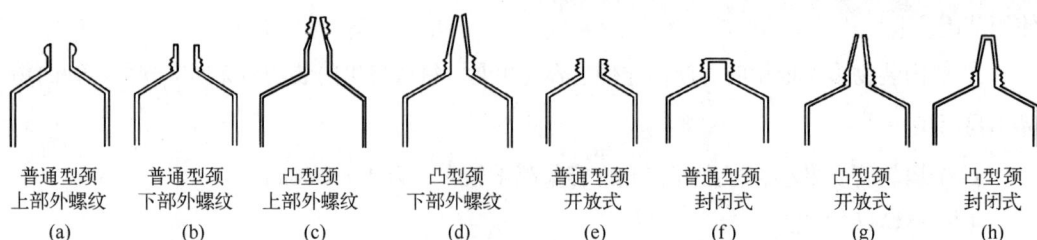

| 普通型颈
上部外螺纹
(a) | 普通型颈
下部外螺纹
(b) | 凸型颈
上部外螺纹
(c) | 凸型颈
下部外螺纹
(d) | 普通型颈
开放式
(e) | 普通型颈
封闭式
(f) | 凸型颈
开放式
(g) | 凸型颈
封闭式
(h) |

图 4-63　管颈型式

② 管盖。管盖按材料分类，有金属管盖和塑料管盖；按形状分类，主要有短盖、长盖和全直径盖；按结构特点分类，有普通管盖、钉盖和塞盖。钉盖上带有能刺穿封闭型管口的钉状结构，而塞盖内有锥体，该锥体与管盖一体成型，用以塞封管口。

③ 管底封折。软管从管底充填内装物后，立即将管底压平，并将其折叠若干次后再压上波纹，即形成管底封折结构（图 4-64）。管底封折是软管强度最薄弱的部分，一般采用多重封折结构。软管管底封折有平式单封折、平式双封折、平式鞍形封折、平式反向双封折和波纹单封折等形式（图 4-65）。

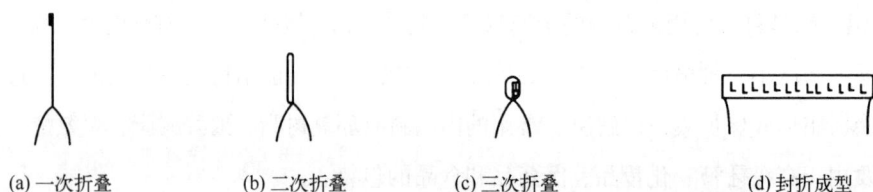

(a) 一次折叠　　(b) 二次折叠　　(c) 三次折叠　　(d) 封折成型

图 4-64　管底封折成型图

(a) 平式单封折　(b) 平式双封折　(c) 平式鞍形封折　(d) 平式反向双封折　(e) 波纹单封折

图 4-65　金属软管管底封折结构

目前，我国尚未制定出金属软管规格尺寸的国家标准，其规格尺寸主要与生产软管的设备和用户的需求有关。表 4-12 列出了直径 ϕ12～32mm 的金属软管的规格尺寸以供参考，其余的规格尺寸可根据要求制造。

表 4-12　ϕ12～32mm 的金属软管的规格尺寸

规格	管身长度 L/mm	软管外径 d/mm	光管壁厚 e/mm	光管质量 /g	管肩质量 /g	管嘴牙距 l/（mm/牙）	色管质量 /g
ϕ32	165 ± 0.5	$31.9 \sim 32.0$	$0.120 \sim 0.150$	8.15 ± 0.15	2.85 ± 0.10	2.11	8.55 ± 0.20
ϕ25	128 ± 0.5	$24.9 \sim 25.0$	$0.100 \sim 0.130$	4.25 ± 0.15	1.55 ± 0.10	1.59	4.55 ± 0.20
ϕ22	123 ± 0.5	$21.9 \sim 22.0$	$0.100 \sim 0.130$	3.75 ± 0.15	1.35 ± 0.10	1.59	3.95 ± 0.20
ϕ16	85 ± 0.5	$15.9 \sim 16.0$	$0.090 \sim 0.120$	1.65 ± 0.10	0.55 ± 0.10	1.59	1.75 ± 0.15
ϕ12	52 ± 0.5	$11.9 \sim 12.0$	$0.090 \sim 0.120$	0.72 ± 0.10	0.37 ± 010	1.59	0.80 ± 0.10

目前具有国际先进水平的德国产 H200 全自动铝管生产线所生产的铝管尺寸规格见图 4-66 和表 4-13。

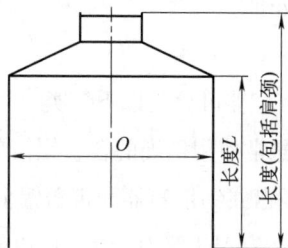

图 4-66　铝管的结构尺寸

表 4-13　铝管的尺寸规格

种类	外径 /mm	管长 /mm	内容量 /mL
4 号	12.7	50～70	3～5
	13.5	60～80	5～7
5 号	15.9	80～100	10～15
	17.5	90～100	15～20
6 号	19.1	100～130	20～25
	20.6	100～130	25～35
7 号	22.3	110～140	35～45
8 号	25.4	130～150	50～60
	27.0	150～160	65～75
	28.6	150～160	75～85
	30.2	160～180	85～95
	31.8	160～180	95～105

4.6.2　铝箔容器

金属箔种类较多，有铁箔、硬（软）铝箔、铜箔等，利用金属箔可制成精巧美观、形式多样的包装容器。目前最常用的金属箔容器是铝箔容器。

随着旅游业的发展和生活水平的提高，铝箔容器发展很快，主要用来包装食品、医药用品和化妆品。尤其是用铝箔容器包装的快餐食品，不仅无毒、卫生、方便运输、适宜冷存，而且能够保鲜、保味，随时加热食用，同时还能避免因塑料盒包装产生的环境污染。

（1）特点

① 质量轻，表面光洁，可彩色印刷。

② 传热性好，既能高温加热又能低温冷藏。

③ 阻隔性好，厚度 0.015mm 以上的铝箔对光、水、气、化学及生物污染有可靠的隔绝

作用。

④ 加工性好，可制成多种形式、种类和容量大小不同的容器，以满足多方面需要。

⑤ 开启方便，使用后易回收处理。

（2）分类及结构

按照容器的结构、外形，铝箔容器可分为以下三类。

① 皱壁铝箔容器。这类容器通常使用稍硬的合金铝箔制造，是目前铝箔容器中的主要类型。根据容器的结构特点又分为浅盘式铝箔容器和带盖铝箔容器两种。前者没有盖，主要用以盛装食品，如蛋糕托、面包盘等。容器边缘有卷边、折边或两者组合等多种形式（图 4-67），容器的形状有圆形、矩形、三角形、椭圆形等。带盖铝箔容器的形状与前者相同，容器的凸缘为直边折叠，将纸盖或透明塑料盖嵌在其中实施密封（图 4-68），但在流通中容易使容器变形，从而破坏盖封的密封性，因此仅用于冷冻食品和航空用餐的包装。

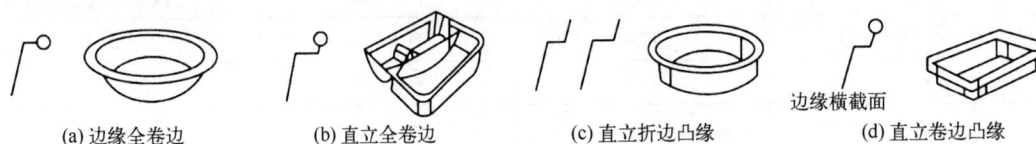

(a) 边缘全卷边　　　(b) 直立全卷边　　　(c) 直立折边凸缘　　　(d) 直立卷边凸缘

图 4-67　无盖铝箔容器的各种边缘形状

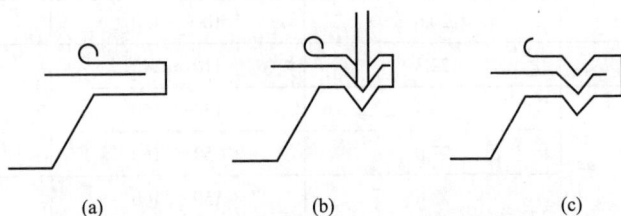

(a)　　　　　　(b)　　　　　　(c)

图 4-68　铝箔容器的边缘结构和封盖类型

② 光壁铝箔容器。这类铝箔容器在形态上无褶皱，在外观和性能上与皱壁铝箔容器有明显的区别。其容器侧壁光滑，水平凸缘平滑，内表面涂有热塑性树脂，容器成型时易构成连体盖材，与平滑的水平凸缘热封，形成全密封包装。可用于需要 100℃ 以下杀菌的食品如干菜、果酱的包装。在功能上有金属罐的屏蔽性和易开性，因而具有开发前景，但加工成本较高。

③ 铝箔蒸煮袋。这是一种比较理想的罐头软包装，可先将铝箔用干式复合法与高密度聚乙烯（HDPE）或聚丙烯（PP）薄膜做成复合薄膜，再制成铝箔蒸煮袋。

（3）铝箔容器的加工

铝箔容器的加工工艺流程是：坯料开卷→润滑→冲压成型→接料→检验→消毒→包装入库。其中冲压成型是重要工序，所用铝箔材料的厚度为 0.05 ～ 0.1mm。冲制铝箔容器需要模具，不过冲制光壁铝箔容器与冲制皱壁铝箔容器相比，前者对模具的精度、箔材的塑性要求较高，通常光壁铝箔容器的模具成本要比皱壁铝箔容器的模具高 3～5 倍。

思考与研讨

4-1 市场上的金属罐罐体多为圆柱面，如需加工图 4-1（a）所示罐体，应采用何种加工方法？你觉得这种加工方法比较适合推广至哪些产品？

4-2 中国青铜器工艺精良、制作精美，用作容器的有食器、酒器、水器，请选择其中的一类，收集物品资料，思考材料 - 工艺 - 结构的关联。

4-3 对于金属罐头产品，国内外数据表明，我国人均消费量远低于欧美、日本等发达国家，是否表明我国的金属罐头人均消费量还有较大的增长空间？请说说你的理解。

4-4 某饮料公司将其饮料包装从三片罐换成二片罐，请问这种变换的必要条件是什么？换装能带来哪些好处？

4-5 如果用镀锡薄钢板制作的一次性餐具来替代塑料餐具，是否具有可行性？在结构设计上有哪些注意事项？

4-6 若自热米饭、自热火锅等产品使用金属包装，如何合理选择材料、工艺？并指出结构设计要点。

扫码进入本章练习

第5章 玻璃包装容器结构设计

5.1 玻璃包装容器概述

浴火而生 变化多
端——玻璃瓶

玻璃容器是食品、医药、化学工业领域的主要包装容器。玻璃容器具有气密性好、化学稳定性高、光洁卫生、透明、外形美观、生产工艺简单、价格低廉、原料来源广、可回收利用等优点，普遍受到用户的青睐。

玻璃容器的种类繁多，从容量几十升的大瓶到几毫升的小瓶，从普通的圆形、方形瓶到特殊的异形瓶，从无色透明玻璃瓶到有色的遮光瓶及不透明的乳浊玻璃瓶，玻璃容器的结构设计是一个综合性问题，其涉及面极广，既要考虑内装物性质和包装要求，又要顾及包装容器造型和装潢问题，还要分析容器的结构性能强度和制作工艺等问题。因此，在设计时不能仅从艺术上考虑而无工艺分析。巧妙的构思、迷人的造型、迎合消费者的心理需求，最终都得从工艺上加以解决。此外，玻璃容器的设计还必须满足充填、密封与运输要求，并便于消费者使用。

5.1.1 玻璃包装容器分类

玻璃包装容器的基本结构形状主要取决于所盛装物品的种类和数量，每一种类的物品，如饮料、食品、药品、化妆品和化学试剂等都有各自特定的容器结构形状，如图5-1所示。但无论何种玻璃包装容器都有相同的组成部分：瓶口、瓶身、瓶底以及连接瓶口与瓶身的瓶肩和瓶颈部分（图5-2）。不同规格尺寸、不同形状的组成部分可以组合成各种各样不同形状、不同结构的玻璃包装容器。

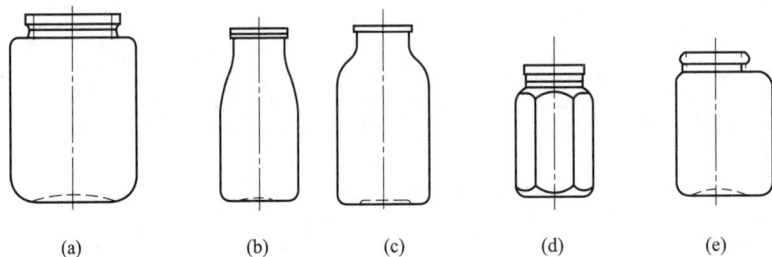

(a)　　　　(b)　　　　(c)　　　　(d)　　　　(e)

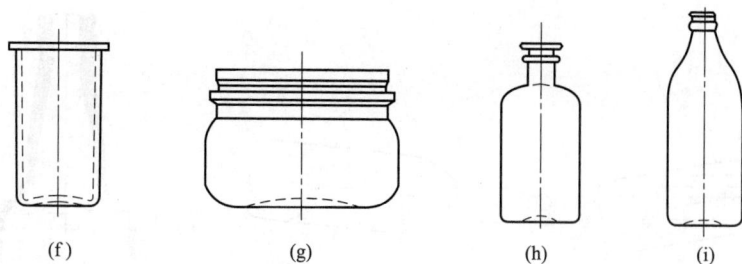

图 5-1 几种玻璃瓶的结构形状

（1）细口瓶

细口瓶是指瓶口内径较小的一类通用型瓶子，日常生活中最为常见。一般细口瓶瓶口内径小于 30mm，适用于储存和输送一定量的液体，如饮料、食用油、调味品等。

细口瓶类别中最典型的结构形状是啤酒瓶（图 5-3）。其结构特点是瓶口小，瓶颈较长，瓶肩逐渐过渡到瓶身。这样的结构有利于酒液从瓶内均匀而平稳地倒出。同时，在倾倒酒液时瓶肩部分低于瓶口，因此瓶内若有沉淀物的话将被瓶肩挡住而留在瓶内。所以尤其是灌装陈酒类的酒瓶，采用瓶肩突然过渡到瓶身的结构，像端肩瓶，过渡部分更为突出，其阻挡沉淀物的效果更佳，如图 5-4 所示。

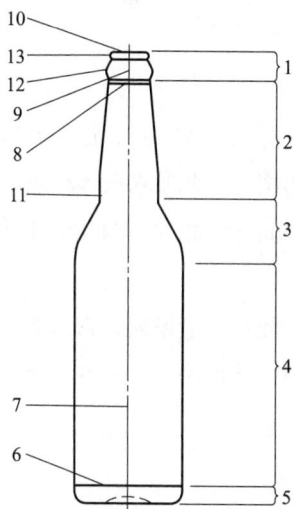

图 5-2 玻璃瓶的结构

1—瓶口；2—瓶颈；3—瓶肩；4—瓶身；5—瓶底；6—瓶底合缝线；7—成型模合缝线；8，9—口模合缝线；10—密封面；11—颈基；12—加强环；13—封锁环（瓶形不同，11～13 的名称不同）

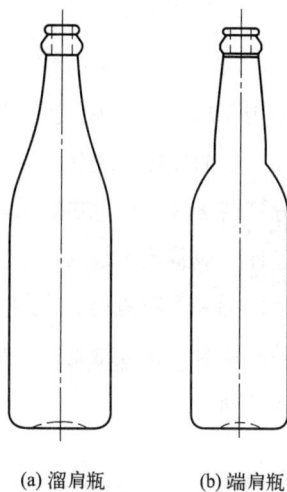

(a) 溜肩瓶　　(b) 端肩瓶

图 5-3 啤酒瓶结构

细口瓶口部和颈部较窄，灌装内容物后残留空气量少，内装物与瓶内密封后残留空气的接触面不大，如图 5-5 所示，因而能较好地保持内装物的原始状态、风味以及外观。这种瓶子被广泛地用于饮料的灌装储存。

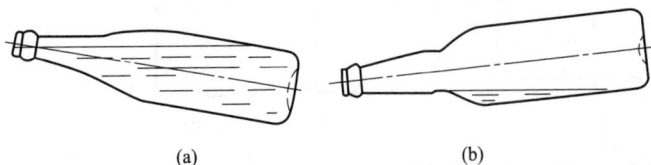

图 5-4　瓶形结构与液体倒出的关系

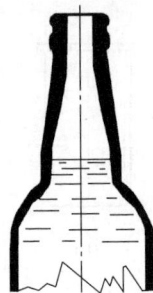

图 5-5　液体与空气接触面小的细口瓶

细口瓶有长颈瓶和短颈瓶之分。长颈瓶制作难度大；短颈瓶容易成型，瓶厚较均匀，强度性能较好，但灌装作业相对长颈瓶难些。

短颈细口瓶的种类较多，广泛用于各种常压液体的储存。

（2）大口瓶和广口瓶

大口瓶是介于细口瓶和广口瓶之间的一类瓶子，其瓶口内径通常大于 30mm，适用于快速灌装和灌装黏度较大的液体。大口瓶制瓶容易，壁厚均匀，生产速度快，其主要问题是瓶颈较大，内装物与瓶内残留空气的接触面较大。

广口瓶（图 5-6）的瓶口内径较大，远大于 30mm。广口瓶可用于装填粒状、粉状固体等物料。

（3）罐头瓶

罐头瓶用于罐头工业中，填装罐头食品。根据罐头食品的加工特点，这类玻璃瓶必须能承受食品加工中的加热处理和温度变化产生的冷热压力作用。因此要求瓶罐材质均匀，结构各组成部分圆滑贯接，避免热应力和机械应力的局部集中而导致瓶罐结构强度降低。这是这类瓶罐在设计中应着重考虑的问题。

罐头瓶的另一个特点是，密封方法是靠罐内外压力差使封盖紧贴瓶口密封面，并辅以封盖与瓶口间的锁合力完成密封的。根据这一特点，瓶口的设计也是一个重点。罐头瓶的瓶型结构如图 5-7 所示。

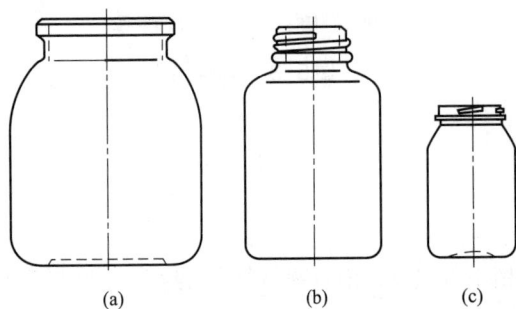

图 5-6　广口瓶

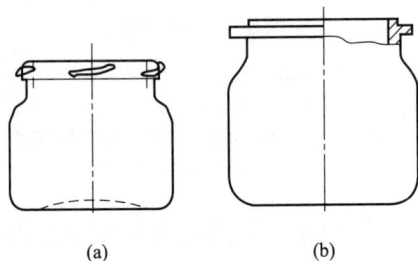

图 5-7　罐头瓶

（4）日用包装瓶罐

用于各种日用品包装的、大小不一的玻璃瓶罐有很多，它们的形状、结构及封口形式也是多种多样的。但它们的结构特征、应用特点不如前述的几类瓶罐那么突出，而且使用数量、批量较小，限于篇幅，本书不详细讨论。

（5）异形瓶

所谓异形瓶，是除了普通圆形瓶以外的各种形状的包装瓶。这些瓶形结构复杂，有多面体、椭圆形柱体、多种旋转体以及它们的多种组合，有些是手工造型，这些包装瓶的成型模具成本高、生产率低、制造及运输成本高。

异形瓶可以用作酒瓶、罐头瓶，也可以用作日用品包装瓶，多数用于高档商品，以高档化妆品用得为多，或纯属销售需要才选用。

（6）安瓿

安瓿是用来包装注射用液体药物的玻璃容器。安瓿通常是装一次剂量药品的容器，装药后用火焰密封瓶口，所以安瓿是可靠性极高的包装容器。

安瓿的结构有两种类型，一种是普通型，一种是易折型，如图5-8所示。普通型结构由于开启困难且不安全，已不再采用。易折型安瓿的特点是只需在颈部稍加施力，一折便断，使用极为方便，产生的玻璃碎屑少，安全性高。

易折型安瓿的结构特点是其颈部有一收缩颈环（缩环），环上有道刻痕（或色环、色点）。刻痕使安瓿颈部产生微裂纹，色环及色点则利用低熔点釉玻璃与安瓿玻璃两者间的热膨胀性能的差异，使色环处或色点处的玻璃上产生一定的预应力而具有易折性能。在三种易折结构中，采用刻痕结构的安瓿易折性最好，其折断口平整，碎屑少，安全可靠。

（7）大型瓶

大型瓶（图5-9）主要用于盛装极易串味或挥发的化工产品，容量为5～50L。

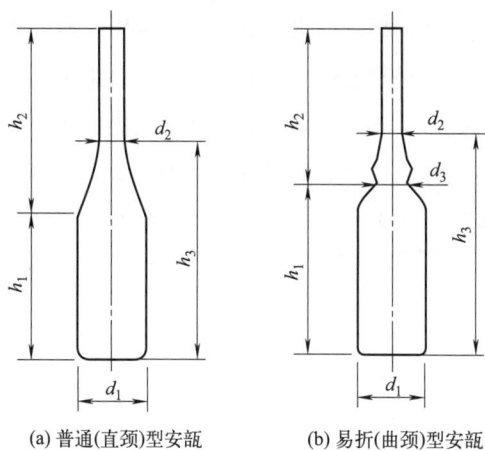

(a) 普通(直颈)型安瓿　　(b) 易折(曲颈)型安瓿

图5-8　安瓿的规格

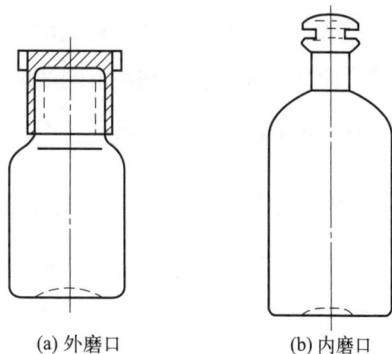

(a) 外磨口　　　　(b) 内磨口

图5-9　大型瓶

5.1.2 常用玻璃包装容器材料

玻璃包装容器通常选用具有代表性的钠钙硅玻璃制作。对于耐化学性要求较高的玻璃包装容器，有时还可选用硼硅酸盐玻璃。这种玻璃化学稳定性好，热膨胀系数小，热稳定性能好。

玻璃包装容器在设计玻璃组成时，首先要根据被包装对象、性能和包装特殊要求设计出合理的玻璃化学组成，根据玻璃的化学组成和选择的各种原料分析化学成分，通过计算得到玻璃配方；然后按照配方将各种原料按照一定比例称量混合均匀，则得到玻璃配合料。通常玻璃包装容器所选用的原料有：硅砂、长石、纯碱、石灰石、白云石等。对于有的包装容器玻璃如外观有一定颜色要求时，还可在玻璃配方中加入一定量的着色剂，如铬、铁、钴、铜等氧化物，可使玻璃着上各种颜色，如琥珀色、绿色、青白色、蓝色以及产生各类乳浊效果。具有代表性的瓶罐玻璃化学成分组成如表5-1所示。

表5-1 有代表性的瓶罐玻璃化学成分组成　　　　　　　　单位：%

类型	SiO_2	Al_2O_3	Fe_2O_3	CaO	MgO	Na_2O	K_2O	SO_3
无色瓶	72.0	2.0	0.05	10.5	0.5	13.8	1.2	0.16
茶色瓶	70.6	2.6	0.15	10.2	0.5	14.0	1.8	0.12
绿色瓶	70.5	2.5	0.10	10.2	0.5	14.2	1.8	0.18
无色瓶（美国）	72.4	1.7	0.06	9.6	1.7	13.8	0.6	0.18
茶色瓶（美国）	71.9	2.0	0.24	9.8	1.1	14.1	0.7	0.10
绿色瓶（美国）	72.0	1.9	0.15	9.2	1.4	14.4	0.6	0.17

玻璃颜色的选择，可以根据内装物品质的要求、包装的需要和装潢装饰的目的确定。例如，可以利用无色玻璃使消费者能清楚地看到瓶罐内的产品；要防止啤酒、果酒、果汁等在货架存放时因光照特别是紫外线照射而变质，需选择琥珀色、茶色、绿色玻璃瓶灌装。深色的玻璃屏蔽紫外线遮光效果较好，蓝色和乳白色玻璃的装饰效果较好。可以选用的着色剂种类很多，甚至可以说玻璃的颜色几乎是无限的。如使玻璃着红色的有氧化铜、氧化亚铜、硫化镉，着黄色的有氧化铁、氧化锑、氧化银、氧化硫，着绿色的有氧化铬、氧化亚铁、氧化钒等。此外，同一着色剂在不同的碱度、不同的氧化或还原介质条件下可能会呈现不同的色彩。选择玻璃颜色时还要注意，不同颜色的玻璃，加工要求和成本是大不相同的。

5.1.3 玻璃包装容器成型工艺

（1）玻璃包装容器成型方法

将符合要求的玻璃配合料，加入玻璃窑炉内，在1500℃左右温度下，玻璃配合料中各氧化物发生物理、化学或物理化学反应，通过硅酸盐形成—玻璃形成—澄清均化—冷却四个阶段，最后成为合乎成型要求的玻璃液。这一过程称为玻璃的熔化过程。将合乎成型要求的玻璃液做成玻璃制品的生产过程称为玻璃的成型过程。玻璃包装容器的成型方法主要有以下几种：

①吹－吹法成型。由两个相同的作业循环组成，即在气体动力下先在带有口模的雏形模中制成瓶口和吹成雏形，再将雏形移入成型模中吹成制品。因为雏形和制品都是吹制的，所以称为吹－吹法（图5-10）。吹－吹法主要用于生产细口瓶。根据供料方式不同又分为翻转雏形瓶泡吹法、真空吸吹法。

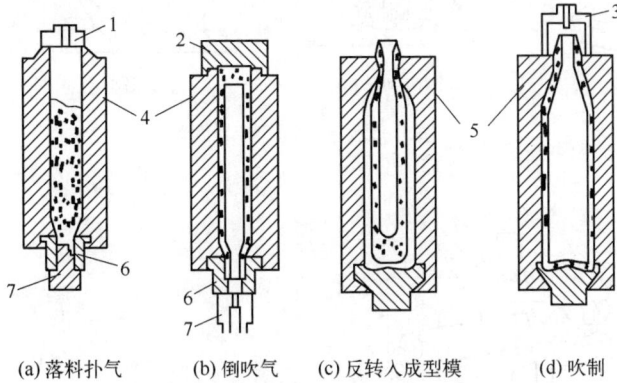

(a) 落料扑气　　(b) 倒吹气　　(c) 反转入成型模　　(d) 吹制

图5-10　翻转雏形瓶泡吹法示意图
1—扑气头；2—闷头；3—吹气头；4—雏形模；5—成型模；6—口模；7—顶芯子

②压－吹法成型。由两个不同作业循环组成，即在冲头冲压作用下先用压制的方法制成瓶口和雏形，然后再移入成型模中吹成制品。因为雏形是压制的，制品是吹制的，所以称为压－吹法（图5-11），主要用于生产广口瓶和罐头瓶。

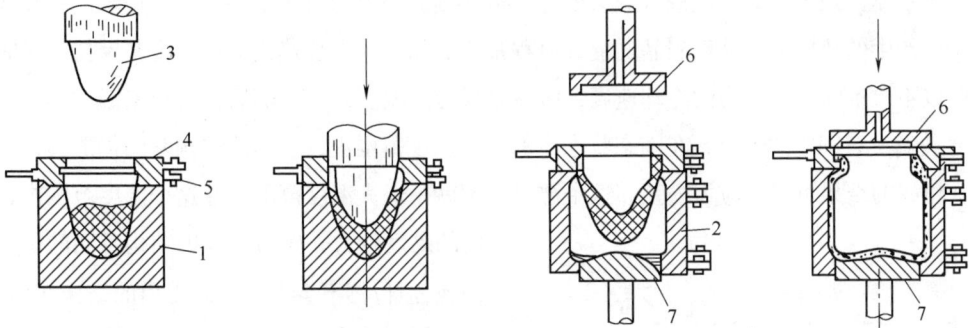

图5-11　压－吹法成型广口瓶示意图
1—雏形模；2—成型模；3—冲头；4—口模；5—口模铰链；6—吹气头；7—模底

③压制法成型。利用冲头将玻璃料压入到模身、冲头和口模共同构成的封闭空腔内，在冲头作用下使玻璃料充满空腔而成型为成品（图5-12），主要生产敞口瓶罐。压制法不适合制作壁厚及形状复杂的瓶罐。

④管制成型。以上几种为模制成型。而对于小型药瓶来说，管制成型更为方便和精确。首先把玻璃拉制成型为玻璃管，拉制的方法分为垂直引下（或引上）和水平拉制（图5-13）

两类；然后把拉制好的玻璃管截割成一定长度，在管制成型机械上连续切断，通过局部加热，成型瓶口和封底。其工序类似于玻璃安瓿制作。

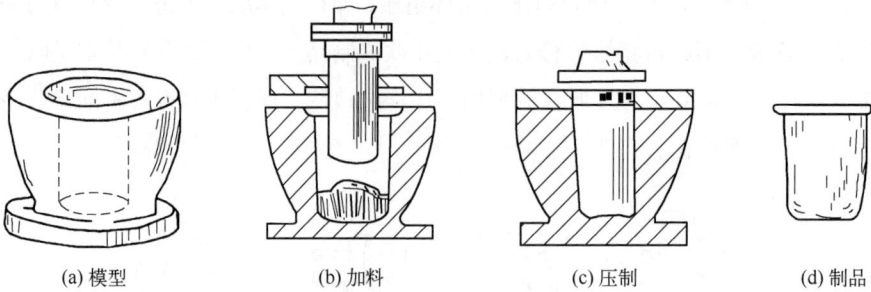

(a) 模型　　　　　(b) 加料　　　　　(c) 压制　　　　　(d) 制品

图 5-12　压制成型示意图

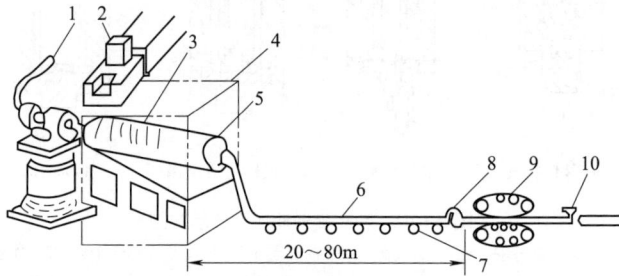

图 5-13　水平拉制法示意图

1—空气入口；2—闸板；3—料带；4—马弗炉；5—旋转筒；6—玻璃管；7—导轮；8—导辊；9—拉管机；10—截管器

（2）玻璃包装容器的退火

玻璃制品成型以后，应进行退火处理。玻璃制品退火的目的主要是消除玻璃制品在成型过程中产生的热应力。玻璃制品的退火过程是将制品在炉中加热到退火温度并保持一定时间，然后以不致重新产生应力的冷却速度，缓冷至应变点温度以下，随后快冷至室温。

玻璃没有固定的熔点，在固态状态下的某个温度范围内，玻璃的结构基团仍能够进行位移，位移的结果可以使应力松弛，这个温度范围就是退火温度范围。在这个温度范围内，玻璃的黏度较大，应力能够因结构基团的位移而松弛，但位移不会产生可测得出的结构变形。一般玻璃容器的退火温度为 500～600℃，不同成分的玻璃的退火温度是不同的。对于退火不良的玻璃制品，由于热应力没有完全消除，其力学强度会下降，有时甚至会发生自爆现象。

通常将玻璃制品的退火工艺分为加热、保温、缓冷和快冷四个阶段，每个阶段的温度状态、持续时间如图 5-14 所示。

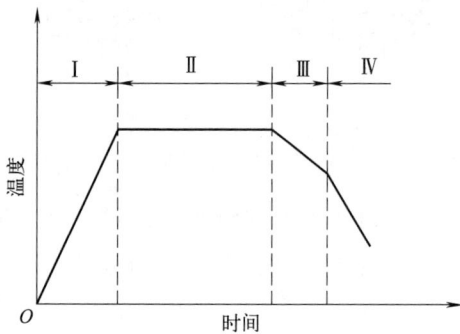

图 5-14　玻璃制品退火工艺曲线

Ⅰ—加热段；Ⅱ—保温段；Ⅲ—缓冷段；Ⅵ—快冷段

（3）两种方法的比较

压 - 吹法和吹 - 吹法的主要区别是雏形的成型方法不同。吹 - 吹法先对料滴的顶部向下吹气，使瓶口部分成型，然后通过新成型的瓶口向上吹气，使料滴形成雏形瓶泡。在压 - 吹法中，先由冲头向上挤压料滴，使其在初型模中成型，待瓶身雏形形成后，瓶口部分才最终完整成型。

另外，压 - 吹法生产的雏形的任何位置壁厚均相同且较薄，因此最后成型的瓶罐壁厚也薄而均匀，这一点也是压 - 吹法的主要优点。吹 - 吹法由于雏形瓶泡是用空气顶着料滴吹成的，因此模具、料滴等总有微小的热不均匀性，所以吹成的瓶泡很难保证壁厚相同。

5.2 玻璃瓶结构分析

5.2.1 玻璃瓶结构特征

玻璃瓶大部分成互相连在一起的五个部分，以细口瓶为例，其各部位及其细部的结构名称如图 5-15 ～图 5-18 所示。

① 瓶口。是指瓶罐的最上部分，在此处盖上瓶盖，可将瓶子密封起来，内装物从此处装入或倒出。

② 瓶颈。是指从口模合缝线开始到瓶颈基线处（即弯曲开始扩大处）的部分。

③ 瓶肩。是指颈部基线到身部之间尚未成直线的弯曲部分。

④ 瓶身。是指容纳装入物品的部分。

⑤ 瓶底。是指可使瓶罐放平的部分。其中从底模合缝线起到底部开始成为平面的弯曲部分称为底脚。

上述五部分的细部结构如下：

① 封合面。或称为口边，是指瓶口与瓶盖衬垫接触的部位。

② 瓶唇。瓶罐的口部边沿。

③ 封锁环。是指被瓶盖紧箍的瓶口部位。

④ 加强环。是指瓶口下面的凸出环。

⑤ 夹持环。便于钳送瓶罐的凸缘。

⑥ 颈根。瓶颈与瓶肩的连接处。

⑦ 商标区。是指瓶身粘贴商标的区域。如果有凹槽，则称为商标槽。

⑧ 瓶根。是指瓶身下部向内收缩与瓶底连接的部位。

⑨ 凹形底。是指瓶底向内凹陷的部位。

⑩ 灌装标线。是指按指标规定灌装的刻度线。

⑪ 顶隙。是指装有内装物的瓶罐上部存留的空间，以该空间容量与公称容量之比的百分率表示。

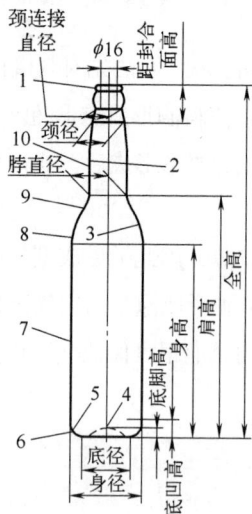

图 5-15 长颈端肩瓶

1—瓶口；2—颈内弧；3—肩内弧；4—底凹弧；5—底
脚弧；6—瓶底；7—瓶身；8—瓶肩；
9—肩外弧；10—瓶颈

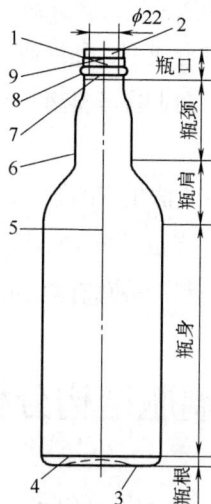

图 5-16 凸颈瓶

1, 7—口模合缝线；2—封合面；3—凹形底；4—底模合缝线；
5—成型模合缝线；6—颈根；8—加强环；
9—螺纹

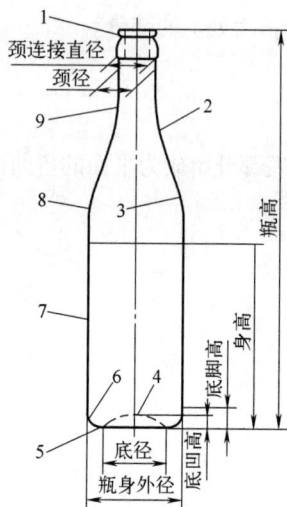

图 5-17 啤酒瓶

1—瓶口；2—肩外弧；3—肩内弧；
4—底凹弧；5—瓶底；6—底脚弧；
7—瓶身；8—瓶肩；9—瓶颈

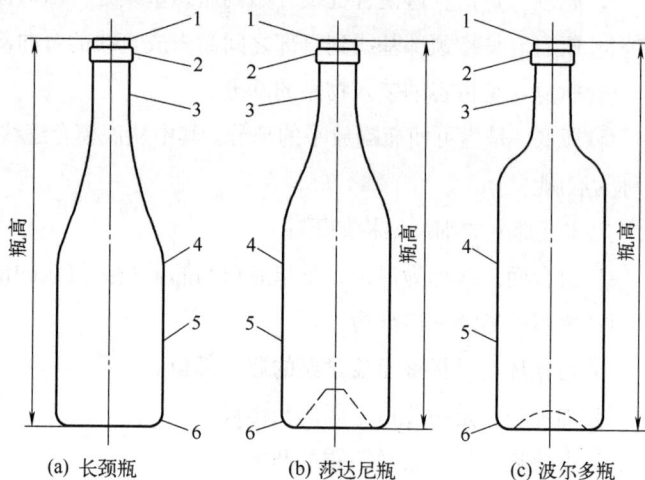

图 5-18 葡萄酒瓶

1—瓶口；2—加强环；3—瓶颈；4—瓶肩；5—瓶身；6—瓶底

制造玻璃瓶罐时，须使用口模、初型模、成型模和底模。在口模和初型模结合处、成型模与底模结合处以及在初型模和成型模的两个半部模之间，都会出现合缝线（又称哈夫线），如图 5-16 所示。合缝线是制瓶难以避免的缺陷之一。

5.2.2 玻璃瓶结构强度

玻璃包装容器的强度是玻璃容器结构设计中要特别重视的问题，容器的强度受到其形状、重量、作用应力和表面状态的制约。

（1）内压强度

内压强度是玻璃瓶强度的重要指标，瓶形对瓶内压强度影响很大。一般瓶形越复杂，其内压强度就越低。

根据薄壁圆筒的内压强度理论，密封容器内压力主要产生环状应力和轴向应力。环状应力可利用式（5-1）计算：

$$S = \frac{dP}{2t} \tag{5-1}$$

式中　S——环状应力强度，MPa；

　　　d——瓶身直径，mm；

　　　t——瓶身壁厚，mm；

　　　P——瓶内压力，MPa。

按格尔霍夫·托马斯（Gehlhoff Thomas）方法计算，玻璃强度为 $[\delta]$=63.70MPa。所以，当玻璃容器的 $S \leqslant [\delta]$ 时，就能满足强度要求。在同样条件下，瓶的轴向应力只有环状应力值的一半。

但在实际使用中，玻璃容器均为非圆柱体，在瓶肩、瓶颈、瓶体和瓶底处，曲率、厚度变化十分大，因此玻璃瓶的安全许用内应力值降低。为此，各国标准化组织都对玻璃瓶相应的内压强度作了规定，达不到规定强度的玻璃瓶不能使用。

（2）热冲击强度

玻璃瓶的热冲击应力是由于瓶子在使用过程中的温度迅速变化引起的。热冲击强度是玻璃瓶耐骤冷骤热性能的指标。当玻璃瓶受骤冷骤热作用发生热胀冷缩时，瓶壁内就产生复杂的应力；当此应力超过玻璃强度时，即发生破裂。

按热应力观点，圆形瓶热应力可用式（5-2）计算：

$$\delta = 3.5\Delta T \sqrt{t} \tag{5-2}$$

式中　δ——热冲击产生的张应力，MPa；

　　　ΔT——温度差，℃；

　　　t——瓶壁厚度，mm。

在热冲击下，瓶子受热产生的压应力较大，受冷产生的张应力较大，所以瓶子受热时不易破裂，受冷时反而容易破裂。

从上述分析，可以得出对设计玻璃容器结构有用的结论：容器壁越薄越好，厚度越均匀越好。

（3）机械冲击强度

玻璃瓶破裂的直接原因是机械冲击。机械冲击发生在容器与其他物体接触时，这些接触发生在制造、灌装、运输和消费者搬移过程中，所以机械冲击是一种很复杂的现象。

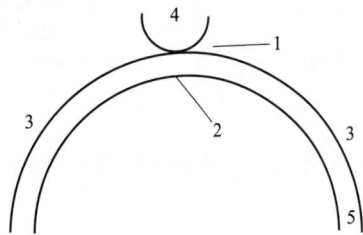

图 5-19　受机械冲击时产生的应力
1—接触应力；2—弯曲应力；3—扭转应力；
4—物体；5—瓶身

当瓶子的侧壁受机械冲击时，可产生三种主要的应力（图 5-19）：接触应力、弯曲应力和扭转应力。接触应力最大，弯曲应力次之，接触应力和弯曲应力虽然比扭转应力大，但它们集中在一个很小的区域，只要局部无伤痕，发生破裂的可能性不大；而扭转应力虽小但很重要，因为它作用在瓶子外表面很大的区域上，又因为外表面常有伤痕，所以实际破损几乎全是由扭转应力引起的。

机械冲击强度与瓶形也有一定的关系，根据试验的结果，可定性推断：冲击强度与筒体直径成正比。由图 5-20 可见，在瓶口处，机械冲击强度最弱。

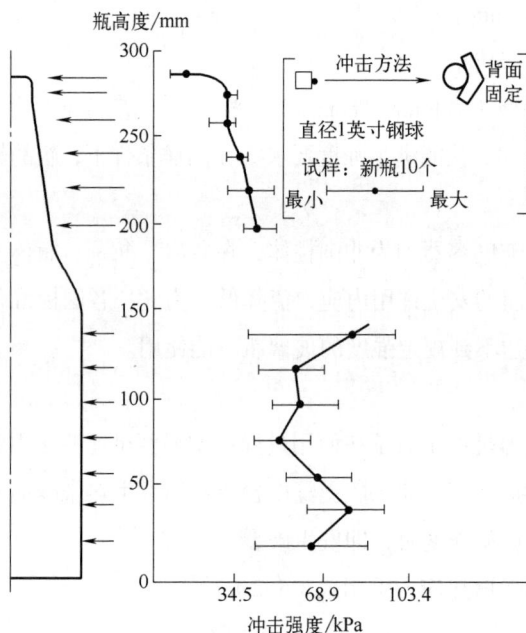

图 5-20　机械冲击位置与冲击强度的关系

（4）垂直载荷强度

垂直载荷应力是平行于瓶子轴向的应力，它主要产生于堆码过程中或瓶子加盖封闭的过程中。在垂直载荷作用下，这些应力将在瓶形轴向变形处，如瓶肩和瓶底边区域，产生张应力分力。分力的大小与其形状变化率（曲率）有关，曲率半径越小，产生的分力就越大，瓶子的垂直载荷强度相应就越小。图 5-21 所示为四面体瓶瓶壁内的应力分布。

以上所述为玻璃容器结构强度的几项主要指标。这几项指标都与容器的结构形状有相当大的关系，在设计过程中应综合考虑这些因素。另外，水冲击强度和倒转强度也需要适度考虑。

（5）水冲击强度

水冲击强度又称水锤强度。内装密度较大产品的玻璃瓶罐，在一定高度上突然向下跌落时，因瓶罐的内装产品并不随瓶罐立即下移，会使瓶罐顶隙部位的空气被瞬间压缩，内装产品的下部和瓶底之间则出现了一定的真空，形成瞬间的上压下空状态，当内装物瞬间下落，将给底部以强烈的冲击，从而使瓶底在万分之一秒的时间内受到很大的冲击压力，导致瓶罐的破裂。水冲击强度反映玻璃瓶罐承受这种冲击的能力。

（6）倒转强度

当瓶子在桌上或台架上倒下时，有可能破裂，因而玻璃瓶需要一定的倒转强度，它是冲击强度的一种。瓶子的倒转强度与瓶子的瓶底及瓶身的造型设计有关。在不同的场所，不同重量及形状的瓶子在倒转时所受到的冲击也不同，引起瓶子的破损程度也不一样。瓶子的重心位置发生变化，其破损率随之变化，其关系如图5-22所示。

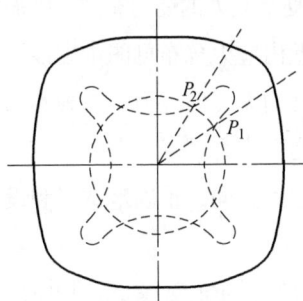

图 5-21　四面体瓶瓶壁内的应力分布

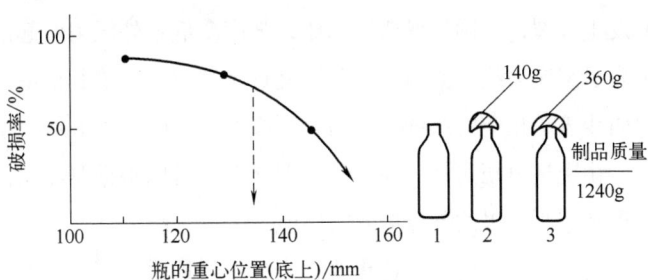

图 5-22　瓶的重心位置与破损率的关系
1—试样1；2—试样2；3—试样3

5.2.3　玻璃瓶结构强度分析

玻璃容器的结构形状，直接决定玻璃容器的结构强度。一般玻璃容器的形状越接近球形结构，其强度就越大；瓶形越复杂，强度就越小。外形竖直平滑的瓶子，结构强度通常比形状曲折变化的瓶子结构强度大，从本质上看，这是由于玻璃冷却凝结时，在形状变化区域的局部集中了残余的应力，当瓶子受力时，残余应力与外力叠加作用，使得瓶子的表观强度下降。从瓶形变化曲率来看，变化过渡区的曲率半径越小，应力集中就越大，强度降低就越多。在玻璃应力观测仪的屏幕上，可以清楚地看到：在瓶肩、瓶底边弯折区域，存在着明显的应力。

（1）瓶身形状与强度

玻璃瓶子的横截面形状主要影响瓶子的内压强度，几种横截面形状的内压强度比较如表5-2所示。

表 5-2　几种横截面形状与内压强度的关系

横截面形状	内压强度
圆形	100%
椭圆形（长短轴比 2：1）	50%
正方形（圆角半径较大）	25%
正方形（圆角半径小，较锐）	10%

注：以圆形截面的内压强度为 100% 比较。

由上可知，瓶子形状越复杂，其强度越低；具有的锐角越多，强度越差。

当瓶子呈圆柱形时，瓶子在内外压力作用下，周身表面各处形成的应力是一样的。在内力作用下瓶子周身表面的应力是张应力，在外部大气压力作用下形成的是压应力。横截面形状为圆形的瓶子一般不存在残余应力，所以在壁厚一定的条件下，具有一定的内压强度，如果瓶子横截面形状为椭圆形等非圆截面，情况就不同，这时瓶内的内压力力图使瓶体变为圆柱体。如果瓶内有一定的真空度，则外部大气压力就力图将瓶壁向内压。这时作用在瓶子的整个瓶壁上的压力互不相同，再加上内外压力和残余应力的叠加，局部常常产生很高的应力，其应力的方向在各处是不同的，如图 5-21 所示，玻璃承受这种复杂应力的能力很差，因而容易发生破裂，与圆柱形瓶体相比，强度变低。外压力引起的瓶壁内应力分布见图中虚线，虚圆表示零应力线。虚圆与虚曲线交点（即 P_1、P_2 等其他诸点）处均无任何应力。在虚圆内的虚曲线表示相应的瓶壁处作用着压应力，虚圆外虚曲线表示的为张应力。

由上述分析可知，在设计异形瓶时，可以根据制品壁内的应力方向，正确地选择和设计瓶形及壁厚，以改善异形瓶的性能。

另外，瓶子的径高比也要适当，一般地讲，瓶身不能过于细高，重心要偏低，相应的整体结构强度才较大。

（2）肩部形状及强度

玻璃瓶子的肩部形状主要影响瓶子的垂直载荷强度。表 5-3 所示为三种肩部形状设计及相应强度的关系。

表 5-3　瓶肩形状与强度的关系

编号	A	B	C
形状	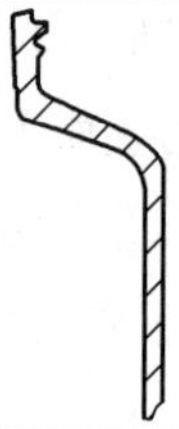		
结构强度特点	肩部大且平，肩面与颈部、身部弯折角度小，抗垂直载荷能力小，受水冲击或机械冲击时产生的应力将集中于弯折处，所以这种肩形不太好	肩部为圆锥形，肩部角度较大，冲击作用产生的应力较分散，力学性能比 A 型有所改进，各项强度比 A 型好	肩部形状接近流线型，具有良好缓冲作用，冲击作用产生的应力分布均匀，这种肩形各项强度都好

从表5-3可以看出，肩部过渡平缓的构型，强度较高；过渡弯折部分的折角（夹角）越大，结构性能就越好。

（3）瓶身下部与瓶底形状及强度

瓶身下部和瓶底形状对强度的影响较复杂，如表5-4所示。表中三种不同的瓶身下部和瓶底间的过渡形状，对各种强度指标的影响各不相同。从综合性能来看，瓶身与瓶底平缓过渡的构型较好。

表 5-4　瓶身下部和瓶底形状与强度的关系

编号	A	B	C
形状			
结构强度特点	瓶壁垂直，垂直载荷力大；底脚呈锐角，冲击时产生应力集中，抗机械冲击和热冲击性能较弱；水冲击作用时在底脚处将产生较大的弯曲应力和张应力，装运液体的瓶罐一般不用这种瓶形	瓶身与瓶底弧状过渡，使应力得以分散，抗冲击性能较好；瓶身与瓶底过渡处虽然弯曲，但能较好地传递垂直载荷，故抗垂直载荷性能也较好	瓶身与瓶底弯曲成球形突出状，抗机械冲击和抗垂直载荷性能较好，但水冲击时在弯曲处将产生很大的弯曲应力和张应力，所以其抗水冲击性能特别差，设计时应避免采用这种瓶形

瓶底适当内凹（隆起）以及采用花纹构造，可以提高瓶子的稳定性，减少底边的划伤。花纹底边还可以使瓶底部分因接触温差而受到的热冲击作用降低。

（4）瓶子的表面状态与强度

玻璃瓶表面，一般都存在许多细小的缺陷。这些缺陷是在瓶子的制造、运输和使用过程中，由于彼此相互接触或与其他工件接触而不可避免产生的。这些缺陷的存在将严重降低瓶子的强度，为此，在设计瓶子时，可以采取一定的措施提高瓶子的表面强度，如涂覆表面涂层或进行表面处理；也可以设计一些构件，使接触集中在那些对玻璃瓶子强度影响极小的特定接触区域内，如在底部支承面压花纹，或在瓶身较突出部位设计凸纹或椭圆，把碰撞接触集中在这些部位，这样就大大避免了瓶身受损，从而保持足够的强度。

（5）瓶子的壁厚与强度

不同的瓶壁厚对结构强度的影响是不同的，瓶壁厚薄与强度的关系如下：当瓶子的壁厚由厚变薄时，瓶子的内压强度下降，热冲击强度提高，垂直载荷强度降低，机械冲击强度增加（弹性撞击范围内）。

在一定的环境温度下，薄壁使温度迅速趋向均衡，所产生的热应力变小，只有温差较大时才可能超过材料的极限强度。垂直载荷强度随壁厚变薄成比例地降低。

机械冲击作用在瓶壁上时，在弹性碰撞范围内，冲击能量被伴生的变形吸收，于是有可能减少破损。当瓶壁厚度变薄时，所吸收的冲击能量增加，缓冲作用变大，破损的可能性就减小了，实际上相当于提高了冲击强度。在同一压力作用下，壁厚越小，产生的内应力就越大，相应的抗内压作用能力就越小。

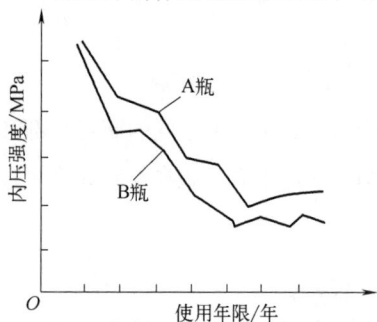

图 5-23　玻璃容器使用年限与内压强度的关系

（6）瓶子的使用年限与强度

随着使用时间的延长，玻璃的组织微观结构在各种外力的持续作用下会发生微小变化，因而承受内压的强度也会相应变化，其变化趋势如图 5-23 所示。

5.3　玻璃瓶结构设计

GB/T 24694—2021 摘要

GB/T 2639—2008 摘要

（1）玻璃容器的壁厚

玻璃容器的质量取决于设计尺寸，而壁厚的选择能否同容器尺寸保持正确的比例并满足产品性质的要求，取决于设计者的经验。如果壁厚过大，会使玻璃料熔化和容器冷却的热耗大为增加，而且在瓶壁内产生应力，使容器在脱模和冷却时产生变形。换言之，壁厚并不能提高容器的强度，反而增加瓶重，延长生产周期，造成产品缺陷。同时玻璃容器的壁厚要均匀，如果结构上需要壁厚变化，则应呈平缓的圆弧状过渡。

对于标准瓶，国家标准一般会规定瓶身厚度、瓶底厚度，以及瓶身厚薄比、瓶底厚薄比，一般要求厚薄比超过 2。具体厚度要求可查询对应国家标准。标准瓶相关现行国家标准有 GB/T 24694—2021《玻璃容器 白酒瓶质量要求》、GB 4544—2020《啤酒瓶》、GB/T 2639—2008《玻璃输液瓶》、GB/Z 2640—2021《模制注射剂瓶》等。

非标玻璃瓶常用壁厚见表 5-5。

表 5-5　非标准瓶罐常用壁厚　　　　　　　　　　　　　　单位：mm

瓶罐高度（圆形断面）或小边长度（矩形断面）	瓶罐壁厚							
	瓶罐直径（圆形断面）或大边长度（矩形断面）							
	≤ 50	> 50 ~ 75	> 75 ~ 100	> 100 ~ 125	> 125 ~ 150	> 150 ~ 175	> 175 ~ 200	> 200 ~ 250	> 250 ~ 300
≤ 20	2.0	3.0	4.0	5.0	6.0	7.0	8.0	9.0	10.0
> 20 ~ 40	2.5	3.5	4.5	5.5	6.5	7.5	8.5	9.5	10.5

瓶罐高度（圆形断面）或小边长度（矩形断面）	瓶罐壁厚								
	瓶罐直径（圆形断面）或大边长度（矩形断面）								
	≤ 50	> 50 ~ 75	> 75 ~ 100	> 100 ~ 125	> 125 ~ 150	> 150 ~ 175	> 175 ~ 200	> 200 ~ 250	> 250 ~ 300
> 40 ~ 60	3.0	4.0	5.0	6.0	7.0	8.0	9.0	10.0	11.0
> 60 ~ 80	3.5	4.5	5.5	6.5	7.5	8.5	9.5	10.5	11.5
> 80 ~ 100	4.0	5.0	6.0	7.0	8.0	9.0	10.0	11.0	12.0
> 100 ~ 125	4.5	5.5	6.5	7.5	8.5	9.5	10.5	11.5	12.5
> 125 ~ 150	5.0	6.0	7.0	8.0	9.0	10.0	11.0	12.0	13.0
> 150 ~ 175	5.5	6.5	7.5	8.5	9.5	10.5	11.5	12.5	13.5
> 175 ~ 200	6.0	7.0	8.0	9.0	10.0	11.0	12.0	13.0	14.0
> 200 ~ 250	6.5	7.5	8.5	9.5	10.5	11.5	12.5	13.5	14.5
> 250 ~ 300	7.0	8.0	9.0	10.0	11.0	12.0	13.0	14.0	15.0

（2）脱模斜度

与塑料容器一样，在压制法生产中，为了易于从玻璃制品中拔出冲头或从模具中取出制品，玻璃容器的内外侧壁必须具有一定的脱模斜度。脱模斜度的大小取决于压制制品的深度或高度以及玻璃料的收缩率。

如果没有脱模斜度，则容器出模就要不断摩擦模具侧壁，结果导致模壁变形或者表面出现细沟纹。细沟纹导致容器侧壁出现细裂纹，而且进一步引起脱模困难。

当然，脱模斜度不单纯是为了便于从玻璃制品中拔出冲头，有时还为了满足结构上的要求，例如，脱模斜度可以使容器壁厚得以增强或削弱。除此之外，利用脱模斜度可以调节玻璃料在模壁和冲头之间的流动速度，因为玻璃断面变化及其冷却，可以使玻璃料在模腔内的流动性降低。

表5-6为压制法生产普通玻璃包装容器的最小脱模斜度。表中数据来自生产实践，是以普通钠钙玻璃为原料的实验结果。

表 5-6　普通玻璃包装容器最小脱模斜度

开模至容器出模之间的时间 /s	每 100mm 平均长度的最小斜度 /(′)		开模至容器出模之间的时间 /s	每 100mm 平均长度的最小斜度 /(′)	
	内表面	外表面		内表面	外表面
5 ~ 20	20	40	> 60 ~ 80	80	25
> 20 ~ 40	40	35	> 80	100	20
> 40 ~ 60	60	30			

最小脱模斜度取决于模壁加工光洁程度、玻璃容器脱模时的冷却程度以及玻璃料的成分。当容器开始脱模时，由于周围冷空气的作用，其温度比压制时略低。容器冷却程度同开模至容器取出之间的时间长短有关，时间越长，容器冷却越甚，其收缩就越快；而当容器收缩时，仍位于容器内的冲头受到容器表面挤压，结果难以从成型孔中取出。与此相反，由于收缩的关系，容器外表面脱离模型，使得容器容易从模具中取出。从表5-6可以看出，随着

开模至容器脱模之间时间的增加，容器内表面的脱模斜度逐渐增加，而外表面的脱模斜度逐渐减小，这样使得开模时能够首先取出冲头，然后再从模具中取出容器。

在不可拆模成型的情况下，只有对表面需完全垂直的容器才可以采用近于 0° 的最小脱模斜度，但此时轻微的积碳污染会损害包装的内外表面。而对于可拆模，只有当打开模具后模型壁能较快脱离容器壁时，才可设计垂直表面。当脱模斜度不破坏结构时，为便于生产起见，应选择 1° 以上的脱模斜度，尤其是带有凹槽、加强筋、环形凸起等的容器，脱模斜度越大，压制和脱模越容易。

（3）瓶底圆角

瓶底圆角取决于成型模与底模的结合方式。若成型模同底模的结合系垂直于瓶轴线，即圆角向瓶身的过渡处是水平的［图 5-24（a）］，则应选用表 5-7 中的尺寸数据。根据这些数据所得的瓶底形状，在瓶壁较薄的情况下，就能避免瓶底凹陷。如果圆角位于瓶根，即成型模身以挤压法制造［图 5-24（b）］，则选用表 5-8 所列尺寸。该系列尺寸也适合瓶根壁加厚的瓶型，如果在瓶根处有一厚壁，就不会出现瓶底凹陷。对于双圆角瓶底［图 5-24（c）］，尺寸可参考表 5-9。双圆角底适合瓶身直径较大的瓶子，它可以更好地承受内应力。可通过作图（图 5-25）检验表中确定的数据是否正确。

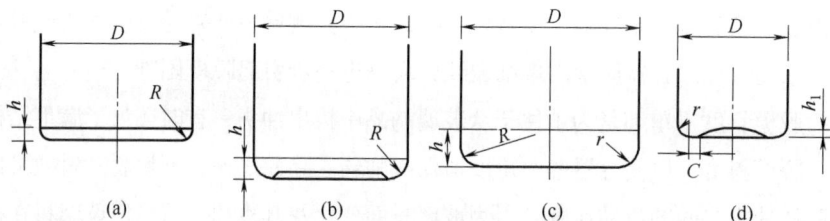

图 5-24 瓶底圆角

表 5-7　瓶底尺寸（一）　　　　　　　　　　　单位：mm

瓶身直径 D	0～20	30	40	50	60	70	80	90	100	110	120	130	140
瓶底高度 h	1.25	1.50	2.00	2.50	3.00	3.50	4.00	4.50	5.00	5.50	6.00	6.50	7.00
圆角半径 R	2.00	2.75	3.50	4.25	5.00	5.75	6.50	7.25	8.00	8.75	9.50	10.25	11.00

表 5-8　瓶底尺寸（二）　　　　　　　　　　　单位：mm

瓶身直径 D	0～20	30	40	50	60	70	80	90	100	110	120	130	140
瓶底高度 h	1.50	2.25	3.00	3.75	4.50	5.25	6.00	6.75	7.50	8.25	9.00	9.75	11.00
圆角半径 R	1.50	2.25	3.00	3.75	4.50	5.25	6.00	6.25	7.50	8.25	9.00	9.75	11.00

表 5-9　瓶底尺寸（三）　　　　　　　　　　　单位：mm

瓶身直径 D	0～20	30	40	50	60	70	80	90	100	110	120	130	140
瓶底高径 h	5	7	9	11	13	15	17	19	22	24	26	28	30
过渡半径 R	10	15	20	25	30	35	40	45	50	55	60	65	70
圆角半径 r	2.00	3.00	4.00	5.00	5.75	6.50	7.25	8.00	8.75	9.50	10.30	11.00	12.00

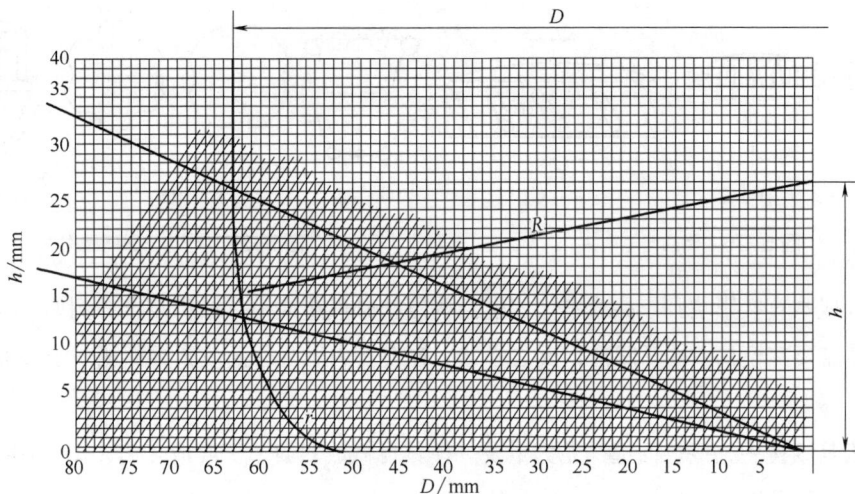

图 5-25 瓶身向双圆角底的过渡

D=126mm，*h*=27mm，*R*=63mm，*r*=11mm

一般玻璃瓶底部中央采用内凸结构，可增加瓶子的稳定性，防止擦伤，同时对增大内压强度和水冲击强度也有很大意义。机械化制瓶常用球冠形截面内凹底 [图 5-24（d）]，尺寸数据见表 5-10。

表 5-10　瓶底尺寸（四）　　　　　　　　单位：mm

瓶身直径 D	0 ~ 20	30	40	50	60	70	80	90	100	110	120	130	140
瓶底座尺寸 C	0.5	0.5	1.0	1.0	2.0	2.0	2.0	3.0	3.0	4.0	4.0	5.0	5.0
瓶底内凹底高度 h_1	1.00	1.25	1.50	2.00	2.50	3.00	3.50	4.00	4.50	5.00	5.50	6.00	6.50

（4）凸起和凹槽

设计表面有凸起和凹槽的玻璃包装，应能使容器自由脱模且模具制造简单。当使用可拆卸模时，模具要易于开启，同时又不损害玻璃包装制品的表面，因此除直线外的各种凸起都需要比较复杂的模具。当使用不可拆卸模时，凸起与凹槽应为直线且平行于脱模方向。小断面直凸起或斜凸起和凹槽模具成本较高，制造周期长，模具内凸凹表面清理和抛光费工费时，所以不建议采用；而大断面凸起对生产最为有利。图 5-26（a）（b）分别是用立式模和卧式模生产的瓶塞直凸起，其形状简单，抛光量小，制品外观好；而图 5-26（c）所示斜凸起，模具结构复杂（四瓣模），制造麻烦且易产生飞翅、尖刺等缺陷，不宜应用。

最好采用图 5-27 所示的凸起和大断面凹槽。图 5-27（a）的凸起结构，较之图 5-26（a）和（b），易于成型且可避免细裂纹。图 5-27（b）的大断面凹槽使人手便于执握，难以脱落，而且凹槽不像凸起那样容易碰坏。

（5）玻璃容器的形状

① 外形。玻璃容器的外形结构，必须使模具生产简单且减少制品生产中的辅助工序。

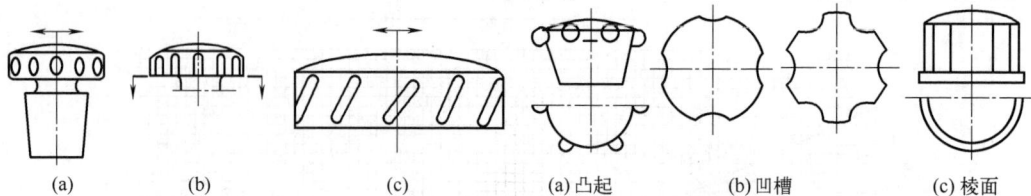

图 5-26 带凸起瓶塞头

图 5-27 凸起与凹槽结构

模具成本直接影响到产品成本。容器结构复杂必然造成模具结构复杂，例如，容器上的凸起必然需要在模具上的开凹槽，反之亦然。在模具内做圆柱面或圆锥面相对于棱面要简单得多。

在模具结构中，接合面选择尤为重要。模具可做成双瓣、三瓣或多瓣（图 5-28）。但对包装来说，三瓣以上的模具要尽可能避免。

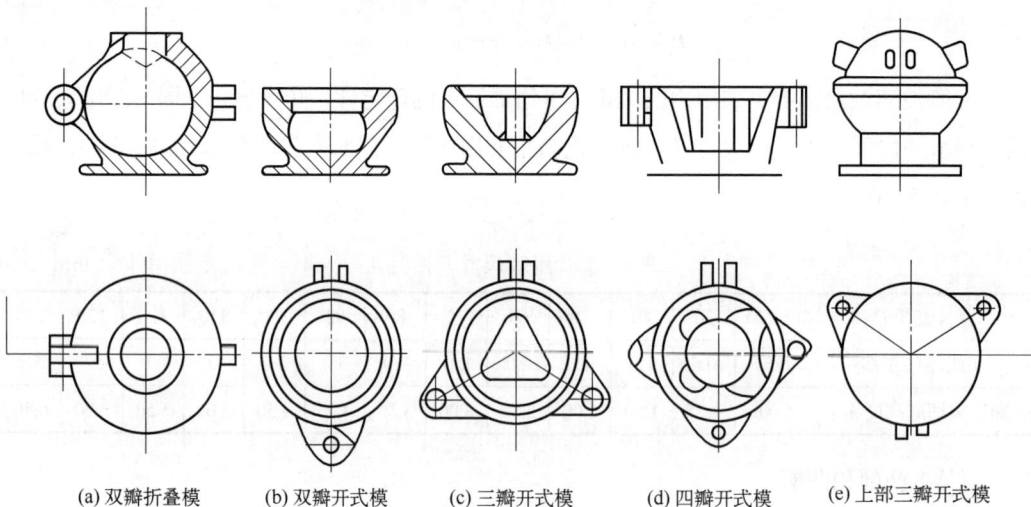

(a) 双瓣折叠模　　(b) 双瓣开式模　　(c) 三瓣开式模　　(d) 四瓣开式模　　(e) 上部三瓣开式模

图 5-28 组合模具

② 容器棱角。容器的棱角应呈圆弧形。尖棱不仅容易碰坏，而且在速冷时由于玻璃料收缩或内外负荷作用会产生内应力继而引起该处的裂纹。圆弧形棱角不仅便于玻璃料在模内流动，而且能使热应力和冷却过程所造成的缺陷减少，提高容器的力学强度。

增加容器强度表面起棱（图 5-29）可增加容器强度，也可防止小型容器壁的翘曲。玻璃料由可塑性状态转变为硬固状态之前存在翘曲的危险，同时又会因玻璃各部分收缩不均匀而产生节瘤。为消除这些缺陷而采用的加强棱不应设计成封闭型。因为封闭型棱不能自由收缩，极有可能产生内应力而使容器表面出现细裂纹，使容器强度降低。

③ 大型容器的壁翘曲。大型包装容器为防止壁翘曲，可在其表面沿脱模方向做沟纹或在底与盖部做波纹［图 5-30（a）］，最好采用稍向外凸的容器壁［图 5-30（b）］。

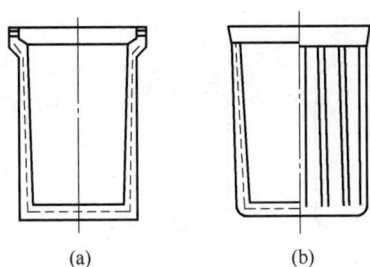

图 5-29　表面起棱

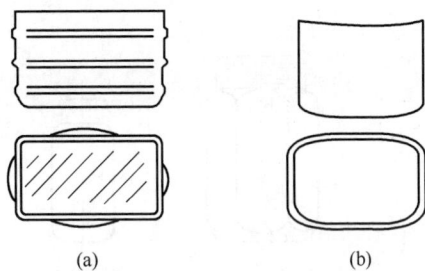

图 5-30　防止大型玻璃容器壁翘曲的设计

凸壁、起棱或沟纹除防止生产时壁翘曲外，对容器强度也有一定增强作用，但在设计时应要求与容器的造型和谐一致。

④防冲击箍设计。在易碰撞的瓶身上下部设计凸纹或珠状凸点形成箍圈（图 5-31），可以在增加瓶形美观的同时，不降低瓶内压力，提高热冲击强度 50%。这是因为在附有颗粒状凸点的瓶壁表面，拉应力发生在凸点间隙，而擦痕只产生在凸点表面，两者并不重合，因此，受拉应力作用时，瓶壁不易破损。

⑤麻面瓶表面装饰。麻面瓶可以对瓶表面进行修饰，使光线难以直射其中，防止内装物腐败，而且可以增大瓶体表面面积，并形成妨碍变形的小平面，同时还可掩盖瓶体缺陷（图 5-32）。

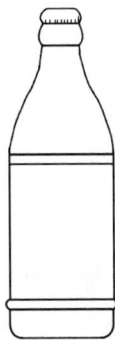

图 5-31　防冲击箍结构

图 5-32　麻面瓶

⑥异形瓶。异形瓶可作酒瓶、化妆品瓶或调味品瓶。所谓异形瓶指除了普通圆形瓶以外的各种形状的包装瓶，包括多面体、椭圆柱体、多种旋转体的组合以及工艺包装瓶。这些瓶形结构比较复杂，模具成本高，受力不佳，瓶壁厚，生产率低，生产及运输成本高，不适合自动化生产。但是外观效果好，有利于促销。

图 5-33（d）所示三面体瓶，可以增加装箱量，节省仓库面积。但其承受内外压力或真空的能力差，而且瓶壁玻璃料分布不均，瓶角处往往过厚或过薄，因此强度较低，极易发生运输破损。同时，减少库存面积所带来的节省低于破损所造成的浪费，往往得不偿失，更不用说增加壁厚还会造成能源消耗。所以最好选用四面体或六面体的瓶形。

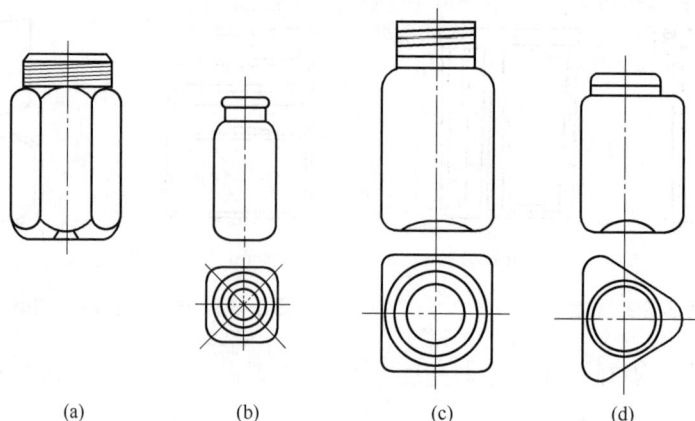

图 5-33 膏体化妆品瓶

椭圆柱瓶的长短半径之比应为 $\sqrt{2}$: 1（图 5-34），这样可使壁厚的玻璃分布均匀，而制造锥形难度也不大。

根据图 5-21 所示四面体瓶瓶壁内应力分布图，就可以正确选择瓶壁厚度。在张应力作用区，壁厚可取大值；而在压应力作用区，壁厚可取小值，以此改善异形瓶的强度。

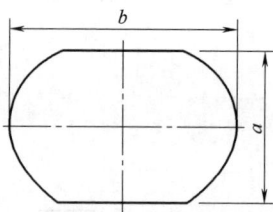

图 5-34 椭圆柱瓶长短半径比

（6）玻璃瓶口

玻璃容器在灌装以后要以适当的方法封口，对封口的要求不同，瓶口的结构也不一样。

① 冠形瓶口。是指以冠形盖进行封口的瓶口。多用于啤酒、汽水等开启后不再需要封闭的各种瓶子。瓶口各部分名称如图 5-35 所示，各部分尺寸如图 5-36 所示。详细尺寸及公差要求可查询 GB/T 37855—2019《玻璃容器 26H126 冠形瓶口尺寸》、GB/T 37856—2019《玻璃容器 26H180 冠形瓶口尺寸》。

② 螺纹瓶口。螺纹瓶口适用于需要经常开启和再封而又不需要开启工具的瓶型，如白酒瓶、普通葡萄酒瓶、调味品瓶、医药瓶等。螺纹瓶口可配塑料盖或金属盖，前者较后者螺纹粗、螺距大（图 5-37）。螺纹瓶口常辅以塞封，即采用内外盖的形式，以加强封口效果或赋予瓶口喷洒内装物等功能（图 5-38）。

螺纹瓶口中单头螺纹、多头螺纹和快旋螺纹应用最为广泛。单头螺纹瓶口只有一个螺纹起始线，瓶盖旋出速度较慢。多头螺纹瓶口有两道或两道以上螺纹起始线，瓶盖旋出速度较快。快旋瓶口又称凸缘瓶口，为间歇螺纹，瓶盖开闭只需 1/4 圈，因而速度最快。图 5-39 为多头螺纹和单头螺纹玻璃瓶口的螺纹类型，图中相关尺寸及系列公差见 GB/T 17449—1998《包装玻璃容器 螺纹瓶口尺寸》。

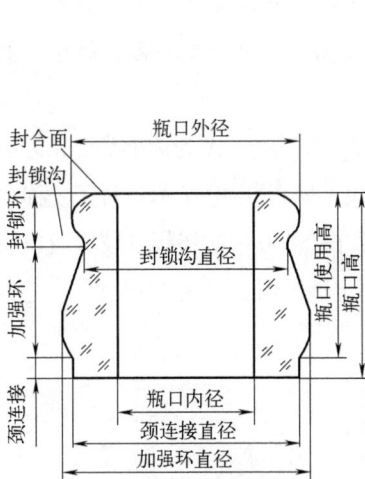

图 5-35 冠形瓶口各部分名称

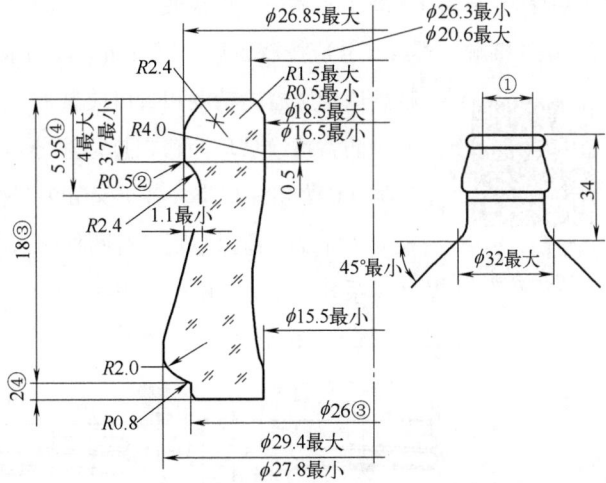

图 5-36 冠形瓶口各部分尺寸

①—在 1.5～3.0mm 深度处的瓶口内径应介于 16.5mm～18.5mm 之间。需进行重复封装或经特殊消毒处理的回收瓶，瓶口内径应介于 15.6～16.6mm 之间；②—最佳半径；③—适合于玻璃制造的公称尺寸；④—仅为制造而定的尺寸

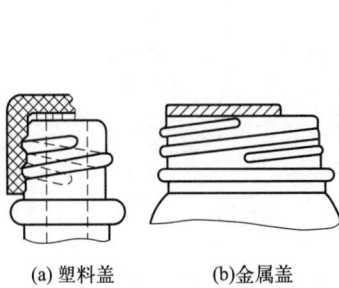

(a) 塑料盖 　(b)金属盖

图 5-37 螺纹瓶口及瓶盖

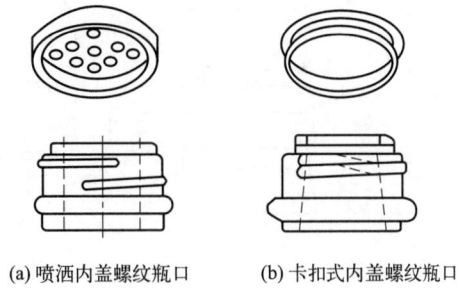

(a) 喷洒内盖螺纹瓶口 　(b) 卡扣式内盖螺纹瓶口

图 5-38 配有内盖的螺纹瓶口

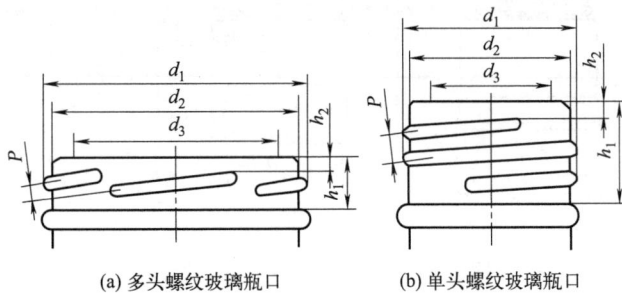

(a) 多头螺纹玻璃瓶口 　(b) 单头螺纹玻璃瓶口

图 5-39 螺纹玻璃瓶口的螺纹类型

螺纹瓶口可以是外螺纹瓶口，也可以是内螺纹瓶口。单头螺纹既可以是外螺纹，也可以是内螺纹。多头螺纹和快旋螺纹则只有外螺纹。螺距大小应以瓶盖受震荡时不被旋出为宜。连续螺纹圈数常为 1.5 圈。实际一个螺纹瓶口在封合时只有 3/4 圈与瓶盖啮合，其余部分并不与瓶盖螺纹接触。螺纹尺寸应按瓶口尺寸以及瓶口和瓶盖的制造精度选择。螺纹断面越小，就越难达到所需的精度和封口质量。

防盗螺纹玻璃瓶口根据用途分为 A、B、C 三类，A 为标准类，B 为深口类，C 为超深口类。各类又分为三种形式，如图 5-40 所示。对于公称直径为 30mm 的超深型瓶口有两种凹入方式。图 5-40 中防盗螺纹玻璃瓶口尺寸及系列公差见 GB/T 17449—1998《包装 玻璃容器 螺纹瓶口尺寸》。

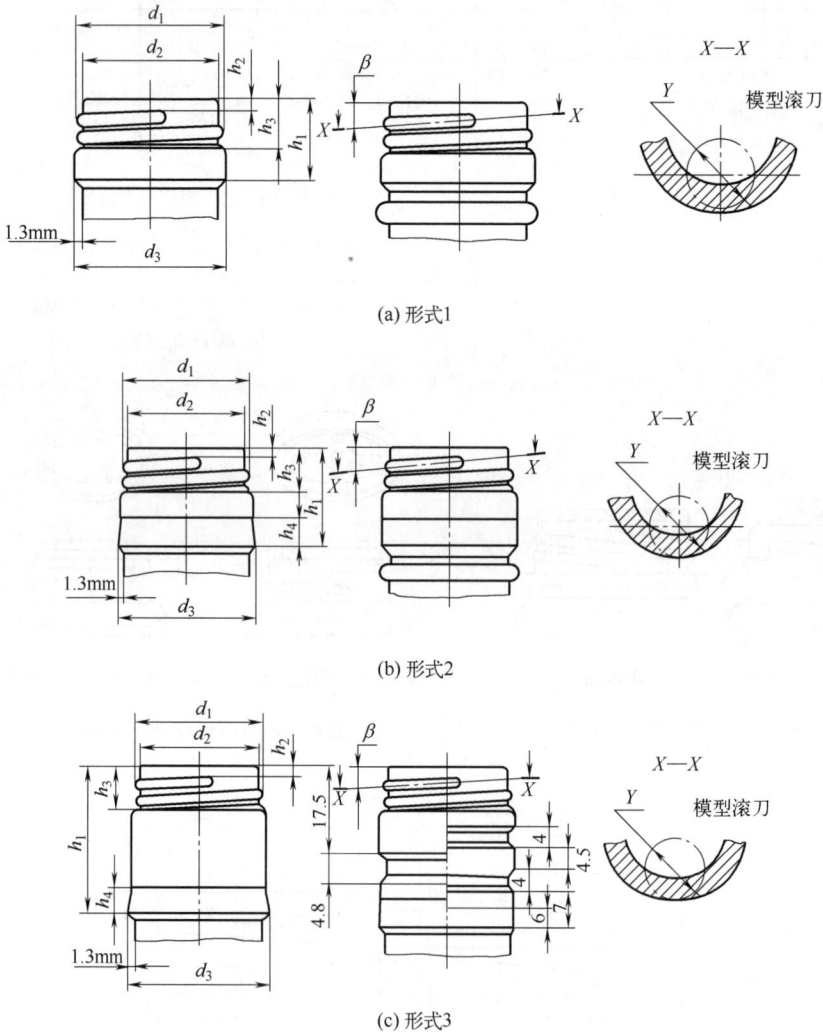

(a) 形式1

(b) 形式2

(c) 形式3

图 5-40　防盗螺纹玻璃瓶口尺寸名称

③ 塞形瓶口。塞形瓶口是一种简单而传统的瓶口形式，主要用于干白或干红葡萄酒酒瓶和中低档调味品瓶。瓶塞（塑料塞或软木塞）要压进瓶颈内［图 5-41（a）］，要求瓶颈必须

是圆柱形,没有渐缩[图5-41(b)]或渐扩[图5-41(c)]。渐缩瓶颈既难封口,也难灌装,封口时常被炸裂,灌装时不能选用大直径漏斗,从而延长了灌装时间;渐扩瓶颈封口后瓶塞难以拔出,如果强行动作,则可能损坏瓶口或瓶塞,从而污染内装物。

塞形瓶口瓶颈的圆柱部分应有一定长度,否则瓶塞易被压进瓶内[图5-41(d)]。

图5-42为塑料塞形瓶口的结构与尺寸,葡萄酒瓶可选用图5-42(a),白酒瓶可选用图5-42(b),黏稠液体(如油脂、糖浆、果汁等)瓶可选用图5-42(c)。

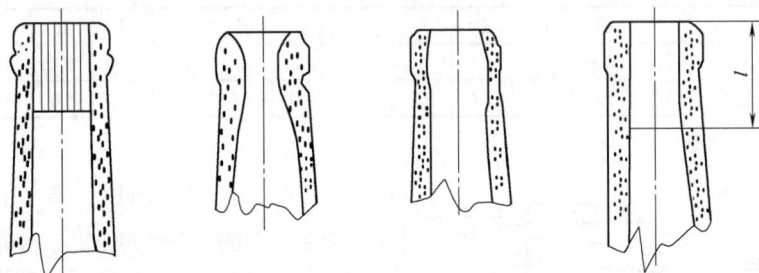

(a) 圆柱形内径(正确)　(b) 渐缩内径(错误)　(c) 渐扩内径(错误)　(d) 圆柱形内径(正确)

图 5-41　塞形瓶口

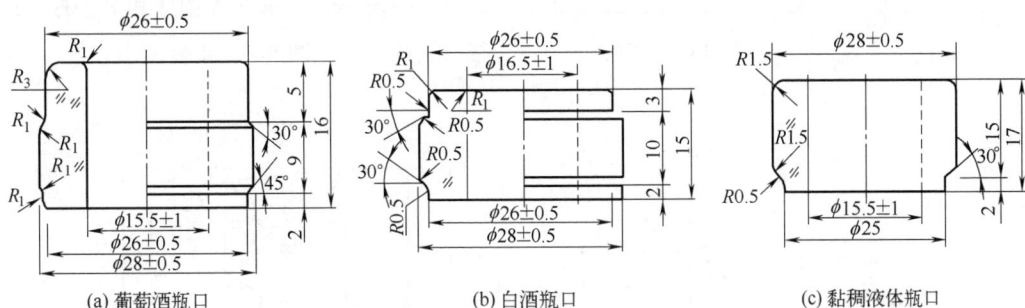

(a) 葡萄酒瓶口　　　　　　(b) 白酒瓶口　　　　　　(c) 黏稠液体瓶口

图 5-42　塑料塞形瓶口尺寸

塞形瓶口需包覆金属箔或塑料箔,有时还要用特殊材料浸渍(图5-43)。箔可以防止空气经由多孔塞渗入瓶内,确保内装物的原始状态、风味等不变,同时也提高了装潢的档次和具有显开痕作用。

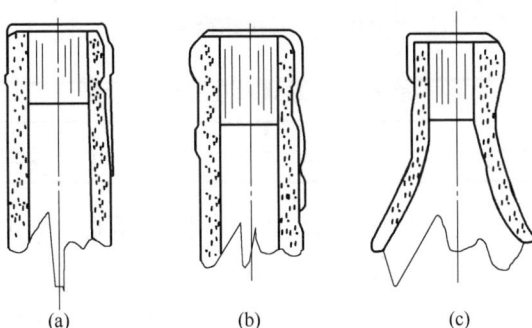

(a)　　　　　　　(b)　　　　　　　(c)

图 5-43　外覆箔冠的塞形瓶口

④ 磨塞瓶口。磨塞瓶口可用于包装化工类挥发性物质或易串味物质的瓶罐。分内磨塞瓶口和外磨塞瓶口。瓶口斜度为 1：10，当低于 1：6 时，在压力升高或受震荡时，会造成瓶塞松动而密封不严。

⑤ 喷洒瓶口。喷洒瓶口主要用于高档花露水或香水等包装。内装物可以通过瓶口小孔喷洒出来，该小孔可用橡胶塞封口。喷洒瓶口孔径尺寸和结构分别见表 5-11 和图 5-44。

表 5-11　喷洒瓶口孔径尺寸　　　　　单位：mm

型号	A	B	C	D	E	F	G	H	I	J	K	L	M	N
瓶口孔径	2.4	2.8	3.2	3.6	4.4	4.8	5.2	5.6	6.0	6.4	6.8	7.2	7.6	8.0
灌装管最大直径	1.2	1.6	2.0	2.4	3.2	3.6	4.0	4.4	4.8	5.2	5.6	6.0	6.4	6.8

注：允许公差 0.8mm。

GB/T 2639—2008
摘要

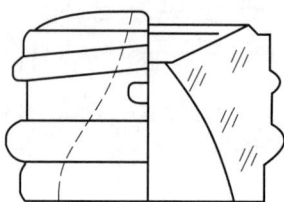

图 5-44　喷洒瓶口

喷洒瓶口有四种形式：平顶喷洒瓶口、带密封圈的凹顶喷洒瓶口、中心部凸起喷洒瓶口和不带密封圈的凹顶喷洒瓶口。

⑥ 输液瓶口。GB/T 2639—2008《玻璃输液瓶》中玻璃输液瓶分 A 型瓶和 B 型瓶，其瓶口结构尺寸见图 5-45 和表 5-12。

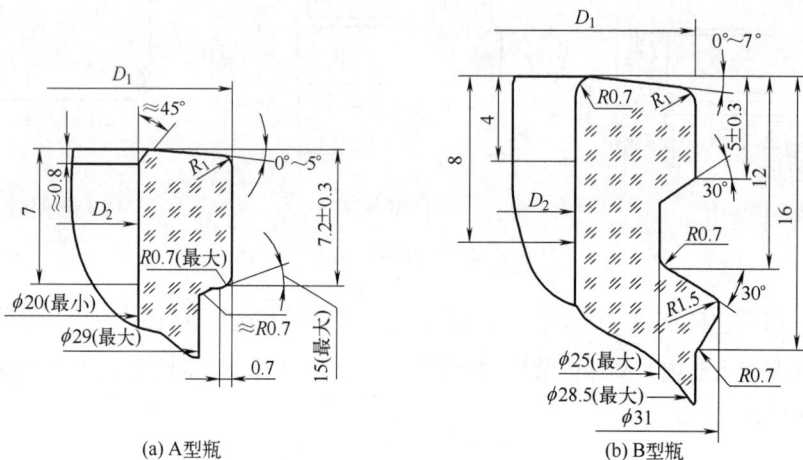

(a) A型瓶

(b) B型瓶

图 5-45　玻璃输液瓶瓶口

表 5-12　玻璃输液瓶瓶口尺寸　　　　　单位：mm

瓶型	D_1	D_2	瓶型	D_1	D_2
A	32.0 ± 0.3	22.5 ± 0.5	B	28.3 ± 0.3	16.5 ± 0.5

⑦ 真空瓶口。真空瓶口是在封装后可以通过加热处理在瓶内形成真空度的瓶口，主要用于罐头食品。瓶盖材料用马口铁而不能用多孔材料。

图 5-46（a）为侧密封真空瓶口，图 5-46（b）为上密封真空瓶口。前者启封后仍可再封，只是瓶内不再有真空；后者开启后不能再封。两种瓶口开启时不需要专用工具，只要用刀背、

勺柄诸类工具以瓶肩为支点即可启封，所以比较方便，但对瓶口的制造精度要求很高。

图 5-47（a）为异形上密封真空瓶口，图 5-47（b）为阶梯形上密封真空瓶口，封口内表面均嵌有橡胶圈或硫化橡胶圈，外用马口铁封口。瓶灌装后，把马口铁盖向下压边，使橡胶圈紧压瓶口密封面而得以密封。其优点是瓶口制造精度要求不高，但缺点是启封困难，往往损坏瓶口，使内装物受到污染。

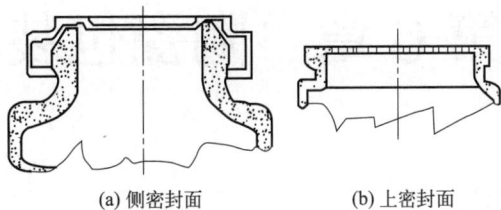

(a) 侧密封面　　　　(b) 上密封面

图 5-46　真空瓶口

图 5-48 为易开型罐头瓶口，易开盖由马口铁圆片和硫化橡胶圈组成，马口铁圆片被带舌片的金属箍箍住，封口时金属箍折向瓶沿下方，开启时用力拧舌片，然后轻轻拉开并取下金属箍，进而开启罐盖。

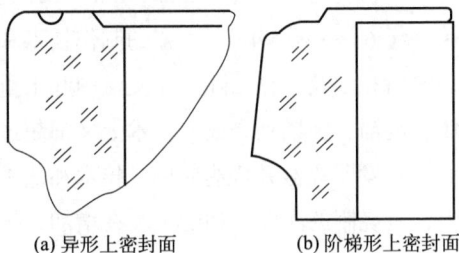

(a) 异形上密封面　　　　(b) 阶梯形上密封面

图 5-47　异形密封面真空瓶口

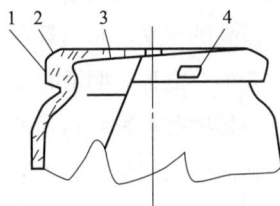

图 5-48　易开型罐头瓶口

1—金属箍；2—硫化橡胶圈；3—马口铁圆片；4—舌片

思考与研讨

5-1　玻璃容器的强度指标有哪些？试分析结构因素对强度的影响。

5-2　玻璃啤酒瓶爆炸会对人体造成伤害，分析啤酒瓶爆炸的原因有哪些，以及如何在生活中进行防范。

5-3　玻璃瓶包装通常被消费者二次利用，如果有玻璃瓶被作为水杯使用，你有何建议？请从结构强度角度进行详细分析。

5-4　啤酒易开盖二片罐包装是否最终会完全替代玻璃瓶包装？请从多个角度思考并阐述自己的观点，也可以选择正反方开展辩论。

5-5　一家乡村罐头厂具备玻璃罐头和金属罐头生产能力，当前准备推出一款水果罐头新品，该优先选用玻璃罐包装还是金属罐包装？请广泛查阅资料，提出可行性报告，或选择正反方开展辩论。

5-6　玻璃输液瓶越来越多地被塑料输液瓶替代，试比较两者的优缺点。

扫码进入本章练习

第6章 陶瓷包装容器结构设计

6.1 陶瓷包装容器概述

陶瓷的发展历史悠久。新石器时代，我国已出现风格粗犷、朴实的彩陶和黑陶。到了商代，釉陶和初具瓷器性质的硬釉陶便已出现。至魏晋时期（公元 220—420 年），我国就已开始使用高火烧成的胎质坚实的瓷器。唐代（公元 618—907 年），陶瓷的制作技术和艺术创造达到了很高的水平，东销日本，西销印度、波斯和埃及，在国际文化交流中起了重要作用，博得了"瓷国"之称。明清时代的陶瓷从制坯、装饰、施釉到烧成，技术上又都超过了前代。

从新石器时代早期烧造最原始的陶器开始，到发明瓷器并普遍应用，技术和艺术都在不断进步；在适应人们生存和生活的需要过程中，所烧制的陶瓷器物的种类在增加，样式在变化，内在质量在不断提高。陶瓷器物的手工艺制造技术，蕴藏着丰富的科学和艺术内涵，其表现形式主要体现在造型和装饰、质地和色泽等方面。陶瓷生产从原材料到成品器物的转化过程，必须运用相应的工艺技术来完成，这是人们生产物质资料的过程，也是创造性地开发和逐步形成传统工艺的过程。

6.1.1 陶瓷分类

陶瓷是陶器与瓷器的统称，两者在原料、釉料、烧制温度、质地方面均有较大的不同。

（1）按用途的不同分类

① 日用陶瓷。如餐具、茶具、缸、坛、盆、罐等。

② 艺术陶瓷。如花瓶、雕塑品、陈设品等。

③ 工业陶瓷。如建筑陶瓷、卫生陶瓷、化工陶瓷、特殊陶瓷等。

（2）按所用原料及坯体的致密程度分类

① 半陶器。表面粗糙，坯体带色、多孔、不透明，吸水率及渗透性大，主要有盆、罐、缸、瓮等。

② 精陶器。精陶器一般为白色，不透明，4%～12% 的吸水率，对坯料要求不高，烧成温度较低，主要有坛、罐、瓶及卫生陶器等。

③ 炻（shí）器。介于陶和瓷之间的一种陶瓷制品，古时称石胎。坯体致密，已完全烧结，这一点已接近瓷器，但它还没有玻化，仍有 2% 的吸水率，坯体不透明，多数制品略带

颜色，也有白色的，如水缸、坛等。

④半瓷器。坯料接近于瓷器，但烧成后仍有 3%～5% 的吸水率（瓷器 0.5% 以下），所以，它的使用性能不及瓷器，比精陶器好。

⑤瓷器。是陶瓷发展的最高阶段。它的特征是坯体完全烧结，完全玻化，因此很致密，对液体和气体都无渗透性，色白，胎薄处呈透明。

从土器、陶器、炻器、半瓷器到瓷器，原料从粗到精，坯体从粗松多孔逐步达到致密，烧结烧成的温度也逐渐从低到高。

陶瓷包装容器具有以下特征：

①具有良好的耐热性、隔热性、耐酸性、耐碱性，化学稳定性好，不与内装物发生化学作用，对环境条件适应性强；

②质地坚硬，不变形，对内装物有很好的保护作用；

③抗压强度高，拉伸强度相对较低，抗机械冲击性能差；

④吸水率低，特别是瓷类容器几乎不吸水，无渗透；清洁卫生，适用于食品、化学工业品的包装；

⑤原料丰富，成型方便，但生产周期较长，生产率低，尺寸误差大，一般又不能回收复用，成本较高；

⑥造型变化多，色彩古朴典雅，装饰风格独特，适宜高档、名贵、礼品等商品的包装；

⑦缺点是不透明，看不见内装物，不便于消费者挑选，运输也不方便。

6.1.2　陶瓷包装容器材料

陶瓷包装容器的材料主要有以下几种。

（1）黏土

黏土是陶瓷包装容器的主要原料之一。它具有良好的可塑性和结合性，可以通过各种成型方法制成所需的形状。不同地区的黏土成分有所差异，主要包括以下几类：

①高岭土。是一种以高岭石族矿物为主要成分的黏土。它的质地纯净，白度高，耐火度也较高，是制作高档陶瓷包装容器的重要原料。高岭土赋予了陶瓷良好的强度和稳定性，使其能够承受一定的压力和冲击。

②瓷石。主要由石英、长石和绢云母等矿物组成。瓷石的熔融温度较低，有助于在较低的温度下烧成陶瓷。它能使陶瓷具有一定的透明度和光泽度。

③膨润土。具有很强的吸水性和膨胀性，可增加陶瓷坯体的可塑性和干燥强度。在陶瓷的生产中，适量添加膨润土可以改善成型性能，减少开裂现象。

（2）石英

石英在陶瓷包装容器材料中起着重要的作用。它是一种坚硬、耐磨的矿物，主要成分是二氧化硅。石英的加入可以提高陶瓷的耐火度、硬度和化学稳定性。具体表现为：

① 耐火度方面。石英在高温下不易熔化，能够承受陶瓷烧制过程中的高温，保证包装容器在使用过程中不会因高温而变形或损坏。

② 硬度方面。石英的硬度较高，使陶瓷包装容器具有较好的耐磨性和抗刮擦性，能够保护包装内的物品不受外力损伤。

③ 化学稳定性方面。石英化学性质稳定，不易与包装内的物品发生化学反应，确保了包装的安全性。

（3）长石

长石也是陶瓷包装容器材料的重要组成部分。它主要分为钾长石、钠长石和钙长石等。长石在陶瓷中的作用主要有以下几点：

① 助熔作用。长石在高温下能够熔融，形成玻璃相，降低陶瓷的烧成温度。这有助于节约能源，提高生产效率。

② 填充作用。长石熔融后填充在陶瓷颗粒之间，使陶瓷结构更加致密，提高陶瓷的强度和致密度。

③ 调节釉料性能。在陶瓷包装容器的釉料中，长石可以调节釉的熔融温度、黏度和光泽度等性能，使釉面更加光滑、美观。

（4）辅助材料

① 颜料。用于陶瓷包装容器的装饰，可使包装容器具有丰富的色彩和图案。颜料的种类繁多，包括无机颜料和有机颜料。无机颜料如氧化铁、氧化钴等，具有较高的稳定性和耐久性；有机颜料如酞菁蓝、酞菁绿等，色彩鲜艳，但耐久性相对较差。

② 釉料。覆盖在陶瓷包装容器表面的一层玻璃质物质，具有防水、防污、美观等作用。釉料的成分主要包括石英、长石、黏土等，以及一些助熔剂和着色剂。不同的釉料配方可以产生不同的效果，如透明釉、乳浊釉、颜色釉等。

③ 添加剂。在陶瓷包装容器的生产过程中，还会添加一些添加剂来改善材料的性能。例如，添加解胶剂可以降低泥浆的黏度，提高流动性；添加增强剂可以提高陶瓷的强度和韧性。

6.1.3　陶瓷包装容器成型工艺

陶瓷包装容器的制造工艺过程大致可分为：坯料制备、成型、干燥、施釉、烧成、装饰等工序。不同的陶瓷品种其具体的制造工艺大都是以上述工序为基础，并作适当调整。如有的瓷器是采用二次烧成的，先素烧，施釉后再釉烧。

（1）坯料制备

在陶瓷包装容器生产过程中，首先要按照陶瓷的种类和用途制备坯料。陶瓷种类的选择应根据包装及内装物的要求来确定。组成坯料的各种原料的配合量，应根据不同陶瓷的要求，按照有关经验公式进行计算。

坯料的制备还与坯料的成型方法有关。

① 可塑坯料。可塑坯料是可塑法成型坯料的简称，这种坯料要求在含水量低的情况下有良好的可塑性，同时坯料应具有一定的形状稳定性，坯料中各种原料与水分应混合均匀，含气量低。

制备时，首先要对各种原料进行预处理，如煅烧、洗涤、筛选等，除去有害的夹杂物，并使原料颗粒细化，各种原料称量后加水混合均匀，干燥或压滤使水分减少，经炼塑、陈腐后即为坯料。

② 注浆坯料。注浆法成型坯料含水量较多，为30% ～ 35%，其性能要求是具有良好的流动性、悬浮性和稳定性，料浆中各原料能与水分均匀混合而且过滤性好。注浆坯料的制备流程基本上与可塑坯料制备流程相似。

（2）成型

成型是将制备好的坯料，用各种不同的方法制成具有设计形状和尺寸的坯件。成型后的坯件只是半成品，也称生坯，还需经过干燥、烧成等多道工序，才能成为成品。陶瓷制品的成型方法有可塑成型法、注浆成型法和压制成型法。

① 可塑成型法。可塑成型法是利用坯料的可塑性，施加一定的外力迫使坯料发生变形而制成生坯的成型方法。可塑成型法的成型工艺包括：拉坯、雕塑、模印、旋压、滚压等。

② 注浆成型法。注浆成型法是利用多孔模具的渗水性，将坯浆注入模内，使泥浆中悬浮的颗粒黏附在模腔壁上，形成和模腔相同形状的泥层，随着时间延长，泥层逐渐增厚，当达到一定厚度时除去多余的坯浆，让泥层继续脱水收缩而脱模，形成生坯。

注浆成型法是一种适应性广、生产效率高的成型方法，多数容器都可以用此法成型。根据脱水和泥层形成机制，注浆成型法有加压注浆、真空脱水、离心注浆、电泳注浆等多种工艺方法。

③ 压制成型法。压制成型法是采用机械压力将坯料压制成型。这种方法多用于制造块状制品。

（3）干燥

成型后的生坯，仍含有较高的水分，还呈可塑状态，因而在输送和后加工过程中，很容易变形或开裂。为此，要进行干燥，以除去坯体中所含水分，使坯体失去可塑性，并具有一定的强度。此外，干燥的坯体有利于施釉操作。

干燥的方法有自然干燥、热风干燥、红外干燥、微波干燥、高频电干燥等。

（4）施釉

釉是附在陶瓷坯体表面上的连续的玻璃质层或玻璃与晶体的混合层。在陶瓷坯体表面上施釉，可使陶瓷具有平滑而光亮的表面。同时，釉层可以增加陶瓷的强度和表面硬度，提高陶瓷的致密性、不透气性、不透水性。

施釉是将充分悬浮的釉浆涂布于坯体表面的过程，施釉后坯体吸收釉浆中的水分，使原来悬浮的固体颗粒均匀地积聚在坯体表面，经烧成工序，陶瓷表面就形成了一层均匀的玻璃质层，即釉层。根据陶瓷制品的要求，有的是在生坯上施釉，有的需要在素烧坯体上施釉。

施釉的方法有浸釉法、淋釉法、喷釉法、刷釉法等。

（5）烧成

烧成是陶瓷制造工艺过程中最重要的一个环节。经过成型、施釉后的半成品，必须通过高温烧成才能获得陶瓷的一切特性。坯体在高温中发生一系列的物理化学变化，如膨胀、收缩、气体产生、液相出现、旧晶相消失、新晶相析出等，由最初的矿物原料组成的生坯转变成陶瓷制品。

陶瓷的烧成过程可分成四个阶段：水分蒸发期、氧化分解和晶型转化期、玻璃化期和冷却期。在从室温升到300℃时，坯体中所吸附的水汽化而蒸发，若入窑时生坯含水量过大，升温过快，会使水分剧烈汽化，有可能使坯体破裂。随着温度升高，矿物质发生分解及氧化反应，石英等氧化物发生晶型的转化。玻璃化期也称为烧成期，此时温度升至最高（1250～1500℃），不熔的氧化物开始收缩，熔融的氧化物渗到不熔氧化物的间隙中，使整个坯体致密化。冷却期使液固相组织迅速保留下来，液相逐渐变为玻璃相成分。

烧成工艺有两种，一种是将未上釉的坯体进行素烧，然后施釉进行釉烧，即所谓的"二次烧成法"；另一种是在生坯上施釉，一次性烧成制品，即"一次烧成法"。不论何种烧成工艺，其烧成制度应根据坯料和釉料的组成及性质、坯体的形状、坯体的大小和厚薄、窑炉结构、装窑方法及燃料等因素来确定。

（6）装饰

装饰是对陶瓷制品进行艺术加工的重要手段。装饰方法很多，特点和效果各有不同。按装饰方法不同，可分类如下：

① 雕塑。刻花、堆花、镂空、浮雕以及塑造等。

② 色坯或化妆土。将色料加入坯料中制成着色的生坯（色坯），或制成着色的泥料（化妆土），对坯体进行局部装饰。

③ 色釉。用色釉进行装饰。

④ 釉上彩。在施釉的坯件表面进行贴花、喷花、印花、彩绘等装饰。

⑤ 釉下彩。在未施釉的坯件表面进行彩绘装饰。

6.2　陶瓷包装容器结构与造型

陶瓷包装容器的造型结构设计，除了应考虑美学价值以外，还应充分考虑包装功能的要求、容器结构造型的力学性质和陶瓷工艺技术问题等。设计良好的陶瓷包装容器应是功能作用、美学价值、力学性质和工艺技术要求合理协调的结果。其中，包装的功能作用是首要的，它决定了陶瓷包装容器的造型结构的基本形式，工艺技术及陶瓷材料是陶瓷包装容器造型结构的物质条件。因此在设计时应综合考虑这些因素。

6.2.1 陶瓷包装容器的结构设计

陶瓷包装容器的结构组成有以下几个部分。

（1）口

瓶口是内装物装填、倾倒的通道，与瓶盖形成密封结构。由于陶瓷制品在烧成过程中收缩变形较大，且没有模具约束，形状、尺寸控制的难度较大，故较少采用精度相对较高的螺纹瓶口。螺纹瓶口适合螺距大、扣数少、螺纹配合间隙大的结构形式，需采用口模成型，工艺复杂。

图 6-1 所示为陶瓷包装容器的一般瓶口结构，其中（a）～（f）为简单瓶口，（g）～（j）为装饰型瓶口，这些瓶口比较适用于内装物为液体的小开口陶瓷包装容器。

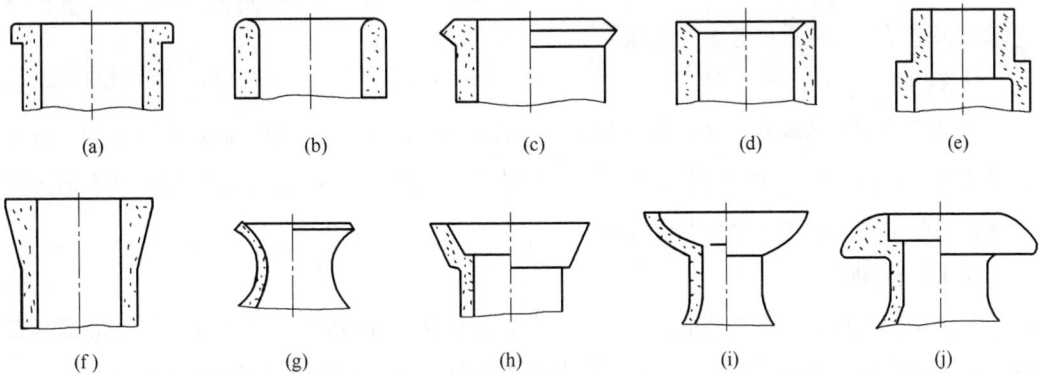

图 6-1 陶瓷包装容器的一般瓶口结构

图 6-2 所示为几种中大型开口陶瓷包装容器的口部结构，口部、肩部接近，颈部较短，适用于块状、颗粒状或粉状内装物，可直接倾倒，也可用工具伸入容器内取用。

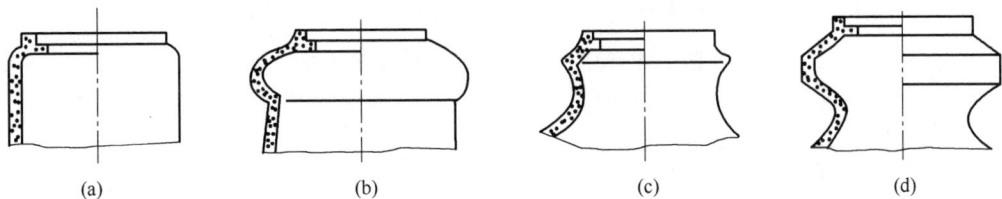

图 6-2 中大型开口陶瓷包装容器口部结构

图 6-3 所示是一种新型高档名酒陶瓷包装瓶的瓶口封盖结构。陶瓷瓶盖 1 与瓶口 3 对扣并通过胶黏剂 4 黏合固定，瓶口内由弹性塑料内塞 2（或软木）塞封，陶瓷瓶盖 1 上有易开槽 5 及连接桥 6，当需打开瓶盖时，用薄片工具撬易开槽 5，因应力作用，瓶盖就会沿连接桥 6 断开。此种封盖结构具有防非法盗用功能。

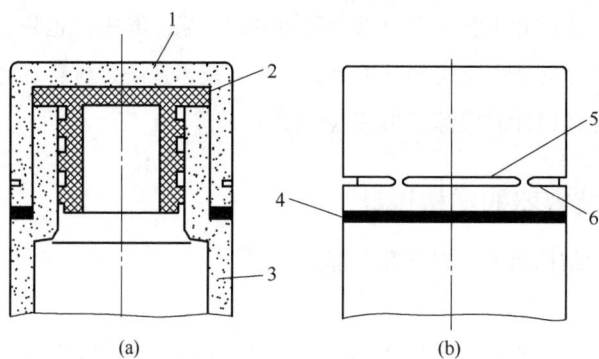

图6-3 陶瓷防盗瓶盖
1—瓶盖；2—内塞；3—瓶口；4—胶黏剂；5—易开槽；6—连接桥

（2）肩

肩部在口部之下，起着连接口部与其他部分的作用，其形式变化颇为丰富，肩部常采用窄肩和较大斜角过渡，以提高容器强度。对多数包装高档产品的陶瓷瓶罐来说，追求造型的艺术效果是设计人员重点考虑的问题。

（3）腹

腹部是陶瓷包装容器形体的重要部分，腹部的形状是肩、颈、足、底形式的基础，腹部设计应考虑容量、稳定性、成型工艺等多方面的要求，线型不宜太软，不宜幅度太大地连续变化，以避免陶瓷坯体下塌和严重变形。

（4）足和底

足部是陶瓷包装容器整体造型的一个部分，是瓶体腹部向底部过渡的形式；而底部起着容器的支承作用，要求摆放平稳，陶瓷包装容器常见足部、底部结构如图6-4所示。

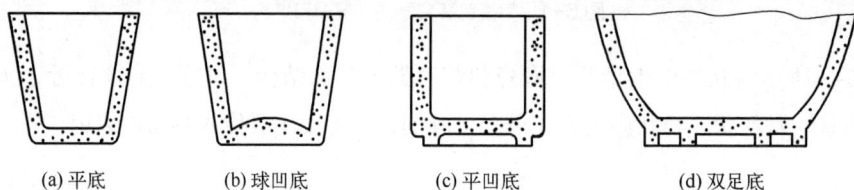

(a) 平底 　　 (b) 球凹底 　　 (c) 平凹底 　　 (d) 双足底

图6-4 陶瓷包装容器常见足部、底部结构

（5）盖

常见的陶瓷罐盖结构如图6-5所示。

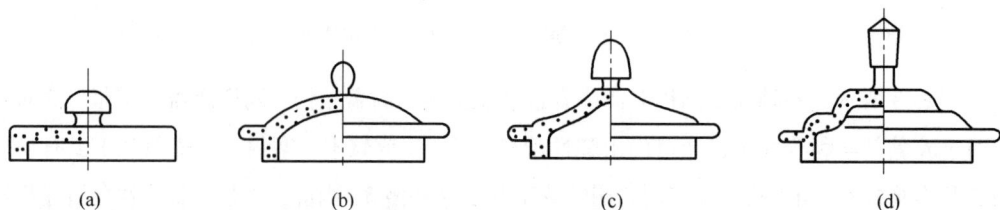

(a) 　　 (b) 　　 (c) 　　 (d)

图6-5 常见的陶瓷罐盖结构

6.2.2 陶瓷包装容器造型

陶瓷包装容器造型有很大的创作空间，但造型设计首先要满足包装的基本要求。包装的功能就是为了保护内装物，便于运输和使用。因此，设计时要先了解内装物的性质、形态、保护保存方法、一个包装单位的大小以及使用要求等。根据对内装物的了解和包装要求，确定包装方法。在此基础上设计陶瓷包装容器的结构造型和大小，以及口部的结构和密封方法等，并通过艺术处理提高造型的艺术价值。脱离功能作用的任何造型和设计，都不能实现陶瓷包装容器的最终价值。

从工艺技术的角度来考虑容器的造型设计，主要着重于如何防止容器在干燥和烧成过程中的变形和开裂。干燥和烧成过程中的变形和开裂对容器的影响较大，引起变形和开裂的因素是多方面的，但造型是否合理是关键的因素。概括地说，造型结构应力求重心稳，重力应平衡，厚薄变化要均匀，并逐渐过渡，尽量避免尖锐突出的棱角。

图 6-6～图 6-8 所示是一些现代陶瓷包装容器，极具造型特点。

图 6-6　茶叶罐造型

图 6-7　小容量酒瓶造型

图 6-8　大容量酒瓶造型

思考与研讨

6-1　调查分析陶瓷包装容器的主要使用领域，分析陶瓷包装容器包装的拓展应用领域。

6-2　选择一款生活日用陶瓷，分析并提出合理的电商包装方案。

扫码进入本章练习

参 考 文 献

［1］ 刘筱霞.金属包装容器［M］.北京：化学工业出版社,2004.

［2］ 刘晓艳，李彭，陈静.塑料包装容器设计［M］.北京：印刷工业出版社,2015.

［3］ 王德忠.金属包装容器［M］.北京：化学工业出版社,2003.

［4］ 刘全校.包装材料成型加工技术［M］.北京：文化发展出版社,2023.

［5］ 孙金才，王燕荣.食品包装技术［M］.2版.北京：中国医药科技出版社,2024.

［6］ 涂志刚，张晨，伍秋涛.塑料软包装材料［M］.北京：文化发展出版社,2018.

［7］ 黄河.设计人类工效学［M］.北京：清华大学出版社,2016.

［8］ 连维建.包装设计原理与实战策略［M］.北京：清华大学出版社,2022.

［9］ 蔡惠平，何松.纸艺物语 包装纸盒造型创意设计［M］.北京：文化发展出版社,2017.

［10］ 鞠海.包装模型［M］.沈阳：辽宁科学技术出版社,2009.

［11］ Viction:ary 公司.简约包装设计［M］.孙可可译.杭州：浙江人民美术出版社,2012.

［12］ 刘虹.包装创意设计［M］.上海：上海交通大学出版社,2023.

［13］ 谭小雯.包装设计［M］.上海：上海人民美术出版社,2020.

［14］ 刘印.现代绿色包装设计实务［M］.北京：中国纺织出版社,2021.

［15］ 张满菊.绿色生态理念下包装设计研究［M］.长春：吉林出版集团股份有限公司,2020.

［16］ 善本图书.拿来就用的包装设计［M］.北京：电子工业出版社,2013.

［17］ 日本包装设计协会.2016 日本品牌与包装设计年鉴［M］.雷光程译.武汉：华中科技大学出版社,
2017.

［18］ （美）乔治·L.怀本加，（美）拉斯洛·罗斯.包装结构设计大全：全新修订版［M］.谢晓晨，秦
伟译.上海：上海人民美术出版社,2017.

［19］ （美）卢克·赫里奥特.包装设计圣经［M］.蔚鑫，张平，孟艳梅译.北京：电子工业出版社,2012.

［20］ 宋宝丰，谢勇.包装容器结构设计与制造［M］.2版.北京：文化发展出版社,2016.

［21］ 赵素芬，张莉琼.软包装设计与加工［M］.北京：北京理工大学出版社,2020.

［22］ 肖颖喆，张敏.纸包装造型与结构设计［M］.武汉：华中科技大学出版社,2022.

［23］ 孙诚.包装结构设计［M］.4版.北京：中国轻工业出版社,2021.

［24］ Yang Liu, Jianing Yuan .Take me away please 2［M］.HongKong: Designerbooks，2017.

［25］ Shaoqiang Wang. Unpack me again! Packaging meets creativity［M］. Hong Kong: Sandu Publishing Co.
Ltd, 2017.

［26］ 李莊莊.包裝與材料［M］.中国香港：善本出版有限公司，2014.

［27］ Julius Wiedemann. The Package Design Book 3［M］. Köln: Taschen, 2014.

［28］ Julius Wiedemann, Chris Allen, Isabel Varea Riley, Jürgen Dubau and Auréolie Daniel. The Package
Design Book 4［M］. Köln: Taschen, 2016.

［29］ GB/T 13385—2008 包装图样要求.

［30］ GB/T 25160—2022 包装 卡纸板折叠纸盒结构尺寸.

［31］ GB/T 6544—2008 瓦楞纸板.

［32］ GB/T 6543—2008 运输包装用单瓦楞纸箱和双瓦楞纸箱.

［33］ GB/T 36003—2018 镀锡或镀铬薄钢板罐头空罐.

［34］ GB/T 14251—2017 罐头食品金属容器通用技术要求.

［35］ GB/T 17590—2008 铝易开盖三片罐.

［36］ GB/T 29603—2024 食品容器用镀锡或镀铬薄钢板全开式易开盖质量通则.

［37］ GB/T 9106.1—2019 包装容器 两片罐 第 1 部分：铝易开盖铝罐.

［38］ GB/T 9106.2—2019 包装容器 两片罐 第 2 部分：铝易开盖钢罐.

［39］ GB 13042—2008 包装容器 铁质气雾罐.

［40］ GB/T 25164—2010 包装容器 25.4mm 口径铝气雾罐.

［41］ GB/T 325.1—2018 包装容器 钢桶 第 1 部分：通用技术要求.

［42］ GB/T 17343—2023 包装容器 金属方桶.

［43］ GB/T 13252—2008 包装容器 钢提桶.

［44］ GB/T 13251—2018 包装 钢桶封闭器.

［45］ GB/T 24694—2021 玻璃容器 白酒瓶质量要求.

［46］ GB 4544—2020 啤酒瓶.

［47］ GB/T 2639—2008 玻璃输液瓶.

［48］ GB/Z 2640—2021 模制注射剂瓶.

［49］ GB/T 37855—2019 玻璃容器 26H126 冠形瓶口尺寸.

［50］ GB/T 37856—2019 玻璃容器 26H180 冠形瓶口尺寸.

［51］ GB/T 17449—1998 包装 玻璃容器 螺纹瓶口尺寸.